Deepen Your Mind

前言

快速持續交付隨著網際網路的成熟成為許多軟體企業需要具備的基本能力，敏捷測試和 DevOps 也在這樣的大背景下發展並流行起來。然而，在需求分析能力、研發實現能力、運行維護發佈能力逐步提升並且跳出瓶頸後，測試成了阻礙軟體企業快速交付專案的難題。

敏捷測試是一種基於敏捷系統的測試方法，它強調如何配合團隊快速將系統交付，從而避免品質保證過程過於複雜成為交付的瓶頸。如果說傳統測試是基於瀑布模式的測試，那麼敏捷測試是基於點對點的、與研發過程完全同步的疊代模式的測試，它對測試人員的能力提出了全新要求。本書從零開始，介紹敏捷測試的流程方法及技術實踐過程。

❧ 本書特色

（1）知識系統，逐層推進

敏捷和 DevOps 本身就是一個非常大的話題，而敏捷測試圍繞這個話題全程跟進，從而涉及更大的技術範圍。針對傳統測試轉型，本書系統全面地介紹了相關知識系統，並對傳統測試和敏捷測試做了部分比較，在遵守敏捷開發規則的過程中逐層推進知識系統介紹。

（2）覆蓋點對點全端技術

本書覆蓋 DevOps 下點對點的過程：業務、研發、發佈實踐，有助團隊形成統一認知。

（3）提供完整程式及容器化技術

本書涉及大量的操作實踐，從被測微服務開發到分層自動化，再到容器管理系統。為了幫助讀者更進一步地進行實踐，作者提供本書的配套程式，需要本書搭配資源的讀者，可發郵件到 chenji@testops.cn。

（4）涵蓋第一線客戶交付實戰

本書以實踐為主，輔助一些核心概念，讓持續測試「所見即所得」。

本書的作者是產業中的第一線工程師或講師，他們基於自己多年課程開發、工作實踐進行編寫，希望將工作中遇到的問題透過書呈現出來，幫助測試人員找到自己的方向，也為各個團隊轉型敏捷測試提供參考。本書在編寫過程中獲得了人民郵電出版社張濤編輯的大力支持與協助，在此表示感謝！

由於知識堆疊和工作背景的不同，本書難免存在不足之處，希望讀者們閱讀後給予回饋，以便我們修訂完善。本書編輯聯繫電子郵件為 zhangtao@ptpress.com.cn。

陳霽（雲層）

☘ 繁體中文版說明

本書原作者為中國大陸人士，原書以簡體中文呈現，為求全書之完整，書中許多網站、產品、軟體介面仍維持簡體中文原文，請讀者閱讀時參考上下文。

致謝

目前市面上關於巨量資料開發、巨量資料運行維護的圖書隨處可尋，唯獨鮮見巨量資料測試相關圖書。將這幾年關於巨量資料的測試及策略與行業人員分享成了我小小的心願。正當此時，我獲悉老朋友雲層（陳霽）在其規劃的敏捷測試新書中，想要加入巨量資料測試的內容（而巨量資料業務應用實現，是高度可拆解、可獨立交付的，筆者深切感受到巨量資料應用領域天然擁抱敏捷模式），於是欣然接受了雲層的邀請，也便有了本書關於巨量資料的篇章。

首先，感謝雲層和幾位合著者，是你們給予我機會，令我在離開測試職位多年後，再度以測試人員的角度，結合開發架構師的經驗，將自己的觀點心得歸納成文字。雖然我不是第一次寫書，但是時隔多年，我又找到了那種分享的快樂。

同時，也要感謝我的家人，在被約稿的這段時間內，我因患病而經歷了一場生死考驗。其間我的家人給予我無微不至的照顧和關愛，尤其是愛人在我「威逼利誘」之下繪製了一幅「重要」插圖，使我能及時完稿。

傅江如

致謝

首先要感謝我的家人。在父母和妻子的支持與幫助下，我才能有足夠的時間完成本書；同時兒子的陪伴也給了我無限的寫作靈感。

然後要感謝本書的另外幾位作者。我與雲層相識於一次以 DevOps 為主題的培訓，他一直致力於敏捷、測試方面的研究和宣講，與他的每次溝通均讓我受益良多。

最後要感謝公司的長官和同事。本書能快速完成離不開公司領導和團隊的支援，他們給予了很多專案上的指導，並提供了大量真實的案例。

王朝陽

致謝

在 10 多年的工作中，我親眼見證了網際網路技術的不斷變遷，從簡單的 JSP/Servlet，到輕量級框架 SSH 和 SSM，再到前後端分離、微服務崛起。分散式、容器化、自動化運行維護等無一不在加速著這個行業的發展。我真心覺得，身處此行業，彷彿進了一個巨大的「坑」，從此再無「寧日」，無一日可以放下學習。技術的潮流滾滾而來，不會為任何人停留，你若不去追趕技術，就會被時代淘汰。參與編寫本書，一方面是想和同行分享經驗，另一方面是為了逼自己做一點總結。

看到自己參與編寫的內容能夠印刷出版，我心裡還是挺高興的，希望我的分享能讓其他人少走彎路。同時借此機會感謝我所工作過的每一家公司，讓我有機會接觸前端的技術，理解不同的架構。感謝我的各位長官，給予我充分的信任讓我去學習和實戰。同時也感謝雲層的熱情邀請，讓我有機會參與本書的編寫，讓我在加班之餘「更忙了」。

陸怡頤

致謝

距離我的上一本書出版已經幾年了，從某個角度來說，我終於離開了性能測試這個知識棧，從另外一個角度來說，我是從一個「坑」進入了另一個更深的「坑」。在這幾年中，我體會了創業的艱辛和技能棧轉化的「陣痛」，從最佳化軟體到最佳化流程和團隊，我的眼界獲得了拓寬。感謝在這幾年裡指導和幫助過我的各位老師，正是因為他們的悉心指導才讓我能夠對敏捷和 DevOps 有了一定的瞭解，進而在自己熟悉的測試方向做了有針對性的拓展。

這次能夠聯合最前線全端測試及運行維護專家共同編寫本書實屬難得，其中跨技能棧的溝通協調也是一次新的嘗試，希望本書能為讀者提供「接地氣」的真正有用的知識。

最後還要感謝妻子這幾年無微不至地照顧兩個孩子，讓我有足夠的時間可以把注意力聚焦在工作上。當然，也要跟孩子們說一句：「爸爸不是在打電動。」

陳霽

目錄

01 敏捷測試理念

02 敏捷測試的相關系統

03 敏捷使用者故事實戰

04 版本控制利器——Git

05 GitHub 入門

06 微服務

07 GitLab

08 Jenkins

09 容器概述

10 安裝 Docker CE

11 架設私有 Docker Registry

12 Kubernetes 概述

13 使用 kubeadm 架設 Kubernetes v1.13.2 單主節點叢集

14 初探巨量資料

15 巨量資料測試探索

Chapter

01 敏捷測試理念

1.1 敏捷的價值

突然之間身邊都是敏捷，都是 DevOps，那麼走到這一步的原因是什麼呢？我們從這個快節奏的社會說起。

「快！」是最近幾年多個產業中說得非常多的話，「能不能再快一點」是很多人迫切需求的。在行動網際網路時代，資訊傳播速度很快，誰能更快地與使用者形成連接，誰就控制了流量，也就是業界常說的「得流量者得天下」。

敏捷就是在這種環境下應運而生的。敏捷可以瞭解成快速感知和快速回饋，圈內有說 5G 優於 4G 的關鍵是很多應用需要 5G 的低延遲來解決產業中的技術基礎問題，例如無人駕駛。而敏捷就是圍繞快速實現價值而來的。

1.1.1 VUCA 的產業背景

VUCA 的概念經常被提及。VUCA 是易變性（Volatility）、不確定性（Uncertainty）、複雜性（Complexity）、模糊性（Ambiguity）的字首縮寫。由於時代的變化，影響結果的因素大大增多，我們從以前可以預估未來 5 年的變化變成了現在我們無法預估未來 1 年的變化。

VUCA 源於軍事用語，從 20 世紀 90 年代開始被普遍使用，隨後被用於從營利性公司到教育事業的各種組織的戰略思維中。

拼多多利用 3 年時間就在納斯達克上市，以前可能需要 10 年才能做到的事情現在只需要 3 年甚至更短。下一個「熱點」還需要多久？也許興起只要 1 個月，消失只需要 1 天。如果還是按照瀑布式的做法，那麼產品還沒交付就結束了。參考巨量資料、區塊鏈等技術熱點，誰能比別人早一點轉型，誰就能生存下來，而快速轉型緊接變化的能力成了核心。

我們也希望透過本書內容向讀者交付最快的知識價值。本書圍繞文化（人）、組織（流程）、自動化（技術）來實現價值流的全生命週期追蹤。

1.1.2 敏捷的核心價值觀

如果要做成功一件事情，那麼一定要堅持做這件事情。

堅持、信念或文化是做成功一件事情很重要的部分，那麼敏捷到底是什麼呢？這裡可以從兩個角度來講。

1. 敏捷宣言

本書不想重複網路上那些敏捷宣言中的項目，如果讀者閱讀過，仔細想想，其強調的還是溝通與實現。很多內容是與瀑布模式的比較，敏捷反對一次性計畫、一次性交付的模式，強調儘快交付使用者價值。而要做到這點依賴於優秀的團隊文化、團隊能力。

2. 快速交付

如果想要儘快交付使用者價值，加快交付的速度是基礎。敏捷（例如 Scrum 模式）透過疊代規劃、控制團隊規模及整合業務與研發團隊的方式來解決交付週期過長的問題，並配合持續整合系統，大大加快了使用者價值交付的速度。從某些角度來說，敏捷疊代也可以被認為是小瀑布模型，只是多個小瀑布模型能夠組成未來的「發佈火車」。

敏捷可能是一些理念（敏捷宣言），也可能是一種思維（快速交付），最後落地會成為一種實踐（如 Scrum）。傳統的模式給不出針對未知領域的解決方案，而敏捷的模式可以幫助我們快速試錯，因此，我們需要堅定地走向敏捷。

1.2 DevOps 解決問題更快

DevOps 的異軍突起其實是出乎意料的，在我的看法中，DevOps 的興起是軟體開發流程與快速交付之間的衝突無法調解的結果。「開發一個能夠根據手機殼顏色自動同步 App 主題顏色」這樣的要求層出不窮，也正是網際網路技術人員矛盾的內心寫照。

一方面是產品經理不斷地希望滿足客戶快速變化的需求，另一方面是研發團隊無法在這樣的快速疊代下持續穩定地工作。

敏捷提供了很多解決方案，而 DevOps 流行的根本是它適應了當前網際網路所需要的很多技術走向。在我看來，敏捷偏管理，DevOps 偏技術，且 DevOps 確實有效地解決了很多問題，大大加快了產品交付的速度，這主要取決於「持續交付」的實現，而 DevOps 不僅是持續交付。

1.2.1 團隊組織的變化

我們可以說敏捷打通了業務、開發和測試，讓業務作為「角色 A」加入（註：在敏捷中，有個豬腿雞蛋漢堡的故事，將全身心投入的利益直接相關者定義為「角色 A」，而和利益有一定關係的部分參與者定義為「角色 B」），減少了產品經理被「群毆」的風險。而 DevOps 為了實現持續交付，整合運行維護團隊，讓價值交付的速度得到進一步加快。DevOps 團隊是敏捷（自製）的、獨立完整的，其溝通的代價大大降低，從而實現了團隊整合。DevOps 讓每一個交付都直接線上而不僅是待交付物，如圖 1-1 所示。

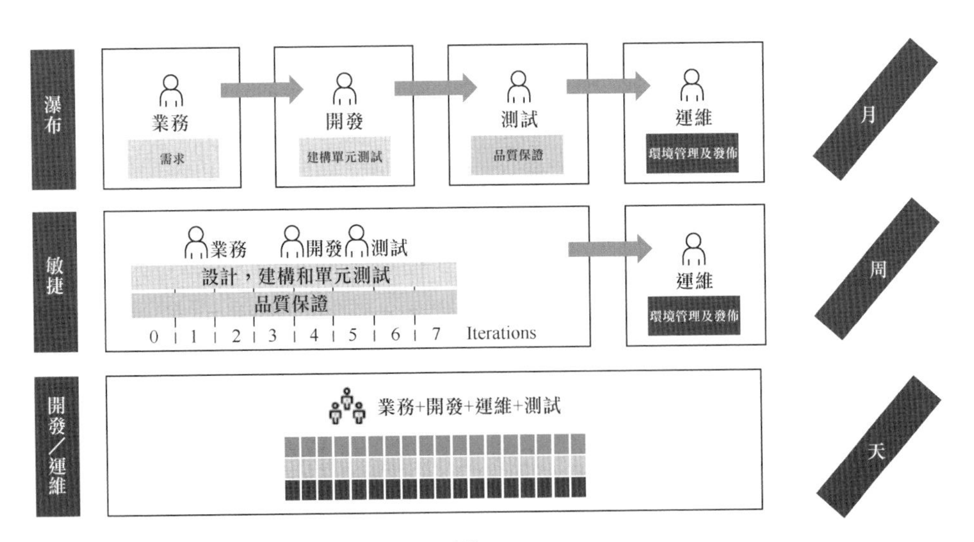

圖 1-1

1.2.2 管線對測試的依賴

在持續整合、持續交付管線中，基於微服務和容器雲技術的管線，已經極佳地解決了自動化運行維護、部署及架構的拆分問題。一個個毛線團已經被拉開，從持續整合到持續交付再到持續部署的過程中，我們可以清楚地知道有哪些問題，但是入手越來越難，維護也越來越難。這時候會發現任何一點變化都會有很多的「更新」在「穩定」的架構上植入一個新特性，此時對測試的需求就愈發急迫。傳統的手工測試已經成為管線發佈的巨大瓶頸，而自動化測試「只重其形不重其意」的問題，導致大量的實踐效果並不理想。

常見的管線使用類似 Jenkins 這樣的工具進行管理，讓每一次程式提交可以快速建構、測試、發佈等，如圖 1-2 所示。

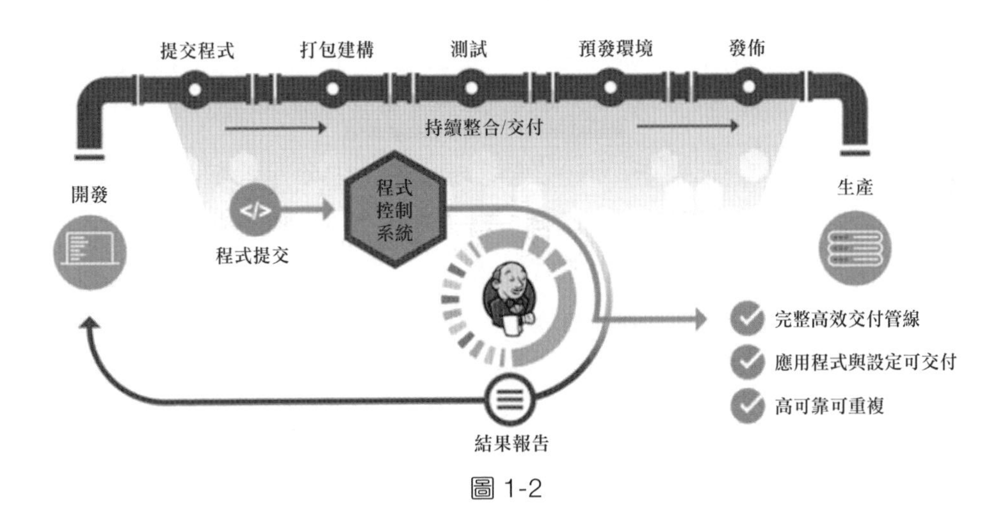

圖 1-2

1.2.3 為系統製造問題

從建構測試環境到與生產 1 : 1 預生產環境，再到在生產環境中做測試，這些都是為了更進一步地獲取問題和解決問題的手段。而故障植入的異常測試可能是網際網路當下的最佳實踐，既然問題是無法透過測試完全發現的，那麼將可能的主要情況模擬出來，學會控制風險。而為系統設定故障，同樣也是對測試設計的巨大挑戰。

無論是敏捷還是 DevOps，均對測試提出了更高的要求，在這種日日疊代、隨時發佈的情況下，測試該如何緊接其步伐呢？請耐心地看本書講解。

1.3 測試與產業發展

作者從事測試工作很多年了，看到了網際網路產業的發展，軟體測試也從手工執行走上設計之路，再從設計測試發展到技術創新。

現在，測試人員的技術和薪酬也不可同日而語，但即使有了自動化測試團隊、非功能測試團隊、強大的自動化持續整合系統，每次上線還是常常看到朋友圈的技術人員深夜還在加班。

自動化測試真的有效嗎？深入做過自動化的人很多會知道，自動化並不見得會提升品質，而且它的維護成本很高，工作一段時間就會發現陷入了一個怪圈，會開始否定自己做自動化測試的意義。然而，問題的關鍵並不是是否做了自動化測試，而是是否做了足夠好的自動化測試。如果自動化測試做得不好，那麼將導致針對測試結果的回饋不夠迅速，最終導致自動化無效。

1.3.1 有效自動化

有效自動化並不是指有了自動化框架就可以被觸發為自動化了，而是包含了自動建構待測試程式、自動發佈程式到測試平台、自動對該測試平台進行測試、自動提交測試報告這樣一個完整的反應鏈，並且確保整個反應鏈的時間在合適的範圍內（快速大約為 5min，中速為 3 ～ 5h）。這樣的自動化能夠讓開發部門快速得到回饋並且獲取該回饋中包含的相關資訊（被測程式分支、測試環境、測試指令稿內容、缺陷資訊）。有效自動化需要具備以下 4 個條件。

（1）開發規範化，確保編譯發佈是可以自動化的。

這裡需要公司有非常成熟的研發模式（分支開發、GitFlow 工作流程等），進而可以透過 Maven 這樣的工具實現自動化編譯、建構及發佈。

（2）測試環境規範化，確保測試環境的建構是可以被賦能的（運行維護）。

透過設定中心完成對多套環境的標記管理，從而可以快速地基於容器化技術生成多套環境，並且支援任意測試分支程式的部署以及對應的環境資料版本化的回溯。

（3）測試方法規範化，確保測試的指令稿和內容是規範可控的。

對測試指令稿及資料進行規範管理，讓不同分支的被測程式匹配不同分支的測試程式。

（4）測試使用案例、資料自動化，基於巨量資料、人工智慧（AI）等技術的輔助測試。

透過對被測物件的程式染色、使用者行為的歸納總結等方式實現智慧化測試。

透過這些支撐基礎提升測試設計能力，提升自動化測試的使用案例品質，從而逐步提高測試的有效性。

1.3.2 測試運行維護的興起

測試運行維護並不是突然出現的，早在許多年前，測試人員就需要對測試環境負責，測試人員需要明白測試需要什麼樣的環境、什麼樣的資料和異常。一方面，由於網際網路技術的快速發展和突破，測試人員逐漸喪失了當地語系化類生產環境和測試環境的維護能力，導致等待環境成了影響測試效率與品質的瓶頸。另一方面，由於缺乏運行維護的監控能力，導致在系統出現問題時測試人員無法排除相關的記錄檔和資料，無法在第一時間對問題進行快照追蹤，從而錯過了定位修復缺陷的最佳時機。

測試運行維護就是用來解決這些問題的。它建構自動化測試環境管線、隔離測試環境、建構測試資料及 Mock，讓測試可以簡單快捷地建構測試環境，提高測試執行效率；透過進一步建構測試服務並延伸至整個產品，從客戶需求到研發再到客戶使用的全過程，做到全生命週期的持續回饋。

在當前 DevOps 系統下，測試運行維護作為持續回饋的最佳技能堆疊角色，承擔了持續測試架構設計的重任，並作為測試開發的規劃者。

1.3.3 測試的三大階段

回顧產業發展，測試有以下 3 個發展階段。

1. 被動型階段

在這個階段，測試只是軟體上線前的驗證過程，測試人員代表使用者試用軟體，檢測發現軟體使用時的問題。由於當時的應用架構幾乎是基於媒體安裝的，因此導致更新的代價非常大。

在這個階段，測試部門會逐步成為一個嚴重的瓶頸，需要測試的內容越來越多，但是遺漏的問題並沒有得到有效控制，成了「雞肋」（食之無味，棄之可惜）一樣的部門，不做測試不行，但做了測試也並不能解決所有問題。

2. 技術型階段

在這個階段，測試人員透過技術提升了測試效率和測試品質。在整個服務端架構系統出現後，更新的方式從用戶端變到了服務端，隨著使用者對品質的瞭解加深和功能增加的速度大幅提升，引入測試工具、進行測試開發是必然選擇。

在這個階段，測試部門獲得了一定的重視。隨著版本的快速遞增，測試團隊自身的效率已經提升到了比較高的水準，但是由於測試環境、版本、資料等的大量快速變化，導致大量的等待，影響了測試本身更好的發揮，另外，技術與業務的平衡出現了反趨點，導致為了技術求新而進行測試，在沒有測試設計的支持下測試人員無法有效地發現問題。

3. 賦能型階段

在這個階段，測試人員已經可以將測試作為服務賦能給其他部門。全生命週期品質保證、敏捷團隊的出現、品質成為所有人員都應該重視的內容，將測試能力賦能團隊成為了需要。賦能包括測試本身的設計和執行能力，在這個階段，測試人員根據需求制定對應的實例化需求、使用者故事（UserStory）的驗收標準（Acceptance Criteria，AC）及完成定義（Definition of Done，DoD），將「怎麼測」在一開始就公開並且賦能給相關人員，而測試平台的建構可以讓相關人員自行執行測試，從而改變測試人員本身的角色。

在賦能型階段，專案品質效能團隊出現，敏捷測試、測試運行維護作為專案品質效能團隊的一員，將測試團隊從成本部門變為賦能團隊，為第三方提供保證品質的服務。

1.4 測試敏捷化之路

既然敏捷是潮流，敏捷是無法阻擋的，那麼測試應該怎麼走下去呢？用某位朋友說過的一句話「只有被淘汰的職務，沒有被淘汰的職能」來描述比較貼切。

1.4.1 敏捷測試

敏捷測試可能是我們非常容易想到的內容，基於敏捷的思維系統，將其與測試進行配對。

於是我們可以看到敏捷測試也有對應的宣言，如圖 1-3 所示。

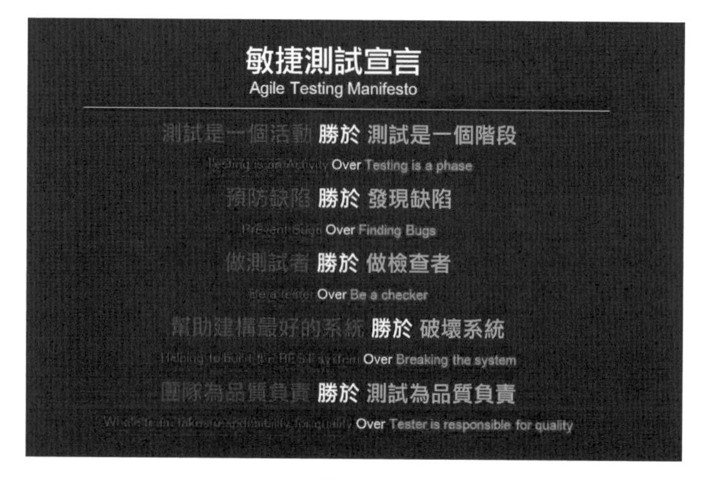

圖 1-3

在這個宣言中，我們可以非常明顯地看到，對於目標的轉變，點對點的品質預防、賦能團隊共同保證品質成了更為重要的事情。在敏捷實施中，交付有用的軟體比交付不出錯的軟體更有意義，因為如果軟體不能幫助客戶解決問題，那麼是毫無價值的，而過分的測試所帶來的時間拖延和成本上升會影響使用者問題的解決。因此，在測試的職責上也發生著變化：從不要出錯到錯誤可控。

在敏捷測試過程中，需要測試人員參與的過程包括以下幾個。

（1）使用者故事的優先順序及估算點。
（2）使用者故事驗收標準及完成定義（使用者故事澄清）。
（3）參加計畫會議，對進入衝刺代辦列表（Sprint Backlog）的需求內容進行評審。
（4）確認衝刺中的需求實現，建構分層自動化使用案例及指令稿，確保持續整合品質，設計探索性測試使用案例用於驗收。
（5）衝刺疊代歸納。

上述是在敏捷中測試可以介入的過程。在敏捷測試過程中，測試部門成為 Dev 研發團隊的一員，測試工作從簡單的需求實現確認和測試使用案例設計，擴充至上述的過程（1）～（5）（在 DevOps 中，還會擴充到 Ops 運行維護發佈甚至生產測試過程），也就是全生命週期的品質保證。傳統測試和敏捷測試的比較，如表 1-1 所示。

表 1-1

傳統測試	敏捷測試
1. 測試發生在最後階段	1. 測試發生在每個間隔的 Sprint 裡
2. 團隊之間需要互動時，通常是正式溝通	2. 團隊之間需要互動時，溝通不能總是正式的
3. 自動化測試是可選項	3. 自動測試被高度推薦

傳統測試	敏捷測試
4. 從需求的角度測試	4. 從客戶的角度測試
5. 詳細的測試計畫	5. 精益的測試計畫
6. 計畫是一次性活動	6. 不同等級的計畫： 開始階段初始的計畫； 後續 Sprint 中 "Just in time" 的計畫
7. 專案經理為團隊做計畫	7. 團隊被授予並參與計畫
8. 預先的詳細需求	8. 只有概要需求
9. 標準的需求文件說明書	9. 需求以使用者故事的方式被捕捉
10. 需求定義完後，有限的客戶協作	10. 客戶協作貫穿整個專案生命週期

測試能力的提升會大大增強團隊速度的穩定性，為任務提供完成定義有助更進一步地評估工作量，更快地回饋問題，從而降低研發週期。

在 DevOps 系統中，提出了持續測試（持續回饋）的概念，來強調測試的重要性。

1.4.2 測試敏捷化

隨著技術的發展，敏捷測試可能有些「力不從心」，因為在 DevOps 系統中，面臨著持續交付下的測試，它延伸出了產品發佈後的驗證過程，持續測試成了我們經常聊到的話題，而測試敏捷化被提了出來。在傳統的瀑布模式中，測試人員總是被動地按照固定流程進行測試。

（1）等待需求，寫測試使用案例。

（2）等待環境，寫自動化測試指令稿。

（3）等待發佈，執行手工和自動化測試。

（4）提交缺陷報告和測試報告。

這種做法已經很難滿足研發、需求、運行維護的敏態需要。測試敏捷化以交付業務價值、實現共同目標、測試無所不在、跨團隊協作、自我進化的思維，來提升測試能力。

標準定義

測試敏捷化是指在與軟體生命週期所有交付品質相關的活動中，透過對組織、文化、流程、技術等要素進行最佳化與改進，使得測試能夠貫穿於研發全過程並與上下游團隊高效協作；能夠在業務與技術水準上持續提升，達到自我驅動、靈活賦能、快速交付、高效穩定的最終目標。

Chapter

02

敏捷測試的相關系統

前面介紹了敏捷測試涉及的相關知識，這裡開始講解在完整的生命週期中敏捷測試需要掌握的相關技術。

2.1 從 UserStory 開始

在敏捷測試中，需求變成了 UserStory（使用者故事），要解決的問題沒有變，但是解決問題的想法變了。

需求規格説明書是一種描述最終產品的文件，強調定量，透過精確的標準來準確還原要實現的內容，在已知世界、已知解決方案的情況下，編寫需求規格説明書是沒有問題的，但是現在已經不是這樣了。

當我們做一個產品希望滿足使用者需求的時候，可能使用者也不能完全描述清楚，這時候使用傳統的需求描述方式就很困難，要求使用者一開始就明確內容，而使用者故事適用於這種，説明定性的東西，擴充規範定量的東西。

2.1.1 UserStory 定性

作為一個使用者故事，我們一般是這樣寫的：「作為一個 who，我需要 What，來實現 Goal。」

下面的例子可以非常明白地看到 UserStory 和傳統需求文件的區別。

需求規格：使用木頭製作一個 10cm×10cm×10cm 的立方體，表面為黑色。
UserStory：作為一個孩子，我需要一個黑色立方體，來作為我遺失的一塊積木的補充。

這裡，讀者可以非常明顯地看出兩個寫法的區別。由於過去問題的已知性和解決方案的明確性，只要你告訴我你要什麼，我給你做就行了，沒有別的選擇。但是現在使用者很難描述自己需要的東西，這就需要更加專業的業務需求分析師（Business Analyst，BA）來對使用者的需求點進行分析，進而轉化為使用者故事。使用者故事更加注重定性，透過快速交付的方式和使用者溝通確認漸進明細，從而交付使用者價值。

以前需要花費一周時間和使用者確認需求，編寫需求規格說明書，再用一周時間來實現，並最終交付給使用者。而現在只需要花費一天去了解使用者想要解決的問題，花費一天做一個 Demo，再花費一天和使用者溝通這個 Demo 有哪些需要改進，整個過程可能只需要一周，而其中節省的時間是什麼呢？就是瀑布模式中的等待浪費。

2.1.2 UserStory 編寫格式

UserStory 的編寫遵守 "3C" 原則，即卡片（Card）、交流（Conversation）、確認（Confirmation）。為了控制 UserStory 的內容長度，UserStory 一般寫在小卡片上，隨著需要表達的內容增加，卡片上又增加了驗收標準及完成定義等內容。接下來看看常見的 UserStory 格式。

2.1.3 基本的格式範本

這裡列出了一個標準的使用者故事格式，如圖 2-1 所示。

這個格式主要包含 3 個點：基本的使用者故事描述（作為一個使用者，我希望能夠尋找兩個城市間的班機列表來獲取最佳時間及價格）、工作量估算點（1.0 Points）和優先順序（2-High）。

作為一個使用者，我希望能夠尋找兩個城市間的班機列表來獲取最佳時間及價格

估算點： 1.0 Points
優先順序： 2-High

參考用故事卡片

圖 2-1

2.1.4 進階的基本格式範本

基本的 UserStory 格式是不夠的，為了更進一步地表達使用者價值，針對預設的基本格式，產生了進階版本，如圖 2-2 所示。

<故事標題>

作為<使用者角色>
我想要<完成活動>
以便於<實現價值>

1, 規則描述1
2, 規則描述2
3, 規則描述3

1, Given...
When...
Then

2, Given...
When...
Then

具體設計方案:
https://

上線檢查清單:
1, ...
2, ...

圖 2-2

在這個進階的格式中，增加了規則描述，進一步對使用者故事描述進行細化；增加了 Given…When...Then 的內容，用來支援行為驅動開發（Behavior-Driven Development，BDD）；增加了設計方案的附件連結和上線檢查清單的完成定義。

2.1.5 進階格式範本

這是一個更完整的使用者故事格式，如圖 2-3 所示。

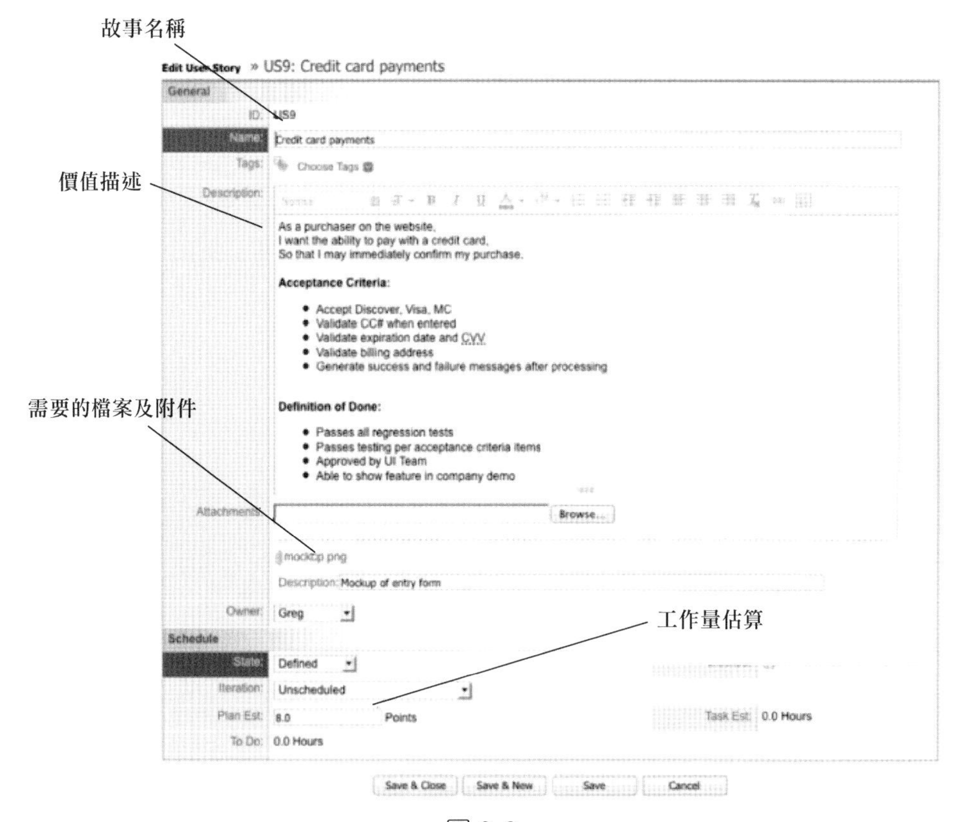

圖 2-3

這裡引入了驗收標準。驗收標準可以認為是對需求的明確專案化步驟，也是測試使用案例的基礎。而完成定義是更加明確的驗收標準和所需要滿足的具體要求。

可以看到，使用者故事的格式升級在逐步地規範和明細被實現的物件。敏捷不是說不要文件，而是製作合適的文件，在這個階段，測試就可以提前介入。

2.1.6 UserStory 中的優先順序與故事點數

一個專案一般有很多使用者故事，如果要一次或順序實現它們，就會變成瀑布模式。因此，為了選擇更有價值的內容進行交付，我們需要為使用者故事排列優先順序和評估故事點數（工作量）。透過優先順序安排哪些應該先做（後面會提及的使用者故事疊代計畫），透過工作量評估每一個大概要做多久（合理安排每次疊代的週期和完成內容），這兩個都是團隊共同討論設定的。

1. 優先順序的排列

在敏捷中，優先順序的排列一般是基於 Kano（卡諾）模型或 MoSCoW（莫斯科法則）。簡單來說，就是把需求分為令人振奮的、必備的、可選的等類，然後透過討論來確定每個需求的歸屬類別。

2. 故事點數的估算

在敏捷中，故事點數的估算一般是基於經驗的討論（親和估算法、寬頻德爾菲法），由所有參與者分別估算自己部分的工作時間，如果參與者的估算誤差過大，那麼再次討論，從而獲取一個可以接受的故事點數。比較常見的解決爭論的方法是使用敏捷撲克，透過出牌的形式來同步所有參與者的想法。

> **注意**
>
> 故事點數和工時是有區別的，故事點數只是用來區別不同需求的規模，並不完全等於工時，一般會說一個故事點數大於 4 個工時。

2.1.7 UserStory 實例化、驗收標準與完成定義

使用者故事本身是一個抽象的概念，它有它的缺點，就和編寫物件導向程式一樣，它還是個類別。從而引申出了實例化的概念，具體到怎麼操作來實現使用者對應的價值。由於使用者故事來自使用者，因此角色成了使用者故事實例化的基礎。

實例化的關鍵在於構造什麼樣的使用者，即是一個普通使用者還是一個「特殊」使用者，是一個前台使用者還是一個後台使用者，這些均決定了使用者故事實例化的內容。

舉例來説，使用者故事：

使用者需要一個學習平台來整理自己的學習過程，從而獲取學習成果，評估自己的學習效果。

那麼對應的實例化可能如下。

- 小明是一個學業成績一般的學生，在學習數學課程，他需要一個學習平台來整理自己的學習過程，從而在數學成績上有所進步，並進一步評估自己的學習效果。
- 小張是學習平台的管理員，他需要在後台管理每個學員在學習時的資訊，幫助學員調整學習規劃。
- 小李是一個學業成績好的學生，在學習數學課程，但他需要一個學習平台來自動查詢自己還沒有做過的題目，並為他找到最新的題目。

因為這裡的使用者故事是比較粗略的，所以還需要進一步細化，從而明確具體的操作步驟。

2.1.8 驗收標準

與實例化的區別是，驗收標準是針對事件的，我們在對該使用者故事的具體操作中是怎麼樣的是驗收標準的關鍵。

舉例來說，有以下驗收標準。

（1）使用者需要透過實名制認證才能使用系統進行學習。
（2）系統支援免費和付費兩種模式。
（3）系統提供對老師的評價功能。

更多的時候，驗收標準像是一個比較寬泛的測試使用案例，其核心包括一個 Happy Path 正常業務流程和多個異常業務流程說明。更加細節的使用案例一般會透過 XMind 軟體繪製思維導圖來記錄，而這些內容會與使用者故事和使用者故事對應的程式特性分支相連結。

2.1.9 完成定義

完成定義可以幫助開發者更加具體地了解整個使用者故事交付時需要驗證的內容。從某些角度可以認為完成定義是測試方案的一種展現，對一個測試來說，應該在使用者故事上進行測試方案內容的編寫。

（1）完成功能測試。
（2）性能測試介面能夠達到每秒 100 件交易。

2.1.10 UserStory 骨幹、地圖和疊代規劃

只有使用者故事是不夠的，因為它們還是一個個分散的故事點，一個應用是由很多使用者故事組成的。為了能夠有效地了解應用的需求，這時就需要用到使用者故事地圖了，如圖 2-4 所示。

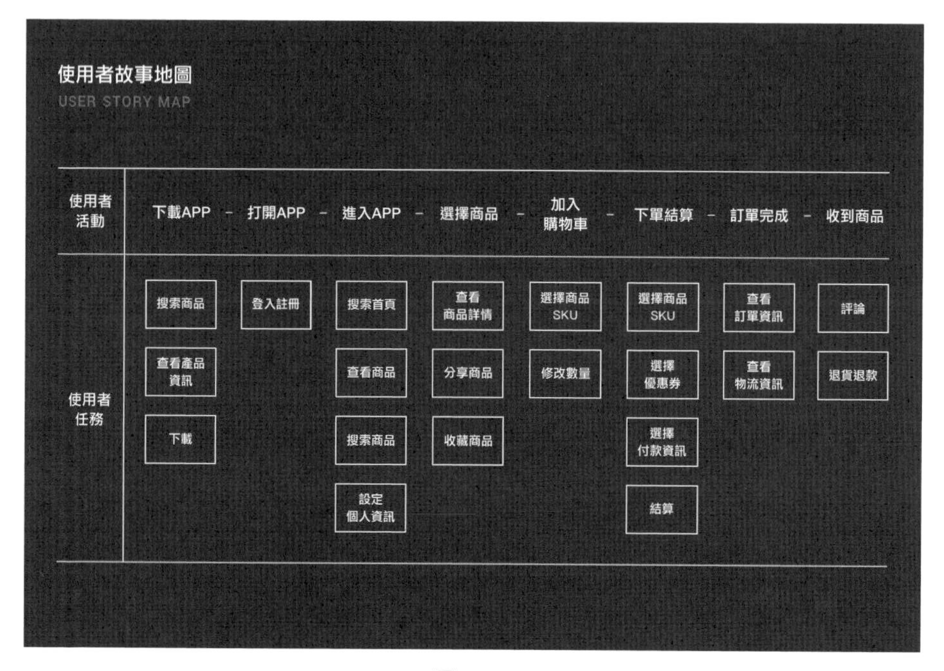

圖 2-4

使用者故事地圖可以更加全面地看到整個故事的完整結構（可以認為使用者故事地圖是一個遊樂場，裡面的遊樂專案是使用者故事卡片），透過設計橫向的使用者使用流程作為使用者故事地圖的骨幹，再將每個使用流程下的功能按照優先順序排列，從而形成一眼就能看完整個系統的功能地圖。

透過使用者故事地圖，我們可以完整地看到系統的組成，但在敏捷下，需要疊代式的分批開發，於是我們就要根據情況在使用者故事地圖的基礎上進一步增加疊代規劃，確保分批交付整個使用者故事，如圖 2-5 所示。

使用者故事地圖範例——線上購書網站

業務流程 (時間線)

商業價值：高 → 低

發佈	管理帳戶	瀏覽	購買		支付	配送	退貨
發佈1	註冊	圖書清單	下單	確認產品資訊、規格	線下付款	查看待發貨訂單清單	
	登入	圖書詳情	填寫收貨人資訊	填寫購買數量		查看待配送訂單詳情	
			確認購買				
發佈2	修改密碼	按書名檢索	增加商品到購物車		支付寶支付	生成配送單	提交退貨申請
	維護送貨地址						
發佈3	手機驗證	按照書號檢索	修改訂單		微信支付		退貨申請受理
	微信綁定	分類瀏覽			信用卡		退款

圖 2-5

在這個過程中，每一次疊代都會交付對應的內容，而在這個內容中，就需要建構使用者故事骨幹，以明確最後組成軟體的核心結構。每一次疊代都遵守最小化可行產品（Minimum Viable Product，MVP）的原則，以儘快向使用者展示最終的產品並且獲取對應的回饋，從而在下一次疊代中調整需要交付的功能特性。當使用者需要一個汽車的時候，我們並不是逐步交付一個未完成的汽車，而是在這個過程中每一次交付給使用者的都是一個有價值的工具，如圖 2-6 所示。

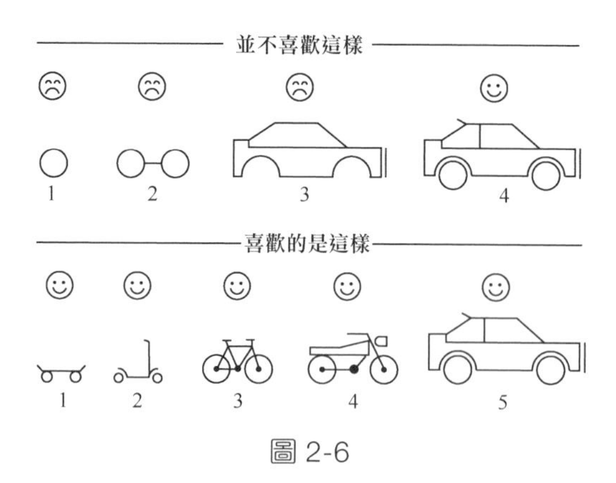

圖 2-6

作為一個優秀的敏捷測試工程師，應儘早完成使用者故事，幫助制定合理的驗收標準、完成定義、使用者故事大小及疊代發佈計畫，這樣能夠極佳地幫助自己規劃測試內容，明確測試目標，提高測試品質與效率。這也是敏捷測試下測試左移（註：測試左移指的是在軟體交付中前移測試過程，圍繞需求的測試）的關鍵內容。

2.2 看板看出名堂

在具體工作中，往往由於流程長，導致出現的問題很難定位和解決。如果想要發現、定位、分析問題，看板是一個很好的選擇。看板是一個非常好的視覺化工具，而且看板可以幫助管理 UserStory。

看板管理

常稱為「Kanban 管理」。其是豐田生產模式中的重要概念，是指為了達到及時生產（Just in Time，JIT）而控制現場生產流程的工具。及時生產方式中的拉式（Pull）生產系統可以使資訊的流程縮短，並配合定量、固定裝貨容器等方式，使生產過程中的物料流動順暢。

看板提供了狀態遷移視覺化的過程，以幫助我們了解完成一件事情的過程，基本的看板包括待做、正在做、完成 3 個階段，如圖 2-7 所示。

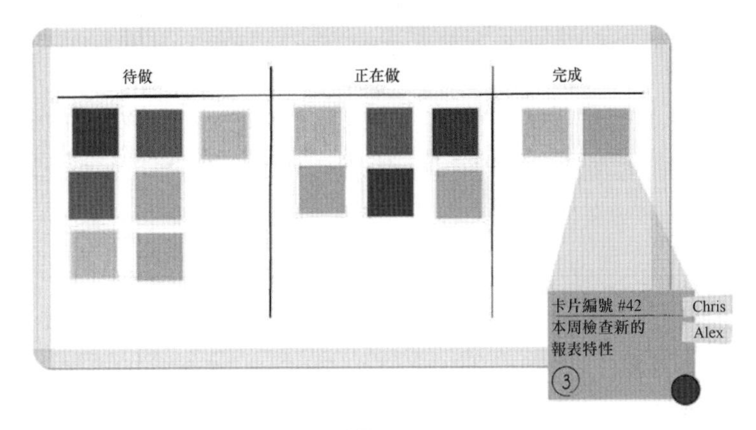

圖 2-7

接著把我們要做的事情作為一個卡片放在看板的各個階段上，透過改變推式（Push）為拉式，讓上游決定我們要做的內容，提高執行效率。也就是說，如果 Doing 階段的任務都完成了，那麼我們應該去看看上游 To do 階段的內容，以便拉取我們想要的任務，如圖 2-8 所示。

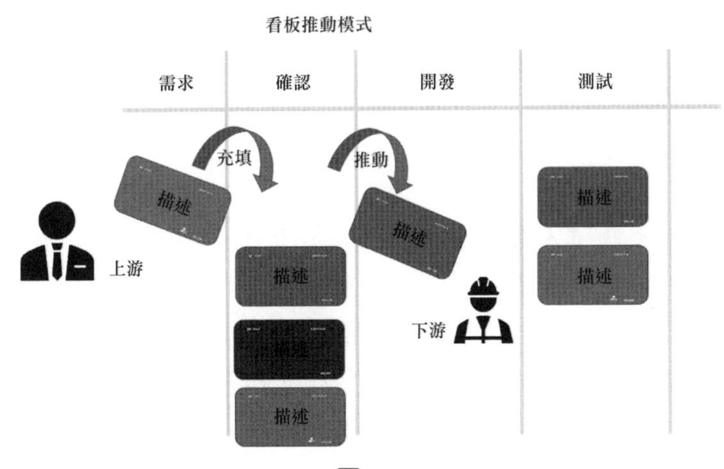

圖 2-8

在使用看板的時候，首先要根據具體的需要增加狀態，並設定各個狀態的存取控制準則；然後建構多條「水道」來讓一個狀態上可以同時處理多種類型的任務；再進一步限制在製品（Work In Process，WIP），讓看板上的價值快速流動。這些是看板管理的常見步驟和實踐經驗。

透過看板狀態（增加狀態）變化的時間監控，我們可以很方便地獲得度量資料，了解團隊在軟體開發中的各個階段的時間長度，如圖 2-9 所示。

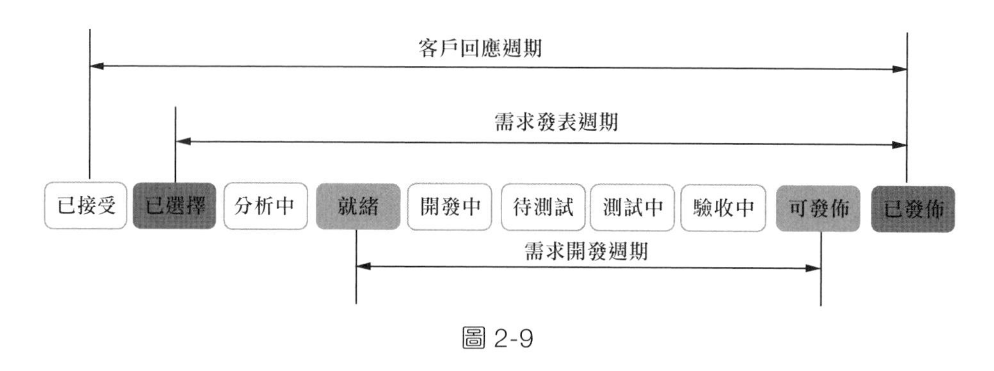

圖 2-9

如果透過看板來管理使用者故事（價值），配合合理的拆解過程將過程視覺化，就可以透過累積流圖來清楚地掌握專案執行的過程，如圖 2-10 所示。

在圖 2-10 中，階段之間的距離越短、斜率越高越好。累積流圖和燃盡圖比甘特圖能夠更進一步地反映專案的速率和狀態，有助快速定位開發中的問題並及時調整。

在整個看板中，測試人員需要增加不同階段上的測試過程，並且設定自己的任務卡片，幫助團隊了解測試需要佔用的資源和任務。在大多數情況下，透過看板追蹤可以發現專案瓶頸在測試階段，而原因就是測試執行的瀑布化（缺乏提前測試設計的平行化，以及測試執行效率和環境的問題）。

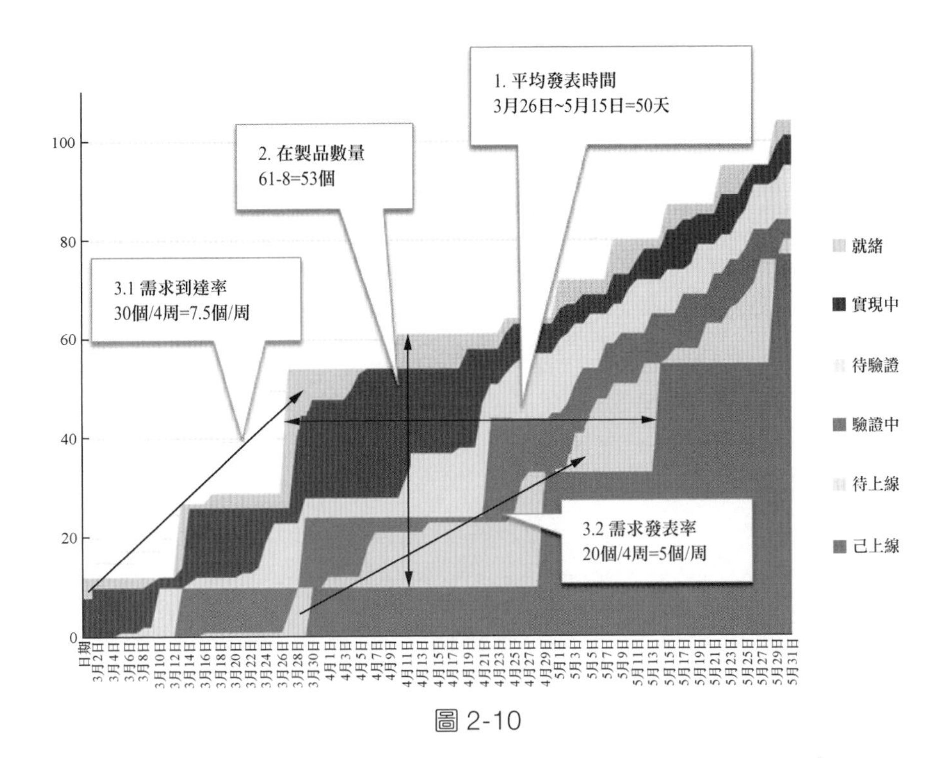

圖 2-10

在工作中，我們會有很多過程階段，從而會導致看板很長，如圖 2-11 所示。透過看板的視覺化，可以讓所有問題得以曝露。舉例來説，我們可以發現測試中的卡片數過多（"5/4" 表示最大 4 個平行卡片任務，見圖 2-12），這裡就表示出現了瓶頸。控制同一階段的在製品是提高看板流動效率的非常有效的手段，DevOps 是透過單例流（One-piece Flow）的理想概念來實現的。

在圖 2-11 所示的看板中，還能發現完全沒有任務卡片的狀態，這就是等待的狀態，上游沒有提供可以推動的任務，這是規劃的問題。

看板是一個非常好的資訊發射源，幫助參與的所有人了解工作的內容，配合共同的責任，大大提高發現問題和解決問題的效率。因此，每日站會（Scrum 中推薦每天透過 15 分鐘的站完成當天工作的同步溝通）需要與看板配合才能達到更好的效果。測試人員作為團隊的一員，熟練使用看板是必備技能之一。

圖 2-11

圖 2-12

注意

看板有很強的入侵性，對工作中喜歡按照自己的節奏做事的人來說，會產生很強的抵觸心理。雖然自己的工作進度被視覺化，但如果無法調整工作方式和心態，看板就會逐漸成為擺設。

2.3 Scrum 的流程

我最想說的一句話是：敏捷不是 Scrum。Scrum 只是我們常見的敏捷實踐模型。透過 "353" 核心規則，即 3 個角色（Roles）、5 個事件（Events）、3 個交付物（Artifacts），我們將敏捷的落地流程以及關鍵交付和組織勾勒出來，如圖 2-13 所示。

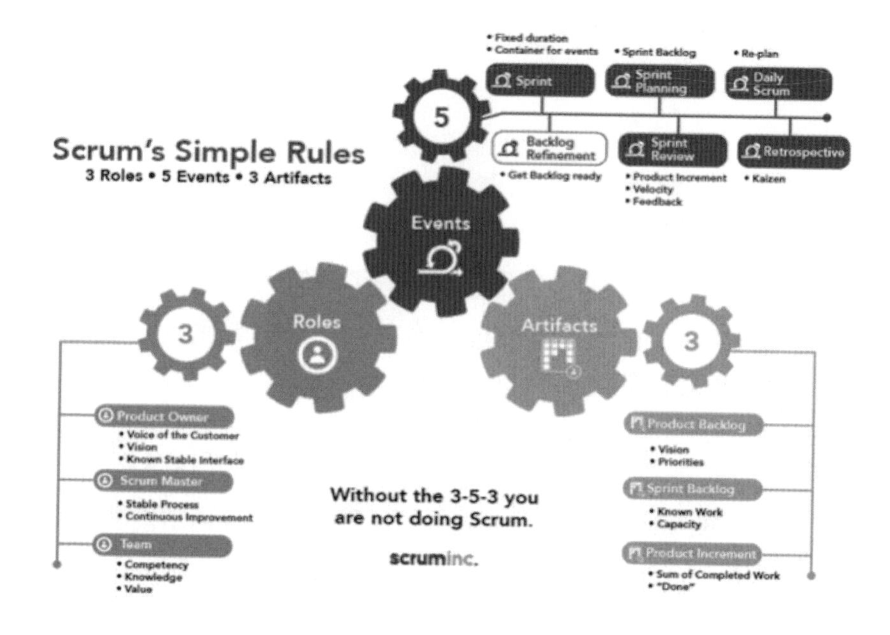

圖 2-13

Scrum 的流程是比較容易講清楚的，它是一個疊代的過程，如圖 2-14 所示。

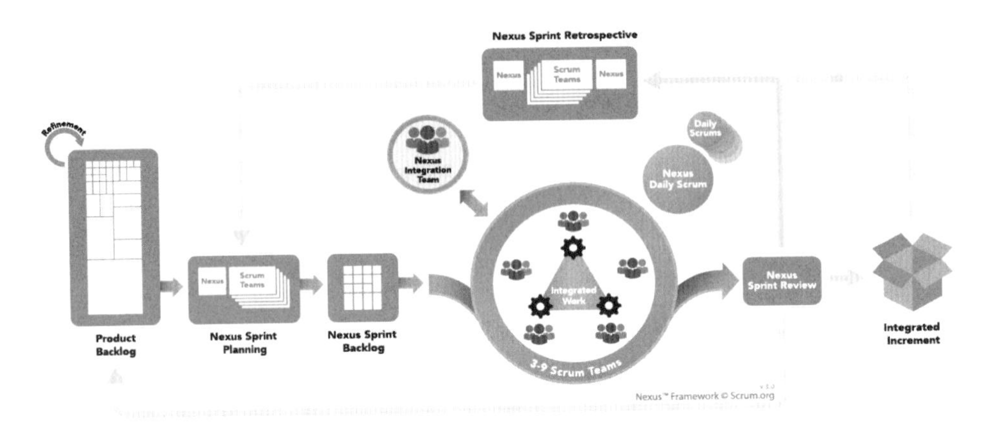

圖 2-14

Scrum 的主要流程如下。

（1）確定 Product Backlog，這是已經確認了價值大小的內容。

（2）團隊在 Nexus Sprint Planning 計畫會議中根據團隊的處理能力和故事的 MVP 生成規劃的 Nexus Sprint Backlog。

（3）在團隊中進行 Sprint 疊代快速開發（Nexus Daily Scrum 每日站會跟進）。

（4）定期開展 Nexus Sprint Review 疊代回顧會議，評估當前的進度。

（5）完成本次 Sprint Backlog 的內容後，完成 Integrated Increment 疊代交付，判斷是否要開展 Nexus Sprint Retrospective 總結大會，然後重新開始步驟（2）。

在整個 Scrum 活動中，測試人員成為研發團隊的一員（5～9 人的團隊規模）。測試人員必須要參加 Sprint Planning Meeting、Daily Meeting 和 Sprint Review Meeting。

Scrum 中的最佳實踐談到了測試驅動開發（Test-Driven Development，TDD）對於產品品質的重要性，但是並沒有提到怎麼做好測試。在使用者故事的有效介入後，測試可以為使用者故事的疊代制訂計畫並確保 Scrum Sprint 計畫的一致性，確保進入疊代後在 2 ～ 4 周的週期內完成這些使用者故事的發佈並透過看板進行任務流動的管理，從而進一步發現自動化或非自動化測試在疊代中的優缺點，及時交付使用者價值。

2.4 DevOps 帶來的價值流

表面上，DevOps 是將開發和運行維護兩個工作整合的術語，其實它打通了敏捷 Dev team 和 Ops 之間的通道。在前面的看板中，我們可以看到流動的價值（使用者故事），在 DevOps 的看板中需要加上運行維護端的發佈。

DevOps 提出了 3 步法則：持續流動、持續回饋、持續改進。

1. 持續流動

持續流動進一步擴大了敏捷的價值範圍，也就是能交付的內容在沒有交付到生產環境之前仍然存在問題，因此要將發佈上線也加入流動過程。而上線的內容是否開放是透過特性開關和灰階發佈來實現的。

在在製品的概念中，當同時處理多件事情的時候，沒有交付的內容都是在製品，沒有價值。DevOps 透過單例流來嚴格控制在製品，從而加快流動速度。

2. 持續回饋

持續回饋在持續流動的基礎上進行了度量，透過全生命週期的回饋，確保每一步的產品都是完全品質及格的優質品。

3. 持續改進

DevOps 把度量資料作為工作最佳化的基礎。

在 DevOps 中，CI&CD 的自動化是非常重要的基礎，因此 DevOps 持續交付管線成為「接地氣」的核心內容。從程式分支到單測整合、環境發佈、自動化測試、打包發佈，整個過程實現完全自動化。

在 DevOps 中，測試開發成為一個非常重要的技能，它將測試任務盡可能自動化，並與管線整合，從而大大提高管線上的測試效率。

從研發角度修改一行程式、做一個環境發佈或申請自動化都不是很難的事情。其不難的原因在於它們是已知需求、已知解決方案，但對測試來說，就完全不一樣了，一個小的變化所帶來的影響範圍也可能很難評估並且難以掌控，這需要大量的測試指令稿來評估。因此，當團隊已經做到了 DevOps 化後，測試的瓶頸就愈發凸顯了。如何讓開發出來的內容更加規範，能夠賦能開發團隊自行測試，這是作為測試人員擺脫依附狀態的挑戰與機遇。

2.5 從敏捷測試到測試敏捷化

上面介紹的是被精簡的關鍵點（甚至很多名詞術語沒有展開描述），這也是希望幫助測試人員能夠快速了解整個系統或團隊在做什麼，以及作為團隊內的一員應該如何發展。也就是悶頭做自己的工作還是和團隊同步，並成為轉型中的一員。待到知道是怎麼回事的時候，再來了解每一個過程的細節，將名詞術語變成技能。

因此，敏捷測試怎麼做可能並不那麼重要，敏捷測試到底怎麼做才是正確的也並不那麼重要，重要的是幫助客戶實現價值和勇於迎接變化的心態。

Chapter

03

敏捷使用者故事實戰

3.1 引言

業界流傳著一句話：使用者故事是講出來的而非寫出來的，講出來並達成統一瞭解。使用者故事分析討論應該是整個開發團隊的事情，切忌讓需求分析師或產品所有者（Product Owner，PO）獨自完成，測試人員應該了解整個過程並且參與其中，為實例化使用者故事和細化驗收標準提供交付週期評估。

3.2 使用者故事背景

對於開展實戰，使用者故事是一個很好的起點。故事背景是連鎖咖啡店。由於地理位置優越，因此整個辦公室的顧客會在早上和中午來排隊買咖啡。但購買體驗很差，部分顧客由於等待時間過長，轉而選擇了外賣或其他商家。為了解決這個問題，咖啡店希望透過一個線上平台來完成顧客的線上下單，對於較近的顧客不必排隊等待，等取單通知即可，也方便外賣人員可以對較遠的顧客進行送單。

對於這樣的需求，怎樣建構使用者故事和使用者故事地圖，以及制訂使用者故事疊代計畫呢？

建構使用者故事首先從建構角色開始，不同的角色所期望的價值不同，舉例來說，有人需要外賣可以送，有人需要除咖啡以外的小點心，有人需要現場有可供坐下來聊天的座位等。

3.2.1 規劃角色

這裡根據使用者調查做的統計分類，假設了 4 個角色，並且羅列了他們對平台的期望，覆蓋了幾個年齡段的消費者的消費意圖，這裡並沒有做一個虛擬的反向使用者。虛擬使用者角色如表 3-1 所示。

表 3-1

角色及介紹	角色及介紹
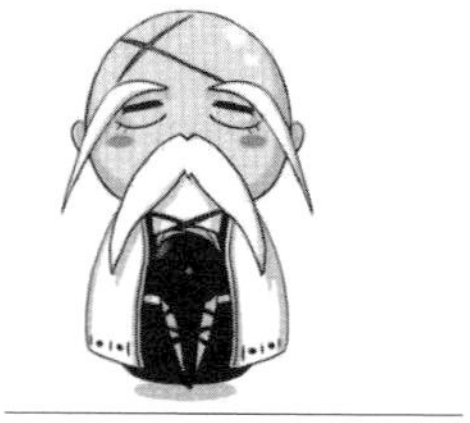	
王某：68 歲，對咖啡有非常高的要求	陳某：35 歲，希望能夠找到適合自己的咖啡
能夠專業地介紹咖啡的產地資訊、加工製程等	能夠專業地講出對多種咖啡口味的選擇以及背後的區別

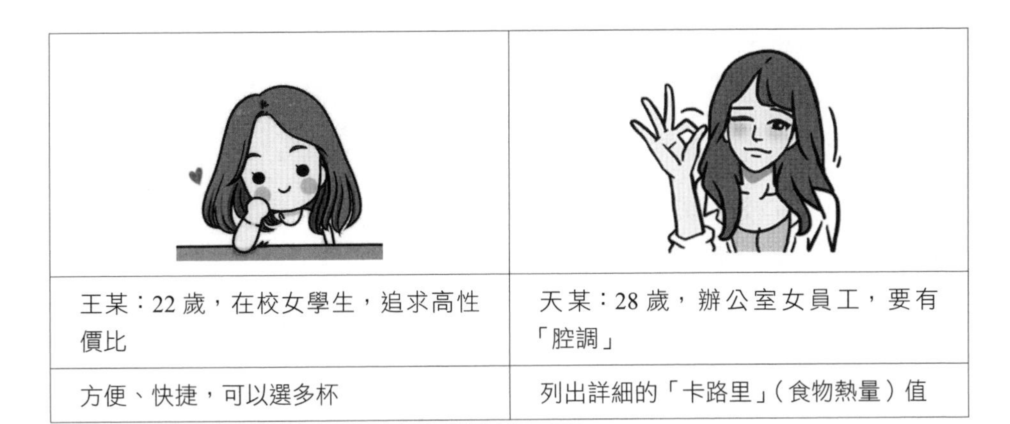

王某：22 歲，在校女學生，追求高性價比	天某：28 歲，辦公室女員工，要有「腔調」
方便、快捷，可以選多杯	列出詳細的「卡路里」（食物熱量）值

3.2.2 羅列使用者故事

團隊對上面的每一個使用者角色進行了使用者故事和價值拆分，並提取出功能點。

（1）作為一個對咖啡非常有追求的客戶，他希望能夠分享自己對咖啡的瞭解，從而認識更多志同道合的朋友。

- 使用者可以評價自己品嘗的咖啡。
- 使用者可以查看其他顧客對每款咖啡的評價。
- 使用者可以透過自己的首頁來羅列咖啡的相關評價。
- 使用者可以增加其他使用者成為好友。
- 使用者可以在每個咖啡廳找到小組，並進行組內溝通。
- 使用者可以自己設定咖啡豆種類、加工製程和材料配比，訂製屬於自己的咖啡。

（2）作為一個經常喝咖啡的客戶，他希望能夠品嘗更多種類的咖啡，從而找到適合自己的咖啡。

- 使用者可以方便地根據分類來尋找咖啡。

- 使用者可以根據評價來尋找咖啡。
- 使用者可以根據每個咖啡廳的推薦清單來獲取推薦咖啡。
- 使用者會被推送根據其點單習慣和經同類巨量資料比較後的咖啡種類。

（3）作為一個在校的學生，她討厭即溶咖啡，希望能夠喝到高性價比的咖啡，從而可以逐步培養對咖啡的品味。

- 使用者可以方便地查詢某個地區附近的咖啡店在哪裡。
- 使用者可以方便地預訂多種口味的多杯。
- 使用者需要積分功能，並且可以領取折扣券。
- 使用者可以設定提前預訂的提貨時間。
- 使用者可以看到其他使用者編寫的心得體會，了解喝咖啡的一些順序和特點。

（4）作為一個職場女性，她希望能夠喝到和別人不太一樣的種類，從而培養自己的品味。

- 使用者可以訂製每次取貨的別名。
- 特殊使用者等級可以具有專屬包裝袋。
- 定時提供限量版的口味、杯子。
- 支援附帶咖啡杯。

3.2.3 評估使用者故事優先順序

現在我們看到很多使用者故事點，這些使用者故事點需要排列優先順序，這樣才能為後面的最小可行產品提供判斷依據。使用者故事的優先順序有很多種評判方法，這裡涉及成本、主要針對的使用者和活動推廣策略等。作為一家新興連鎖咖啡店，主要使用者群還是辦公室職員，因此推銷活動主要是轉發、「拉新」抵扣，並採用實實在在的價格補貼策略。

根據莫斯科法則，將使用者故事優先順序分為以下幾種。

- Must：這個疊代是一定要做的。舉例來說，前面提到的「必需」的功能。
- Should：應該做，但若沒時間，就算了。舉例來說，前面提到的「不太需要的」功能。
- Could：不太需要的，但如果有，則更好。舉例來說，前面提到的「幾乎早期版本中不要」的功能。
- Would Not：明確說明這個功能不需要做，切勿把這些功能放到 Must、Should 或 Could 裡。

透過一個會議，團隊成員共同討論將前面的使用者故事進行優先順序排列。

（1）作為一個對咖啡非常有追求的客戶，他希望能夠分享自己對咖啡的瞭解，從而和更多志同道合的朋友認識。

- 使用者可以評價自己品嘗的咖啡（Could）。
- 使用者可以查看其他顧客對每款咖啡的評價（Could）。
- 使用者可以透過自己的首頁來羅列咖啡的相關評價（Could）。
- 使用者可以增加其他使用者成為好友（Could）。
- 使用者可以在每個咖啡廳找到小組，進行組內溝通（Could）。
- 使用者可以自己設定咖啡豆種類、加工製程和材料配比，訂製自己的咖啡（Should）。

（2）作為一個經常喝咖啡的客戶，他希望能夠品嘗更多種類的咖啡，從而找到適合自己的咖啡。

- 使用者可以方便地根據分類來尋找咖啡（Must）。
- 使用者可以根據評價來尋找咖啡（Could）。

- 使用者可以根據每個咖啡廳的推薦清單來獲取推薦咖啡（Must）。
- 使用者會被推送根據其點單習慣和經同類巨量資料比較後的咖啡種類（Should）。

（3）作為一個在校的學生，她討厭即溶咖啡，希望能夠喝到高性價比的咖啡，從而可以逐步培養對咖啡的品味。

- 使用者可以方便地查詢某個地區附近的咖啡店在哪裡（Must）。
- 使用者可以方便地預訂多種口味的多杯（Must）。
- 使用者需要積分功能，並且可以領取折扣券（Must）。
- 使用者可以設定提前預訂的提貨時間（Must）。
- 使用者可以看到其他使用者編寫的心得體會，了解喝咖啡的一些順序和特點（Could）。

（4）作為一個職場女性，她希望能夠喝到與別人不太一樣的種類，從而培養自己的品味。

- 使用者可以訂製每次取貨的別名（Would Not）。
- 特殊使用者等級可以具有專屬包裝袋（Could）。
- 定時提供限量版的口味、杯子（Should）。
- 支援自帶咖啡杯（Must）。

> **注意**
>
> 這裡涉及的後台的基本帳戶管理、聯絡地址等功能均沒有羅列，這些功能都是必需（Must）的。

3.2.4 評估使用者故事大小

在知道優先順序之後，還需要做一件事情，就是評估使用者故事的大小，一般來說，我們的使用者故事分為史詩（Epics）、特性（Features）、使用者（User）3 個等級。使用者故事的大小取決於該使用者故事實現的預計工時，根據疊代長度可以確定每次衝刺（Sprint）可以完成的使用者故事上限，並且在上限中找到合適的最小可行產品，如圖 3-1 所示。

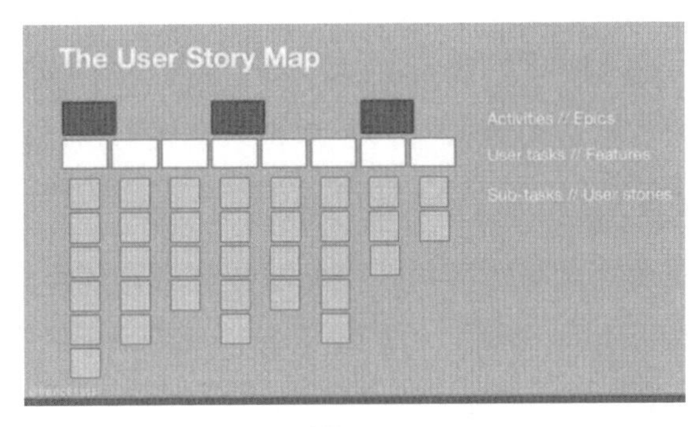

圖 3-1

評估使用者故事一般是根據歷史經驗，在討論中，如果出現較大誤差，那麼可以透過 T 恤分類或敏捷估算撲克來進行討論，如圖 3-2 所示。

圖 3-2

敏捷估算撲克適合量少的使用者故事，參與討論的每個人提交自己的估算值，如果誤差較大，則互相闡明理由，然後再次估算，直到統一。

（1）作為一個對咖啡非常有追求的客戶，他希望能夠分享自己對咖啡的瞭解，從而和更多志同道合的朋友認識。

- 使用者可以評價自己品嘗的咖啡（Could/4）。
- 使用者可以查看其他顧客對每款咖啡的評價（Could/4）。
- 使用者可以透過自己的首頁來羅列咖啡的相關評價（Could/24）。
- 使用者可以增加其他使用者成為好友（Could/4）。
- 使用者可以在每個咖啡廳找到小組，進行組內溝通（Could/16）。
- 使用者可以自己設定咖啡豆種類、加工製程和材料配比，訂製自己的咖啡。（Should/100）。

（2）作為一個經常喝咖啡的客戶，他希望能夠品嘗更多種類的咖啡，從而找到適合自己的咖啡。

- 使用者可以方便地根據分類來尋找咖啡（Must/4）。
- 使用者可以根據評價來尋找咖啡（Could/4）。
- 使用者可以根據每個咖啡廳的推薦清單來獲取推薦咖啡（Must/4）。
- 使用者會被推送根據其點單習慣和經同類巨量資料比較後的咖啡種類（Should/64）。

（3）作為一個在校的學生，她討厭即溶咖啡，希望能夠喝到高性價比的咖啡，從而可以逐步培養對咖啡的品味。

- 使用者可以方便地查詢某個地區附近的咖啡店在哪裡（Must/8）。
- 使用者可以方便地預訂多種口味的多杯（Must/8）。
- 使用者需要積分功能，並且可以領取折扣券（Must/16）。
- 使用者可以設定提前預訂的提貨時間（Must/4）。

- 使用者可以看到其他使用者編寫的心得體會，了解喝咖啡的一些順序和特點（Could/4）。

（4）作為一個職場女性，她希望能夠喝到和別人不太一樣的種類，從而培養自己的品味。

- 使用者可以訂製每次取貨的別名（Would Not/4）。
- 特殊使用者等級可以具有專屬包裝袋（Could/8）。
- 定時提供限量版的口味、杯子（Should/8）。
- 支援自帶咖啡杯（Must/4）。

（5）使用者帳戶管理（Must/16）。
（6）咖啡列表查詢（Must/16）。
（7）購物車、下單（Must/16）。
（8）後台資訊維護（Must/32）。

3.2.5 使用者故事地圖

在羅列了所有的使用者故事後，接著就需要建構使用者故事地圖了。首先應該構造一個使用者故事的骨幹。

一個使用者的使用過程應該如圖 3-3 所示。

圖 3-3

基於這個骨幹，將使用者故事根據優先順序分類放在對應的節點下，形成基本使用者故事地圖（這裡還對使用者當時的心態做了說明），如表 3-2 所示。

表 3-2

定位到門店	查詢咖啡	選擇下單資訊	等待提醒取單	取單完成交易	評價獲取獎勵
門店資訊管理	咖啡列表	帳戶資訊	店方資訊管理	客戶訂單確認	客戶評價
搜索門店	查詢	取貨方式	客戶資訊提示	後台訂單確認	客戶活動獎勵獲取
	當前帳戶咖啡推薦	支付方式	外送對接	訂單備註資訊	
	活動推薦	活動			
探索	驚奇	猶豫	期待	開心	炫耀

3.2.6 使用者故事疊代計畫

為了更快地試錯，疊代計畫需要遵守最小價值交付（試錯）的原則，選擇建構完成可以交付的最小單元，如表 3-3 所示。

表 3-3

定位到門店	查詢咖啡	選擇下單資訊	等待提醒取單	取單完成交易	評價獲取獎勵	疊代
門店資訊管理（門店位置）	咖啡列表（不超過一頁）	帳戶資訊	店方資訊管理（訂單資訊清單）	客戶訂單確認		Sprint1
搜索門店	查詢	支付方式（支付寶）	客戶資訊提示	後台訂單確認	客戶評價	Sprint2
	當前帳戶咖啡推薦	取貨方式		訂單備註資訊	客戶活動獎勵獲取	
門店資訊管理	活動推薦	支付方式（其他）	外送對接			不規劃
		活動				不規劃

3.3 使用者故事範例

為了幫助讀者對具體的某一個使用者故事有概念，這裡單獨寫一個使用者故事來作為參考，如表 3-4 所示。

表 3-4

標題	帳戶資訊
描述	作為一個使用者，需要帳戶資訊記錄來維護其相關資訊，從而實現積分、推薦功能。 AC： 使用者需要透過簡訊驗證確保手機號碼為核心資訊； 使用者可以上傳圖示，但是圖型大小不能超過 5MB； 使用者最終可以透過手機簡訊重置密碼； 使用者資訊包含積分、優惠券。 DoD： 透過程式審核和自動化測試； 介面性能大於每秒 100 件交易，回應時間小於 1s； 可灰階發佈生產，並且透過使用者接受度測試（UAT）
優先順序	Must
預估工時（小時）	16

在有了使用者故事和疊代計畫後，接著我們來實現第一輪疊代中的部分功能。

Chapter

04

版本控制利器──Git

Git 是一個開放原始碼的分散式版本控制系統，這幾年已經取代了原來大多數企業所使用的 SVN（Subversion）。相對於原來功能比較簡單的 SVN，Git 的功能可謂相當強大。當然，想要用好 Git，還是需要下功夫認真學習的。

4.1 為何要版本控制

我們在從事任何創作工作的時候（包括寫文章、寫程式等），經常會對我們的作品反覆進行修改加工，但是創造性思維往往不是連續性的。有時，我們會認為上一次修改之前的那次寫法不錯，現在改的反而沒有那一次好，那麼我們如何能夠取出上一次修改之前的作品呢？版本管理可以幫助使用者解決這個問題。

版本控制系統（Version Control System，VCS）其實是一個資料庫，它會保存使用者提交的所有歷史版本，當使用者需要時，可以提取任意一個歷史版本，保證使用者的創作不會因為修改而消失。即使把整個專案中的檔案進行修改或刪除，也可以輕鬆恢復到原先的樣子。

4.2 版本控制的演進歷史

4.2.1 本地版本控制

早期的版本控制是在本地進行的，例如我們通常會透過建立不同的目錄來存放同一樣東西的不同版本，其中給目錄命名是關鍵，如果名字有問題，目錄往往容易引起混淆。或利用本地的簡單資料庫來記錄檔案歷次更新時的差異，當取出歷史版本時，只需要取出原始版本，再合併差異就是指定版本了。舉個簡單的例子。在 1 月 1 日，我的口袋裡最初有 100 元，我把這個資訊記錄在我的本子上。1 月 2 日，我買東西花了 10 元，我把這筆變化記錄在本子上。1 月 3 日，親戚給了我 30 元，我又把這個變化記錄下來。接下來，有任何錢的變化，我都會記錄在本子上。如果哪一天我需要查看 1 月 3 日那天我有多少錢，只需要先看本子上第一筆記錄，也就是最初的錢有多少，然後從這一筆一直到 1 月 3 日最後一筆的變化記錄都拿出來和原始金額進行計算，得出的結果就是 1 月 3 日那天我口袋裡的錢了（100　10+30=120 元）。

典型的本地版本控制如圖 4-1 所示。

如果讀者使用的作業系統是 macOS，那麼一定知道修訂控制系統（Revision Control System，RCS），其實它就是一個典型的本地版本控制系統。當然，本地版本控制有一個致命的缺點，那就是在團隊合作時，這樣的版本控制毫無用處，因為當地語系化的版本控制無法和團隊的其他成員共用使用。

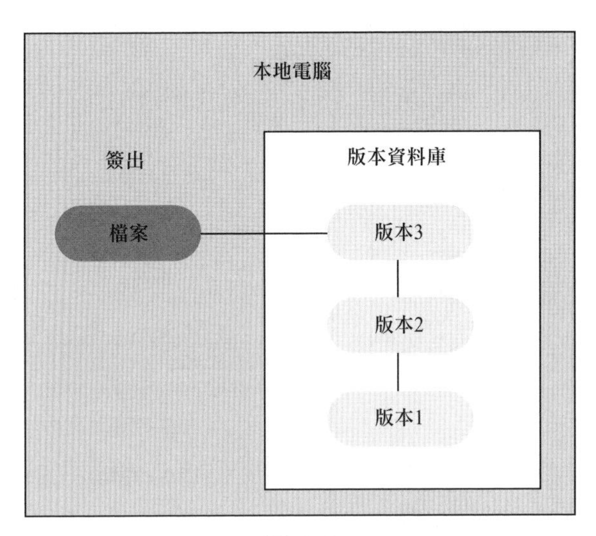

圖 4-1

4.2.2 集中化版本控制

為了能夠使團隊協作工作，支援聯網的版本控制系統也應運而生，這種系統透過在一台伺服器上架設一個版本控制系統的服務來統一管理版本控制。這台伺服器稱為中央系統，整個系統稱為集中化版本控制系統（Centralized Version Control System，CVCS）。其工作原理就是在一台伺服器上創建一個訂製的資料庫，當一個專案被提交（Commit）到伺服器上時，基礎版本內容就被保存到資料庫中，當有版本更新時，伺服器根據不同的策略保存變更資訊，以保證變更都會被記錄下來。不同的使用者可以透過不同的用戶端連接伺服器，透過遠端協定提交版本和獲取新變更。

典型的集中化版本控制，如圖 4-2 所示。

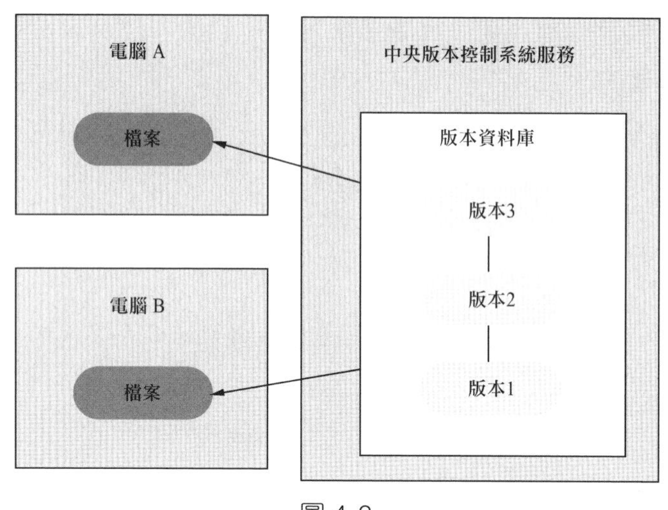

圖 4-2

這種系統常用於設定管理系統，CVS、Subversion、Perforce、Visual SourceSafe 等是典型的 CVCS。

CVCS 的優點顯而易見，但是缺點也在這些年逐漸曝露出來。首先，因為 CVCS 的伺服器是單節點而非分散式的，所以一旦伺服器出現一點問題，就會導致所有成員無法提交程式。如果問題更嚴重一些，如伺服器存放裝置出現問題，那麼團隊成員的工作成果就會遺失，因為所有的變更資料都保存在服務端，而用戶端的內容只是服務端保存的某一特定版本的備份。

4.2.3 分散式版本控制

為了解決 CVCS 的這一問題，出現了分散式版本控制系統（Distributed Version Control System，DVCS），如 Bazaar、Darcs 等。我們將要介紹的 Git 也屬於 DVCS。既然稱為分散式系統，那麼它的用戶端就不是簡單地複製服務端某一版本的快照（Snapshot），而是把服務端程式倉庫資料完整地進行映像檔。換句話說，服務端的程式倉庫會在用戶端另存一份。當有多個使用者使用 Git 時，相當於程式倉庫會在每個用戶端保存一份映像檔，一旦有任何一處發生故障，甚至服務端發生故障，都可以用任何一處的映像檔進行恢復，從而確保資料安全。並且，由於每個用戶端都有本地倉庫，因此即使遠端服務端當前不可用，也不影響用戶端進行離線程式提交。

分散式版本控制如圖 4-3 所示。

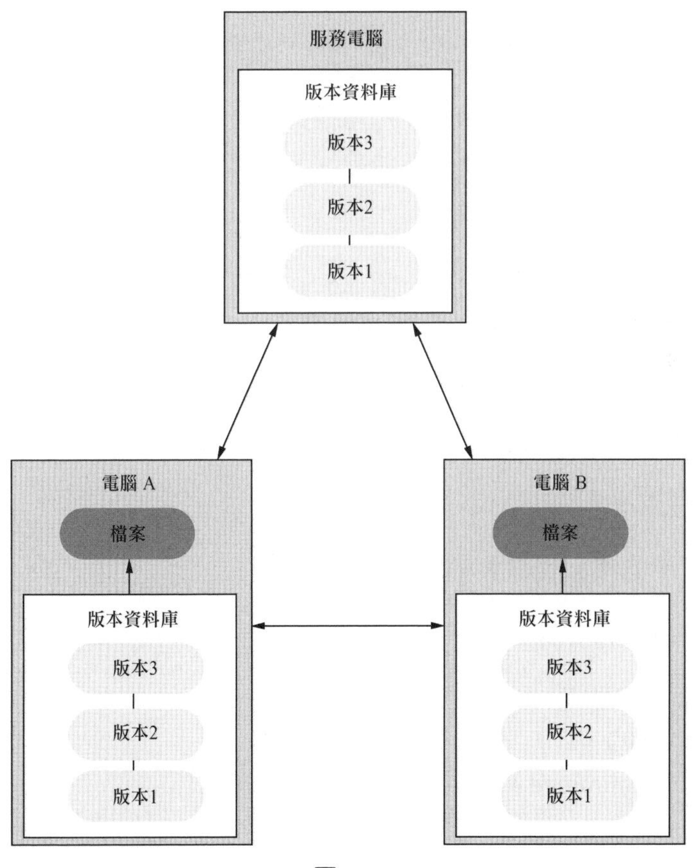

圖 4-3

4.3 Git 的基本概念

如果想深入認識和學習 Git，那麼有一些基本概念必須要瞭解。

4.3.1 Git 的 3 個工作區域

Git 在本地有 3 個工作區域，分別是 Git 倉庫、暫存區和工作目錄。

- Git 倉庫（Repository）。在工作目錄的根目錄中，有一個隱藏目錄 .git，那就是 Git 倉庫。Git 倉庫包含了從服務端映像檔過來的整個倉庫資訊，包括中繼資料（Meta Data）和資料庫物件。
- 工作目錄（Working Directory）。使用 clone 命令從服務端複製到本地的倉庫，裡面就是倉庫文件（如程式）。我們平時新建文件、修改文件等工作就在工作目錄中進行。
- 暫存區（Stage Area）。它是一個 index 檔案，位置在 .git 目錄下。這個檔案記錄了已經進入設定管理庫的檔案的變更，一旦有檔案修改，使用者可以透過 git add 命令將檔案增加到暫存區。只有保存在暫存區的內容才能被提交到 Git 倉庫進行永久保存。

工作狀態如圖 4-4 所示。

因此，Git 中的檔案也就具備了以下 4 種狀態。

- 未追蹤（Untracked）。
- 未暫存（Unstaged）。
- 已暫存（Staged）。
- 已提交（Committed）。

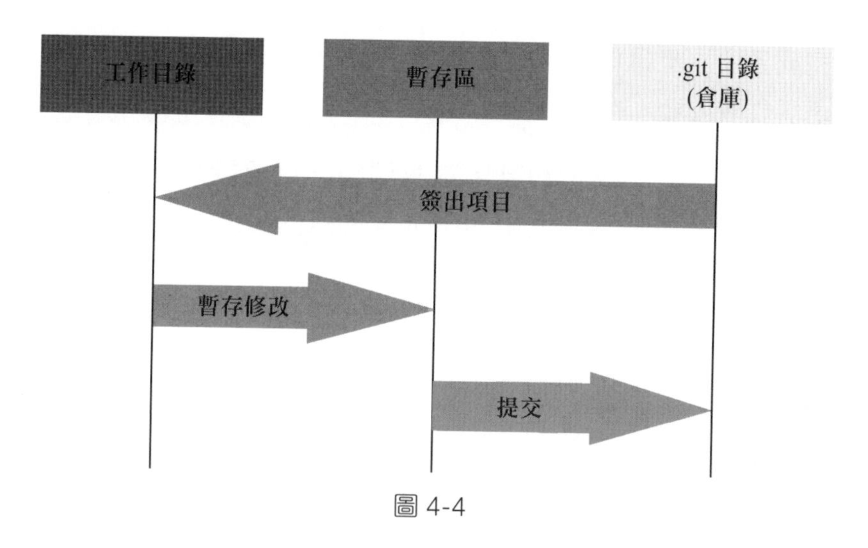

圖 4-4

那麼，工作流程可以描述為：當一個使用者在工作目錄中新建一個檔案時，這個檔案還未被 Git 管理，那麼它就處於未追蹤狀態；使用者可以透過 git add 命令將這個檔案增加到暫存區，這時候這個檔案狀態就變為已暫存；對於暫存狀態的檔案，使用者可以透過 git commit 命令將這個檔案提交到倉庫中永久保存，這就成了已提交狀態。如果此時再修改該檔案，則會使它進入未暫存狀態，需要重新執行 git add 命令再次進行暫存，才能提交到倉庫。

4.3.2 本地、遠端以及 Origin

首先要知道，我們所有對 Git 的操作都是工作目錄和本地倉庫的操作，即使在沒有網路的情況下，還是能正常進行 Git 的絕大部分操作，如 checkout、add、commit 等。

當增加了遠端倉庫位址後，我們才能進行和遠端倉庫同步等各項操作（4.6 節會介紹如何增加遠端倉庫）。所謂的遠端倉庫，有些類似於中央版本控制系統的中央伺服器，本地倉庫可以透過設定和遠端倉庫進行連接，完成各項同步操作。本地倉庫的 .git 目錄下的 config 檔案會記錄設定的遠端倉庫位址。

Origin 是一個比較特殊的概念，當我們從一台遠端 Git 伺服器複製倉庫到本地後，本地倉庫就會把 Origin 指向遠端倉庫位址。顧名思義，Origin 就是這個本地倉庫的來源。

4.4 Git 的安裝

首先，我們需要從官網下載最新的 Git 用戶端版本，此處不再贅述 Git 的安裝方式。這裡要說明的是，歷史版本中曾出現過多個有安全性漏洞的版本，讀者儘量安裝最新的版本。

安裝完成之後，我們可以在任何目錄下透過滑鼠右鍵選擇 Git Bash Here 來打開 Git 的命令列模式。因為 Git 用戶端整合了 Bash 核心，所以 Linux 作業系統下的常用命令基本可以使用，並且支援自動補全（Tab 鍵）、歷史命令（上下鍵翻看），甚至整合了 SSH 協定，這樣即使在 Windows 作業系統中，也可以不借助任何其他工具，直接使用 SSH 命令連接任何一台 Linux 遠端機器。從此，使用者的 XShell、SecureCRT、PuTTY 就可能成為了「擺設」。

提示

因為 Linux 和 macOS 本身就有 Bash 環境，所以這種兩個環境下的 Git 用戶端是不需要整合 Bash 的，只是一個 Git 命令而已；也沒有 Git 命令自身的子命令補全功能，但是可以透過下載對應的外掛程式來開啟 Git 命令的自動補全功能。這裡推薦 GitHub 上的開放原始碼專案 ohmyzsh。

4.5 開啟 Git 協定

Git 用戶端支持兩種協定來連接遠端倉庫，一種是傳統的 HTTP/HTTPS，另一種是 Git 協定，如圖 4-5 所示。

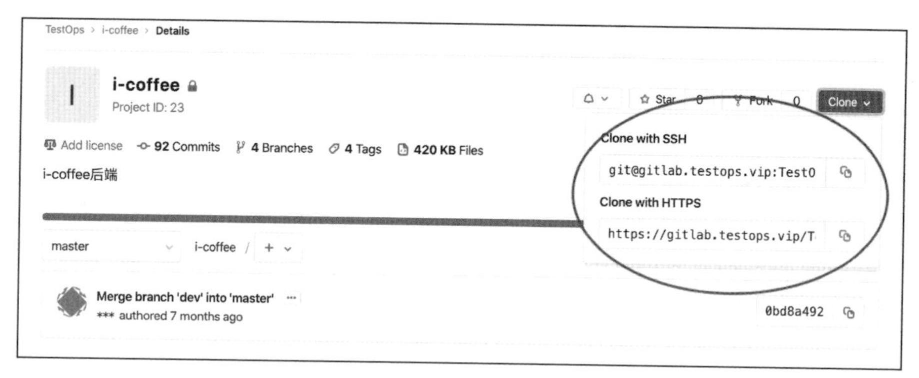

圖 4-5

在預設情況下，只能使用 HTTPS。在使用 HTTPS，每次進行與遠端相關的操作時，需要輸入用戶名和密碼進行身份的驗證。如果要開啟 Git 協定（SSH），就需要在自己的服務端帳戶中設定 SSH Keys，如圖 4-6 所示。

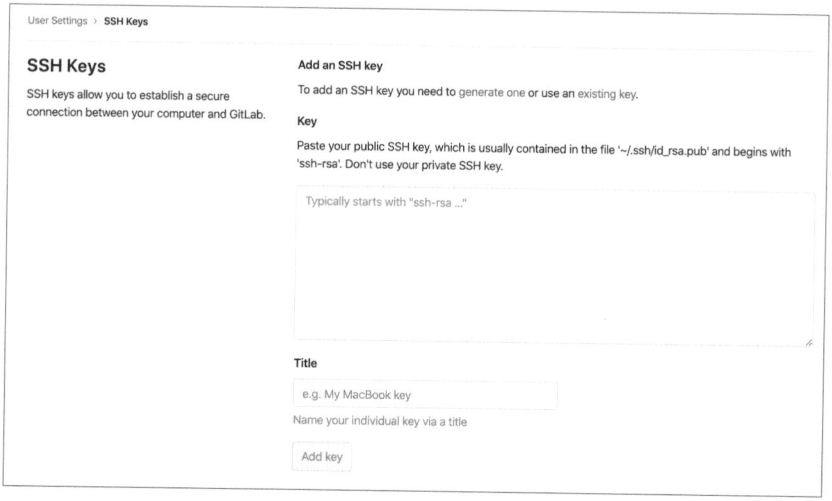

User Settings › SSH Keys

SSH Keys

SSH keys allow you to establish a secure connection between your computer and GitLab.

Add an SSH key

To add an SSH key you need to generate one or use an existing key.

Key

Paste your public SSH key, which is usually contained in the file '~/.ssh/id_rsa.pub' and begins with 'ssh-rsa'. Don't use your private SSH key.

Typically starts with "ssh-rsa ..."

Title

e.g. My MacBook key

Name your individual key via a title

Add key

圖 4-6

為了能獲取 ssh-rsa 公開金鑰，我們需要在本機上執行 ssh-keygen 命令。如果使用的是 Windows 作業系統，那麼需要打開 Git Bash Here 的 Git 命令列，才能執行這個命令；而如果使用者使用的是 Linux 或 macOS，那麼直接進入命令列就可以了，因為系統本身就附帶了 ssh-keygen 命令，如命令清單 4-1 所示。

▶ 命令清單 4-1 生成 ssh-rsa 公開金鑰

```
ssh-keygen
```

如果想簡單一些，那麼可以全部按 Enter 鍵，生成本機預設的 SSH Keys 以免去增加密碼。我們可以在使用者目錄下的隱藏目錄 .ssh 中找到 SSH 使用 RSA 演算法生成的私密金鑰和公開金鑰檔案。

- id_rs：私密金鑰檔案。
- id_rsa.pub：公開金鑰檔案。

打開 id_rsa.pub 檔案，把內容貼到帳戶的 SSH Keys 中即可，這樣我們就開啟了 Git 協定的支持。後面如果再使用 Git 來連接遠端進行任何操作，也不再需要輸入用戶名和密碼了，因為本地的私密金鑰和遠端保存的公開金鑰配對，形成了認證模式。私密金鑰和公開金鑰模式，本身要比用戶名和密碼這樣簡單的模式要安全得多。

另外，根據官網的介紹，啟用 Git 協定進行倉庫內容的傳輸，要比 HTTPS 協定更加高效。

4.6 Git 命令簡介

下面我們來介紹一下常用的 Git 命令。

- git init 命令：將目前的目錄初始化為工作目錄，並在其中創建 .git 本地倉庫目錄。
- git clone 命令：將指定的遠端倉庫複製到本地。
- git add <filenames | directory> 命令：將指定的檔案（或整個目錄下的檔案）加入暫存區（index）。
- git commit-m 命令：將當前暫存區的內容提交到本地倉庫，m 參數表示增加註釋。需要注意的是，提交時必須有註釋，否則是無法成功提交暫存區內容的。
- git branch 命令：顯示、創建、刪除分支。
- git checkout <branch_name> 命令：切換到指定的分支。
- git merge 命令：將指定的分支合併到當前的分支。
- git stash <push | pop> 命令：將未提交的變更內容暫時隱藏（push）或取回（pop）。
- git push 命令：將本地分支推到遠端分支。
- git pull 命令：將遠端分支拉取到本地。

下面介紹一些常見的使用場景。

場景 1──我在電腦上創建了一個新的開發專案，想把這個專案保存到公司的 GitLab 倉庫中。

首先需要在 GitLab 倉庫上創建一個專案倉庫，假設名字為 demo_project，然後在本地的命令列輸入如命令清單 4-2 所示的命令（如果使用的是 Windows 作業系統，那麼可使用 Git Bash Here 進入 Git 命令列）。

▶ 命令清單 4-2　更新程式至遠端 master 分支

```
# 進入已存在的專案目錄
cd exist_project_dir
# 將目錄初始化為本地Git工作目錄
git init
# 設定遠端倉庫位址
git remote add origin git@gitlab.testops.vip:liudao/demo_project.git
# 將本地的檔案全部放入暫存區
git add .
# 將暫存區的檔案提交到本地倉庫
git commit -m"initial commit"
# 將本地倉庫內容推送到遠端倉庫，並連結本地的master分支到遠端的master分支
git push -u origin master
```

場景 2——別人開發了一個專案，名為 pp，我要基於這個專案的 dev 分支新建一個 dev2 分支以進行自己的開發，如命令清單 4-3 所示。

▶ 命令清單 4-3　切換至新建的 dev2 分支

```
# 從遠端倉庫複製該專案到本地
git clone git@gitlab.testops.vip:liudao/pp.git
# 進入本地專案倉庫
cd pp
# 切換到dev分支
git checkout dev
# 從dev切換到dev2分支（dev2分支不存在）
git checkout -b dev2
# 經過一段時間的開發後，現在想把本地程式提交到遠端，但是遠端現在還沒有dev2分支
# 首先將本地新增的檔案加入暫存區
git add .
# 將暫存區的檔案提交到本地倉庫
git commit -m"new feature develop"
```

```
# 將本地倉庫內容推送到遠端倉庫，並連結本地的dev2分支到遠端的dev2分支，若遠端
不存在則會自動創建
git push -u origin dev2
```

場景 3——我基於 dev 分支拉出了 featureA 分支進行開發，現在我想把我已經開發完成的 featureA 合併入 dev 分支，但是我不確定 dev 分支是否已經被合併入過新的程式，我現在合併入會不會出現衝突，如命令清單 4-4 所示。

▶ 命令清單 4-4　合併分支

```
# 在本地的featureA分支已經提交乾淨的情況下，切換到dev分支
git checkout dev
# 從遠端拉取最新的dev分支
git pull
# 切換回featureA分支
git checkout featureA
# 嘗試將dev分支合併入featureA分支
git merge dev
# 此時的merge會有兩種可能，即成功自動合併或出現衝突。如果出現衝突，Git會列出
所有衝突的檔案，這需要手工一一解決，然後執行一次git commit就可以關閉衝突了
# 切換回dev分支
git checkout dev
# 將featureA分支合併入dev分支，此時不會有衝突的可能，因為已經在featureA中解
決了
git merge featureA
# 將本地倉庫推送到遠端倉庫
git push
```

提示

也許讀者會很疑惑，為何不直接把 featureA 分支合併入 dev 分支，在 dev 分支上解決衝突後再直接推送到遠端，反而要先把 dev 分支合併入 featureA 分支。這是因為 featureA 分支才是屬於我們自己的分支，在 dev 分支上修改，違反我們的分支策略，出於對 dev 分支的「尊重」，我們先在 featureA 分支上進行合併的衝突處理，然後將完好的分支合併入 dev 分支，這是一種良好的開發習慣。

場景 4——提交不正確，想取消這一次的提交，如命令清單 4-5 所示。

▶ 命令清單 4-5　取消提交

```
git reset --hard HEAD^
```

Chapter

05

GitHub 入門

5.1 初識 GitHub

Git 是目前設定管理的常用工具。為何是 Git 呢？從免費的 CVS，到收費的企業級套件——ClearCase、VSS、Perforce 等，再到後來的 SVN 廣泛應用於絕大多數公司的設定管理領域，均沒有 Git 所展現出來的令人驚豔。Git 不但在性能上表現優異，而且提供了其他工具所不具備的新特性：本地分支、分級區、多線工作流。

支援 Git 的服務端也有很多，目前常用的是 GitHub 和 GitLab 兩大社區。從社區的繁榮程度上來說，GitHub 更繁榮。「混跡」GitHub 社區的技術人員經常會搜到各種各樣的原始程式碼，例如 Go Ethereum 專案，如圖 5-1 所示。

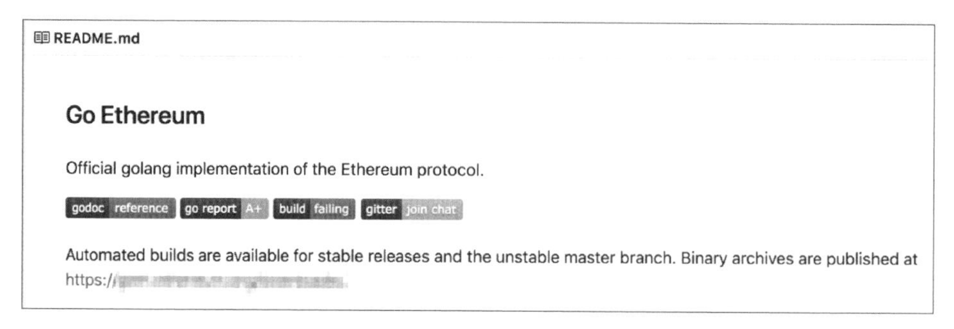

圖 5-1

Go Ethereum 是什麼？感興趣的讀者可以自行到 GitHub 官網搜索並查看。另外，一些小說家也開始使用 GitHub 優秀的管理功能，例如利用 MarkDown 寫小說等。從事網際網路技術工作的人很多瀏覽或使用過 GitHub。

如何擁有一個 GitHub 倉庫呢？需要註冊一個帳號。GitHub 首頁如圖 5-2 所示。

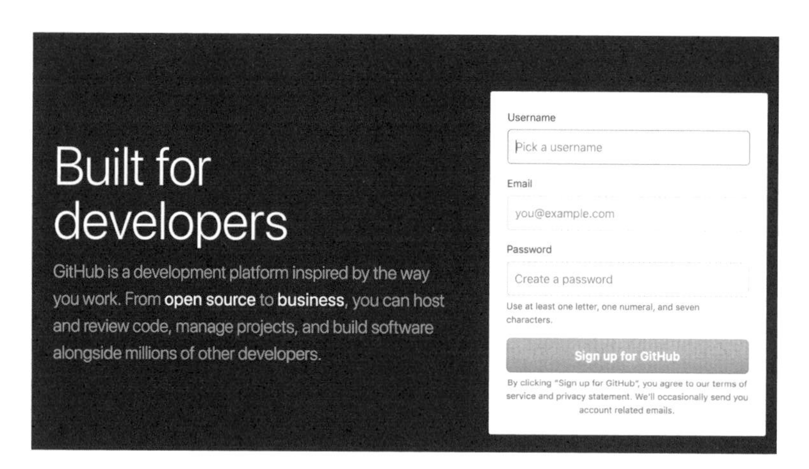

圖 5-2

在 GitHub 上註冊帳號時，只需要填寫用戶名、電子郵件和密碼。當然，也必須有電子郵件認證。

5.2 帳號安全

帳號安全使用了目前 Google Chrome 推薦的雙因素認證（Two-Factor Authentication），目前支援 3 種驗證方式：Google 認證 App、安全金鑰，以及簡訊驗證碼。當然，雙因素認證可以選擇性開啟，對於一些初級 GitHub 使用者，不開啟雙因素認證也是可以的。如果你對自己的帳戶安全比較在意，那麼可以在個人設定的安全選項中打開雙因素認證功能。GitHub 帳號安全如圖 5-3 所示。

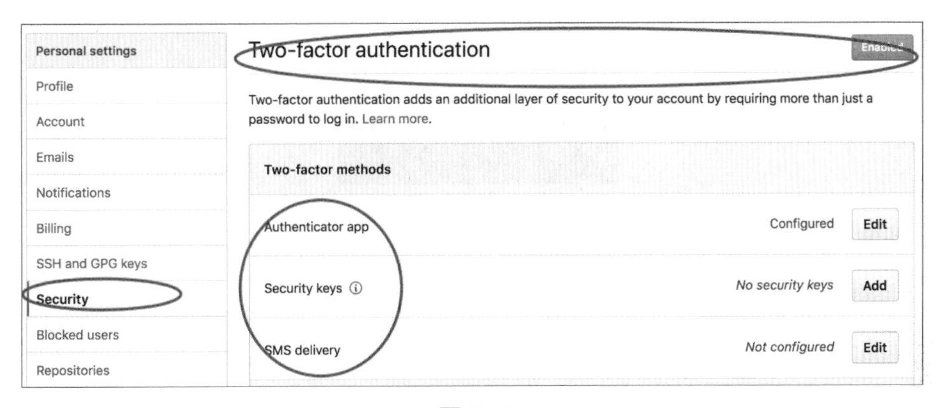

圖 5-3

目前比較方便的雙因素認證設定是簡訊驗證碼（SMS Delivery）。對於簡訊驗證碼的驗證方式，使用者只需要設定好自己的手機號碼就可以使用。也可以使用 Google 身份驗證器（Authenticator App），讀者可以在各大 App 應用商場下載這個 App。下載完成後，用這個 App 掃描 GitHub 提供的二維碼就可以和你的帳號建立連結關係，之後執行任何關鍵操作（包括登入），都會要求你輸入驗證器裡面提供的 60s 有效的驗證碼。Google 身份驗證器如圖 5-4 所示。

Google 身份驗證器可以管理多個軟體的驗證碼，使用非常方便。

圖 5-4

安全金鑰方式讀者可自行嘗試，這種方式需要專用的硬體裝置，類似於銀行的 U 盾，相對來説，使用起來不太方便。

5.3 Repository（倉庫）

GitHub 為我們提供了一個線上的版本倉庫。如果要使用 GitHub，那麼最重要的就是新建一個屬於自己的倉庫。

首先是倉庫的歸屬，GitHub 允許以下兩種類型的倉庫歸屬。

（1）個人倉庫（Personal Repository）。
（2）組織倉庫（Organization Repository）。

個人倉庫適合單人的專案，組織倉庫適合團隊協作專案。當然，如果要創建組織倉庫，那麼首先需要創建組織。創建 GitHub 團隊的頁面如圖 5-5 所示。

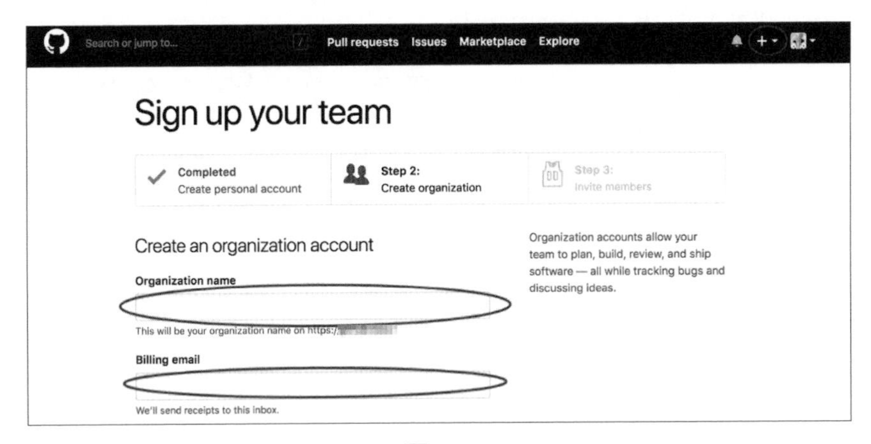

圖 5-5

在圖 5-5 所示的頁面中點擊 "+" 圖示按鈕，在彈出的清單中選擇創建組織，然後填寫組織名稱和帳單的電子郵件位址。Public 類型的開放原始碼組織是免費的。3 種組織專案類型如圖 5-6 所示。

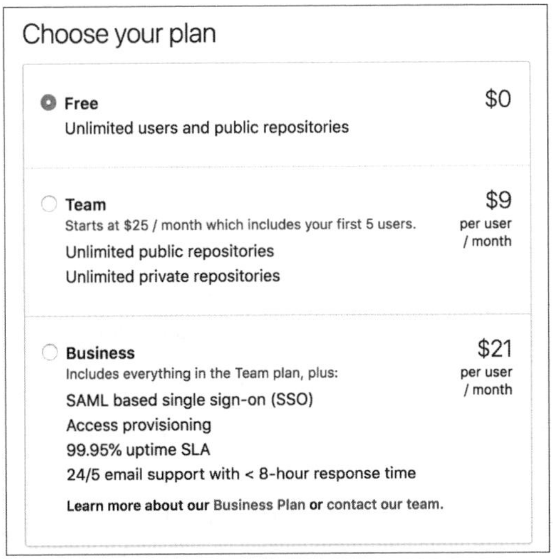

Choose your plan

Free — $0
Unlimited users and public repositories

Team — $9 per user / month
Starts at $25 / month which includes your first 5 users.
Unlimited public repositories
Unlimited private repositories

Business — $21 per user / month
Includes everything in the Team plan, plus:
SAML based single sign-on (SSO)
Access provisioning
99.95% uptime SLA
24/5 email support with < 8-hour response time
Learn more about our Business Plan or contact our team.

圖 5-6

注意，只有收費的組織（Team 類型或 Business 類型）才可以創建私有倉庫，而免費的組織只能創建公開倉庫。公司的程式都屬於組織資產，均需要創建私有倉庫。

創建倉庫非常簡單，在點擊 "+" 圖示按鈕後選擇新建倉庫（New Repository）。創建倉庫的頁面如圖 5-7 所示。

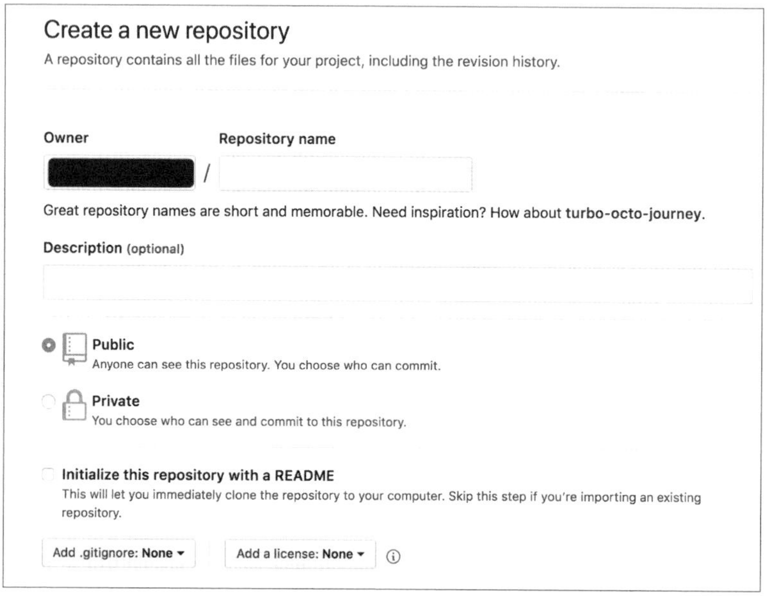

Create a new repository
A repository contains all the files for your project, including the revision history.
Owner / Repository name
Great repository names are short and memorable. Need inspiration? How about turbo-octo-journey.
Description (optional)
Public
Anyone can see this repository. You choose who can commit.
Private
You choose who can see and commit to this repository.
Initialize this repository with a README
This will let you immediately clone the repository to your computer. Skip this step if you're importing an existing repository.
Add .gitignore: None ▾
Add a license: None ▾

圖 5-7

在 Owner 中，可以選擇是個人使用者的倉庫還是之前創建的組織的倉庫。其實這兩者的區別在於，個人倉庫創建完之後，如果想讓其他合作者也有許可權進行各類操作，那麼需要手動增加使用者；而因為組織倉庫在組織中就已經增加了組織成員，所以創建的組織倉庫無須邀請其他使用者，這個組織中的所有使用者已經預設擁有了存取權限。

GitHub 中提供的免費倉庫只有 Public 類型的，也就是任何人（無論是否登入 GitHub）都可以搜索到你的倉庫，並且可以查看和下載倉庫的內容。因此，對絕大多數企業來說，Public 類型的倉庫是無法保證企業資訊安全的。Private 類型的倉庫則無法被其他人搜索到，只有你授權的使用者才可以進行倉庫的各項操作（如果是組織倉庫，那麼只有同一組織的成員才能進行存取）。私有倉庫如圖 5-8 所示。

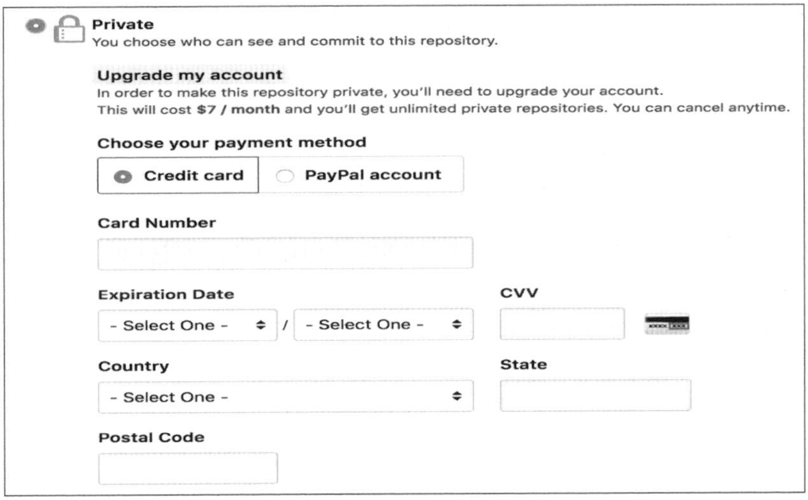

Private
You choose who can see and commit to this repository.
Upgrade my account
In order to make this repository private, you'll need to upgrade your account.
This will cost $7 / month and you'll get unlimited private repositories. You can cancel anytime.
Choose your payment method
Credit card
PayPal account
Card Number
Expiration Date
- Select One -
/
- Select One -
CVV
Country
- Select One -
State
Postal Code

圖 5-8

在 GitHub 中創建倉庫，GitHub 還提供了初始化 README.md 檔案的創建、.gitignore 檔案的創建、license 檔案的創建。

下面簡單說明一下這幾個檔案。

- README.md：GitHub 上 MarkDown 格式的專案說明文件，用於描述當前倉庫的內容。舉例來說，5.1 節展示的 Go Ethereum 專案就是一個典型的 README.md。在倉庫根目錄下的 README.md，GitHub 會預設作為打開檔案。因此，這個檔案寫得出色，能讓你的倉庫首頁增色不少。MarkDown 語法非常豐富，排版簡單，而且支持轉換的格式也非常多，非常適合嵌入 Web 頁面。如果讀者想學習 MarkDown 的具體語法，那麼可以參考官方的 MarkDown 指導。

- .gitignore 檔案：用於忽略不用進行設定管理的檔案。舉例來說，我們用 Eclipse、IDEA 這一類的整合式開發環境（Integrated Development Environment，IDE）創建專案時自動生成的專案描述檔案，編譯專案時自動生成的 target 目錄等，這些並不需要進行設定管理，我們可以在這個檔案中記錄下來，告訴 Git 這些檔案或資料夾需要忽略。
- license 檔案：用於說明該專案的 license。舉例來說，GitHub 提供了 Apache 開放原始碼基金會的 license 2.0、GNU 組織的 license、BSD 組織的 license 等範本。

當專案倉庫創建成功後，使用者會自動進入自己的專案倉庫，URL 位址就是 https://GitHub 官網 / {username | organizationName}/{repository Name}。此時的倉庫是一個空倉庫，如果使用者在創建時選擇了生成 README.md 等這類的檔案，則在倉庫中會有這幾個檔案作為倉庫的初次提交。

5.4 交易管理

GitHub 不但是一個軟體設定管理（Software Configuration Management，SCM）伺服器，而且提供了交易（Issue）管理的功能。從事網際網路技術工作的人，對 Issue 這個術語一定不陌生，因為我們平時在工作中所經歷的需求（Requirement）、變更（Change）、測試使用案例（TestCase）、缺陷（Bug）、請假（Off-Work）、申請（Application）等，其實均可以歸結為 Issue。用過 JIRA 的讀者，對這款專案管理工具應該印象深刻，這一款專案管理工具的核心其實就是 Issue 管理。

當然，GitHub 上整合的 Issue 並不會像 JIRA 上有那麼多的可設定功能，它僅是一個簡單的交易管理器，我們可以新建一個 Issue。Issue 的創建如圖 5-9 所示。

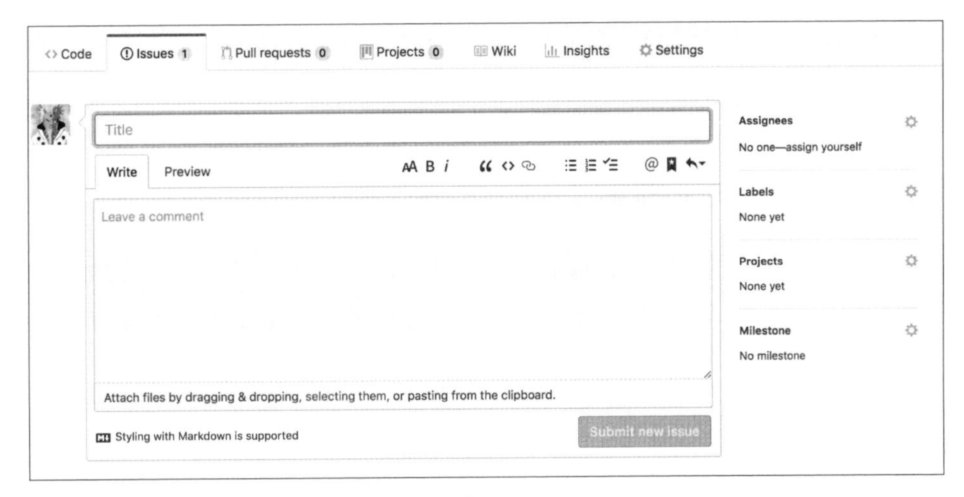

圖 5-9

Issue 的內容支援 MarkDown 語法格式，可以插入圖片，表現力很豐富。開發人員可以用 Issue 來定義開發任務，如在頁面增加商品搜索條；測試人員可以用 Issue 來定義 bug、測試使用案例。

圖 5-9 所示的編輯方塊右側的選項非常重要，決定了 Issue 的功能，我們接下來逐一介紹。

5.4.1 Assignees（指派人）

Assignees 表示指派人，如果沒有選擇指派人，則表明指派人是當前使用者自己。指派人指定了之後，被指定的使用者會在 GitHub 中收到通知——有一項責任人是他的 Issue 等待他去關注和完成。開發經理可以用 Issue 來指定某項開發工作的責任人，測試也可以指定某個 bug 的修改責任人。當責任人收到 Issue 後，可以打開 Issue 查看內容，並可以在下面增加評論（Comment），如該項任務目前的狀態、困難等。當該項任務的責任人完成任務後，該責任人可以指定新的責任人去做該 Issue 的下一步工作，例如 bug 修復完後，開發人員指定某測試人員來驗證修復。

是不是有點類似於缺陷管理流程，或變更管理流程，抑或是需求管理流程呢？沒錯，這就是交易管理流程。

5.4.2 Labels（標籤）

Labels（標籤）用於標注該 Issue 的類型，如 "Task"、" 需求變更 CR"、"Bug"、"TestCase" 等。標籤支援自訂，並配有顏色，在介面上區分清晰。

5.4.3 Projects（專案）

Projects（專案）用於指定該 Issue 所連結的專案。GitHub 提供了強大的專案看板功能，在使用者的倉庫中，可以創建多個專案看板。專案的創建如圖 5-10 所示。

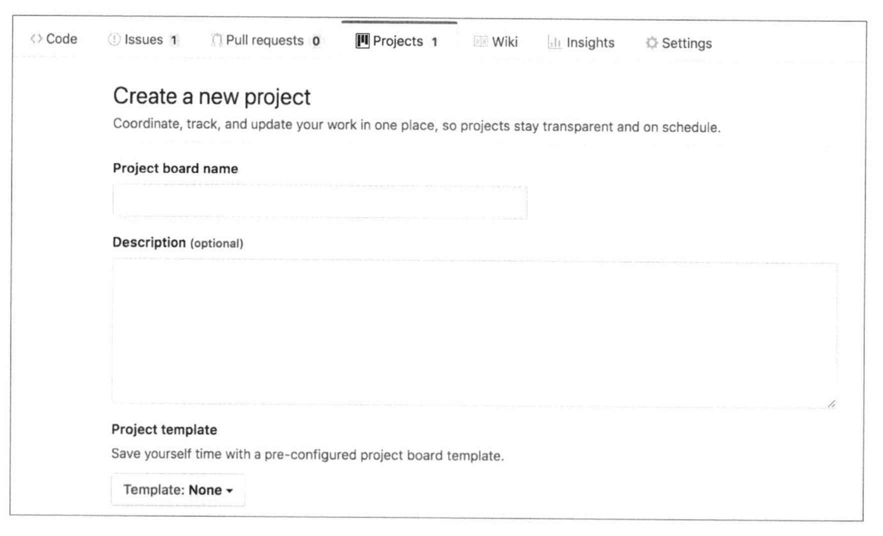

圖 5-10

如果是敏捷專案，則可以根據 Sprint 來定義一個 Project Board（每一輪 Sprint 對應一個 Project Board）。GitHub 提供了功能強大的 Project

Board 的範本來幫助我們創建 Board。視圖範本如圖 5-11 所示。

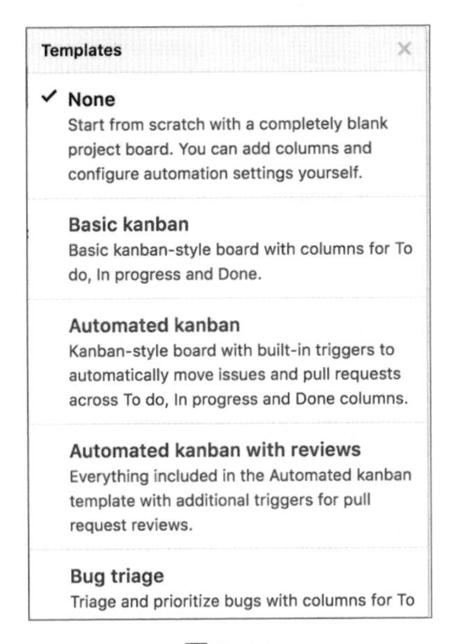

圖 5-11

其中，Bug triage 是一個 bug 分類和追蹤狀態的範本，不過比較簡陋，bug 的優先順序只有高、中、低 3 級，狀態只有是否關閉。實際進行管理時，我們需要根據公司的專案管理規範來訂製。一個創建完成的 Board 如圖 5-12 所示。

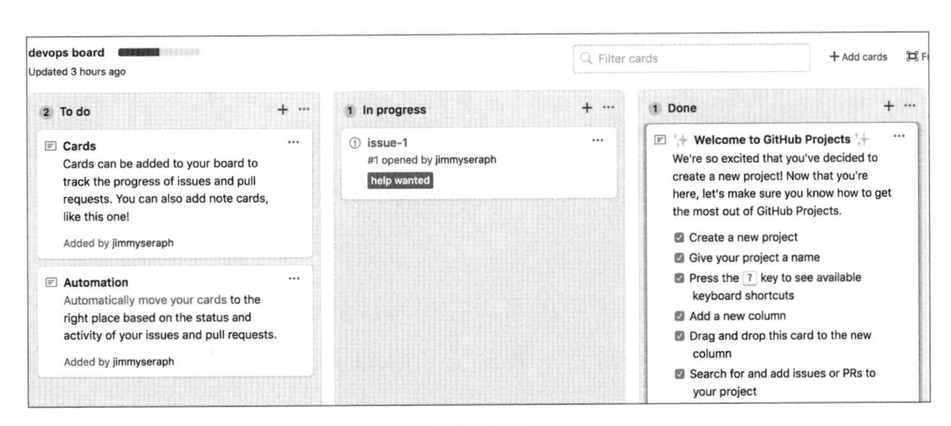

圖 5-12

To do、In progress、Done 就是敏捷實踐中的疊代看板的樣式。了解敏捷開發實踐的讀者對此應該不會陌生。

這個 Board 是可設定的，每一列的名字可以修改，還可以增加新的列，以滿足每家公司不同的專案管理需求。每個 Card 還可以設定滿足條件時自動移動而無須滑鼠滑動。

一旦我們為一個 Issue 綁定了 Project Board 之後，我們創建的 Issue 就會展示在 Board 中，並用視覺化的方式進行問題追蹤。

5.4.4 Milestone（里程碑）

Milestone（里程碑）需要在 Issues 或 Pull requests 中才可以創建。里程碑的創建如圖 5-13 所示。

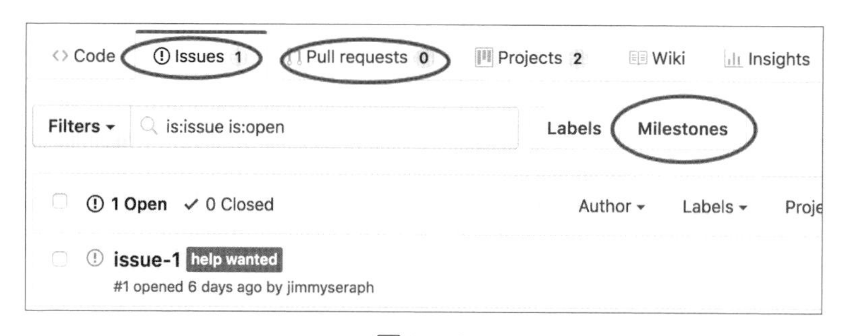

圖 5-13

里程碑相當於一個比較重要的發佈節點，它可以綁定多個 Issue 和 Pull request，其實也就相當於對某一版本節點事先定義要交付的特性進行整理。

因為里程碑可以設定時間，所以可以在里程碑的介面看到任務的進度情況，一旦逾期，會有逾期警告，彌補了 Project Board 中缺少時間維度的不足。

Assignees、Labels、Projects、Milestone 的結合，指定了 Issue 非常強大的專案管理能力，當使用熟練後，我們完全可以只使用 GitHub 完成專案管理的大部分事項。

5.5 豐富的專案文件——Wiki

GitHub 除能對專案進行看板管理，對程式進行設定管理以外，還提供了基於 Wiki 的文件管理功能。我們可以在 Wiki 中分享知識、展示專案的 Roadmap，以及進行各種討論。下面展示一下 selenium 專案的 Wiki 頁面，如圖 5-14 所示。

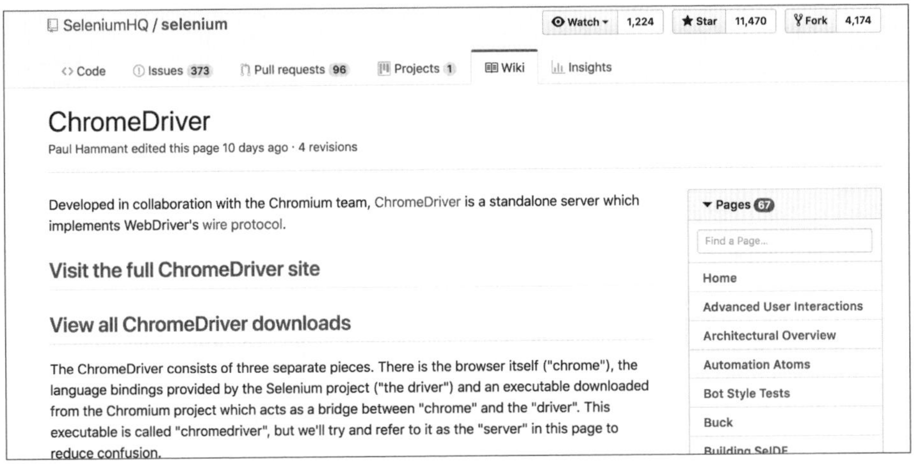

圖 5-14

5.6 Pull Request

要了解 Pull Request，首先要了解 Branch。顧名思義，Branch 就是版本分支，在所有的設定管理工具中都具備這個概念。

預設情況下，GitHub 的倉庫只有一個 master 分支，當然，根據不同的要求，會創建各種分支。為了防止分支被隨意合入而導致版本不穩定，GitHub 可以設定分支的保護策略，如圖 5-15 所示。

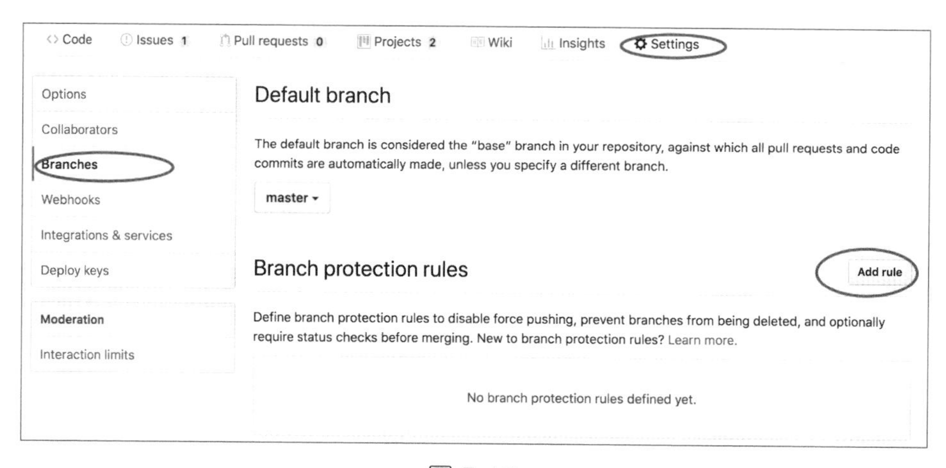

圖 5-15

分支保護策略可以保護分支無法被低許可權的使用者修改與合入。如果低許可權的使用者想合入程式，那麼必須向該分支提出合入請求——Pull Request。

發起合入請求是將一條遠端分支合入指定分支。舉個例子，假如 A 分支需要向 B 分支合入，那麼 A 分支必須新於 B 分支，否則會顯示出錯，不許合入。另外，如果分支 A 和分支 B 存在合入衝突，並且無法自動解決，舉例來說，同一檔案中的同一行存在不同的修改，那麼在提交合入請求時也會顯示出錯。比較合理的方法是需要先在本地分支上解決衝突問題，然後提交遠端分支，進行合入請求。正常情況下，合入請求的提交如圖 5-16 所示。

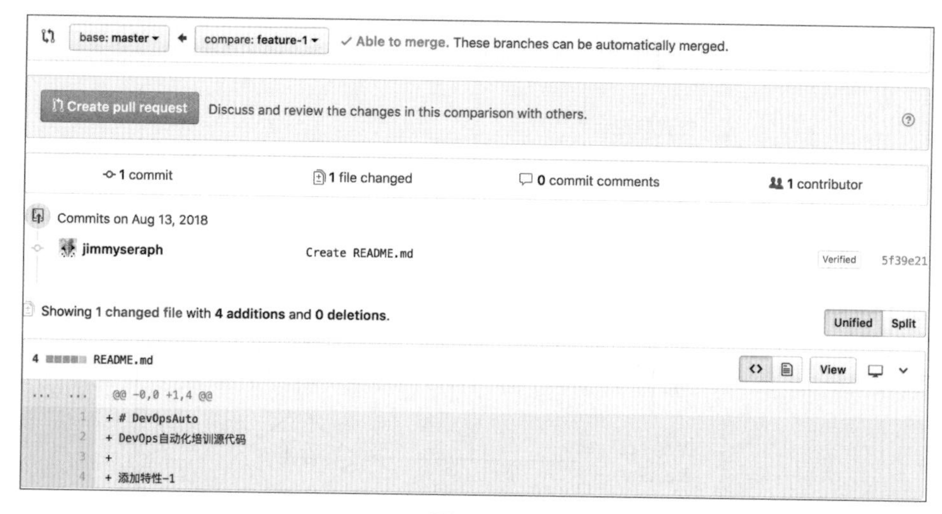

圖 5-16

其中，base 用於指定合入的目標分支，compare 用於指定被合入的分支，該例子中是 feature-1 分支向 master 分支合入。GitHub 會自動進行兩個分支的差別比較，顯示有幾個檔案存在不同，並顯示每個檔案的內容差別，實際介面中綠色帶 "+" 號的表示相比於目標分支新增的行，紅色帶 "-" 號表示相比於目標分支刪除的行。在確定變更後，就可以點擊 Create pull request 按鈕。創建成功後，該倉庫的 master 分支就會收到一筆 Pull Request 的訊息。負責人查看請求，根據公司的品質流程要求，可以進行程式變更的審核，以及靜態掃描等驗證，確保合入的程式對原系統沒有影響，並且符合品質規範，此時就可以接受該請求，分支將被真正合入目標分支。工作流（Workflow）如圖 5-17 所示。

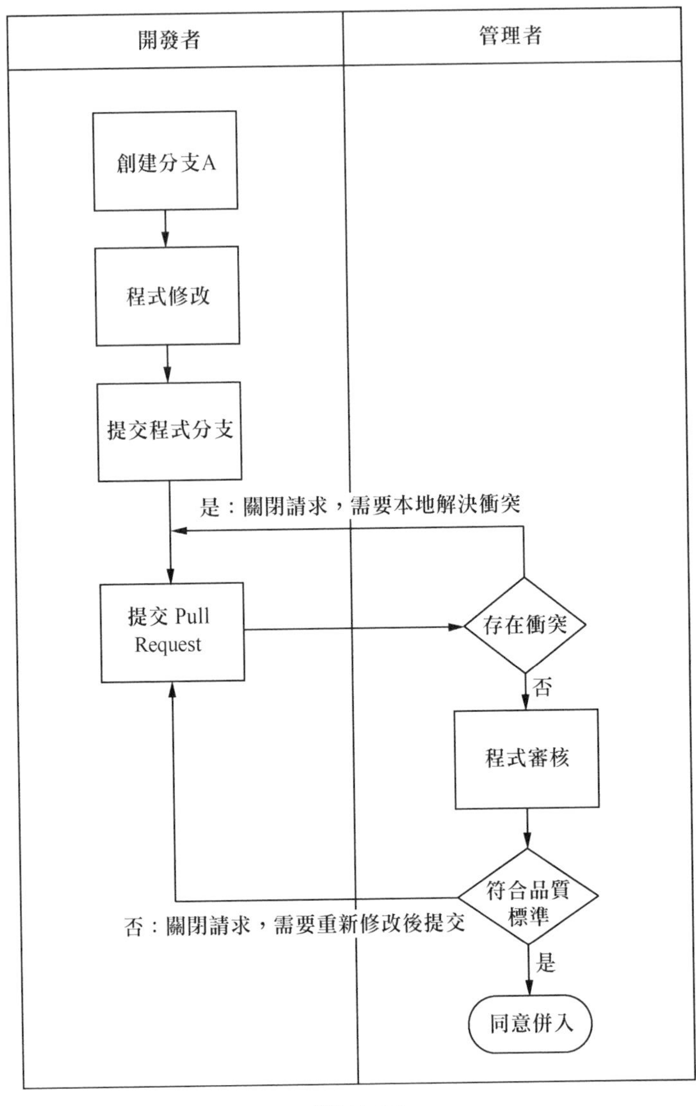

圖 5-17

圖 5-17 只是一個合入流程的示意，實際工作中根據公司的品質規範，可以制定自己的合入流程。總之，保護重要分支不被隨意合入程式導致分支版本品質不穩定，這是版本管理的重要原則。

5.7 Fork 功能

GitHub 上的 Fork 功能是將一個倉庫中的專案拉取分支到另一個倉庫，相當於複製了一份他人的倉庫到自己的倉庫，我們可以將別人的倉庫中的專案當作自己的倉庫專案進行修改和使用。也許有的讀者會有疑惑，這樣不就是剽竊他人工作產品了嗎？事實上，你的 Fork 行為會被 GitHub 記錄下來。

這個功能非常適合於非營利組織的社區專案。面對社區內許多的程式設計師合作者，如果無法在一個專案倉庫中進行程式管理，那麼社區中的程式設計師可以從主倉庫中 Fork 出專案進行自己的開發，當特性開發成熟了，可以向原倉庫提交合入請求（Merge Request，MR）以請求合入，主倉庫管理者對該分倉庫進行程式審核以及編輯和試用，當達到合入準則時，則接受新功能的合入。

整個流程如圖 5-18 所示。

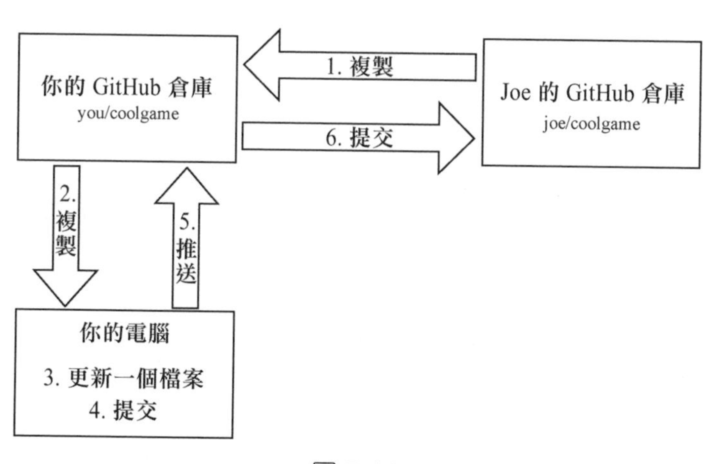

圖 5-18

在企業實際應用時，也適合跨部門或組織之間的專案協作。

5.8 程式分享功能——Gist

最後一個要介紹的功能稱作 Gist，這是一個類似於 Wiki 的分享功能，但是 Wiki 分享的是文字，而 Gist 分享的是程式。

創建 Gist 很簡單，點擊右上角登入圖示左邊的 "+" 圖示按鈕，選擇 New Gist 選項，就可以創建新的程式分享。程式分享可以透過使用者指定的檔案副檔名，自動為使用者的程式進行著色處理，使得程式看起來更加清晰。Gist 分享如圖 5-19 所示。

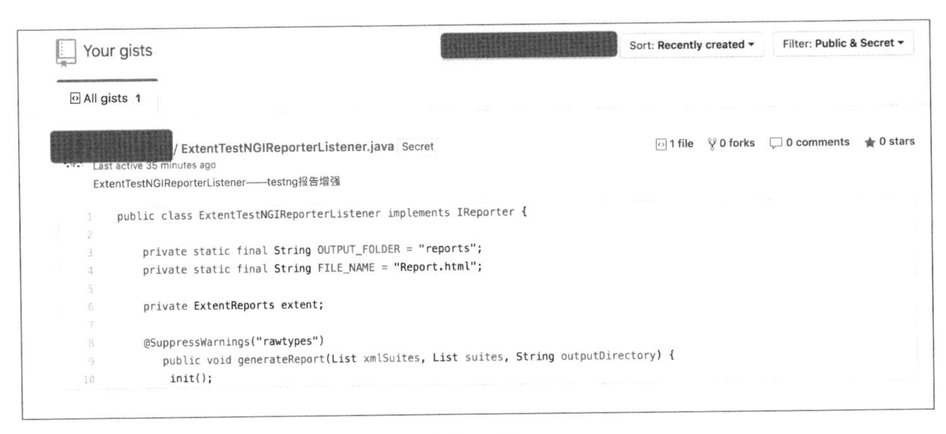

圖 5-19

Gist 同樣支持公開分享和私有分享，Gist 的私有分享是不收費的。

5.9 GitHub CI/CD

隨著 GitLab 等託管倉庫提供了 CI/CD 的整合，GitHub 也於 2019 年年中發佈了 GitHub 的 CI/CD 功能，並整合在 GitHub 的 Actions 中。目前普通使用者並不能在自己的 GitHub 倉庫中看到有 Actions 的標籤頁，這是因為這個功能目前還屬於測試（Beta）階段，需要申請測試資格，才能看到申請 Actions 試用功能的標籤頁，如圖 5-20 所示。

GitHub Actions
Thanks for signing up for GitHub Actions!
You're in the queue for the beta—we'll let you know as soon as you have access.
You've agreed to the pre-release terms with your personal account. No further steps are necessary, but please make sure your primary email address is up to date. If you have any questions, let us know.

圖 5-20

5.9.1 準備程式

為了介紹 GitHub 的 CI/CD 功能，我們需要準備一段演示程式。此處我們並不會對 CI/CD 做比較複雜的處理，僅為了提供給讀者上手 GitHub 的 CI/CD 功能的基礎演示，更詳細的 CI/CD 流程，會在 GitLab 和 Jenkins 對應的 CI/CD 中做詳細的介紹。我們準備的程式比較簡單，為了讓程式更具備普遍性，此處我們使用 ReactJS 來做演示。

我們要在本機上安裝 Node.js（可以在其官網上獲取最新的長期支援版本），安裝過程簡單，限於篇幅，就不在此處贅述了。Node.js 安裝成功後，可以使用 npx 命令來創建 react-app 專案。

接下來我們創建 react-app 專案，命名為 simple-react，如命令清單 5-1 所示。

▶ 命令清單 5-1　創建 react-app 專案

```
npx create-react-app simple-react
```

然後我們來寫一個元件（Component），這個元件的功能是提供使用者一個輸入框，使用者輸入一個可以分解為兩個質數（質數）的正整數，然後顯示所有的分解方法（這個功能的想法來自一個網友問的問題，正好拿來做個小演示專案）。我們給這個元件命名為 Prime，如程式清單 5-1 所示。

▶ 程式清單 5-1　Prime.js 原始程式碼

```
import React, { Component } from 'react';

class Prime extends Component {
    constructor(props){
        super(props);
        this.state = { primePairs: [] };
    }

    isPrime = num => {
        for(let i = 2; i <= Math.sqrt(num); i++){
            if(num % i === 0){
                return false;
            }
        }
        return true;
    }

    parseNum = () => {
        const num = parseInt(this.input.value);
        let primes = [];
        for(let i = 2; i <= num / 2; i++){
            let fact_1 = i;
```

```
            let fact_2 = num - i;
            if(this.isPrime(fact_1) && this.isPrime(fact_2)) {
                primes.push([fact_1, fact_2]);
            }
        }
        this.setState({primePairs: primes});
    }

    renderOutput = () => {
        const { primePairs } = this.state;
        return(
            <ol>
                { primePairs && primePairs.map((item, index) => <li key=
{index}>{item[0]} + {item[1]}</li>)}
            </ol>
        );
    }

    render(){
        return (
            <div>
                <div>
                    <label>需要分解的正整數：</label>
                    <input type='text' defaultValue='0' ref={input =>
this.input = input} />
                    <button onClick={this.parseNum}>分解</button>
                </div>
                <div>
                    {this.renderOutput()}
                </div>
            </div>
        );
    }
```

```
}

export default Prime;
```

CI/CD 過程必不可少的是單元測試，我們使用 react-app 附帶的 Jest 作為測試執行器，為 Prime.js 編寫一個單元測試 Prime.test.js，如程式清單 5-2 所示。

▶ 程式清單 5-2　單元測試程式

```
import React from 'react';
import ReactDOM from 'react-dom';
import Prime from './Prime';

it('test isPrime function', () => {
    let prime = new Prime();
    expect(prime.isPrime(2)).toEqual(true);
    expect(prime.isPrime(10)).toEqual(false);
});

it('renders without crashing', () => {
    const div = document.createElement('div');
    ReactDOM.render(<Prime />, div);
    ReactDOM.unmountComponentAtNode(div);
});
```

這個測試很簡單，僅是驗證 Prime 元件中的 isPrime 方法和 render 方法。我們試著在命令列執行一下測試，如命令清單 5-2 所示。

▶ 命令清單 5-2　執行單元測試

```
npm test
```

可以看到 Jest 的執行結果如圖 5-21 所示。

```
PROBLEMS   OUTPUT   DEBUG CONSOLE   TERMINAL                1: bash

Test Suites: 2 passed, 2 total
 PASS  src/App.test.js
 PASS  src/Prime.test.js

Test Suites: 2 passed, 2 total
Tests:       3 passed, 3 total
Snapshots:   0 total
Time:        7.82s, estimated 9s
Ran all test suites related to changed files.
```

圖 5-21

其中 App.test.js 是框架附帶的測試。從執行結果可以看到，Prime.test.js 執行成功。本機成功了，接下來就要編寫 GitHub 的 CI/CD 指令稿了。

5.9.2 編寫 GitHub CI/CD 指令稿

在使用 GitHub 的 CI/CD 功能前，先要進入 Actions 選擇合適的工作流，其實就是 GitHub 根據使用者在倉庫中所使用的程式語言，為使用者推薦的工作流。如果使用者的 CI/CD 流程比較簡單，那麼可以直接使用它的推薦，當然也可以自訂工作流。

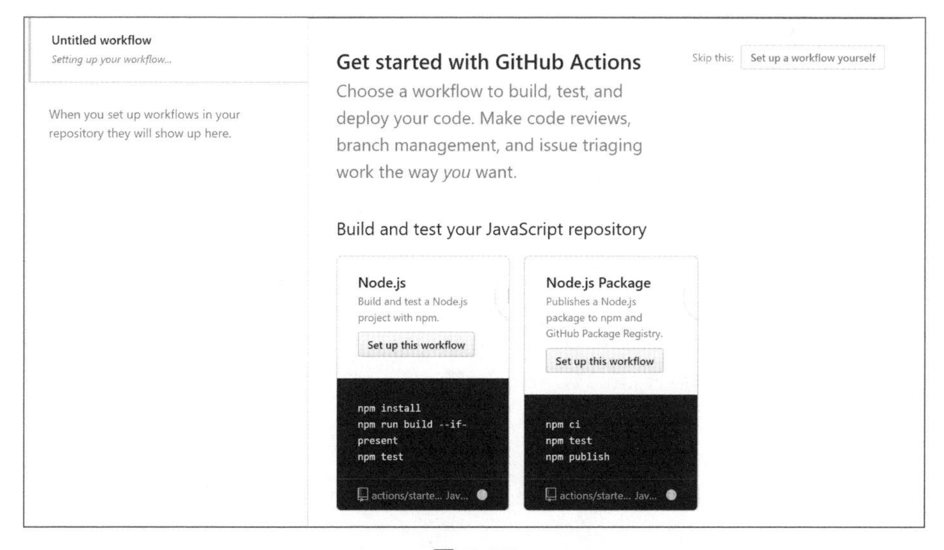

圖 5-22

我們是用 JavaScript 寫的程式，於是 GitHub 很智慧地推薦了兩個 JS 的工作流，如圖 5-22 所示。

我們選擇第一個工作流，GitHub 會在專案的根目錄下生成 .github/workflow 目錄，並創建了一個 nodejs.yml 檔案來描述工作流，如程式清單 5-3 所示。

▶ 程式清單 5-3　CI 範本

```
name: Node CI

on: [push]

jobs:
  build:

    runs-on: ubuntu-latest

    strategy:
      matrix:
        node-version: [8.x, 10.x, 12.x]

    steps:
    - uses: actions/checkout@v1
    - name: Use Node.js ${{ matrix.node-version }}
      uses: actions/setup-node@v1
      with:
        node-version: ${{ matrix.node-version }}
    - name: npm install, build, and test
      run: |
        npm install
        npm run build --if-present
        npm test
```

```
    env:
      CI: true
```

這是範本提供的範例，我們可以根據自己的實際需要進行修改。這裡我們僅修改了觸發規則，即當推送到 master 分支或 release 分支時才進行觸發，忽略其他的分支，如程式清單 5-4 所示。

▶ 程式清單 5-4　CI 指令稿

```
name: My CI/CD

on:
  push:
    branches:
      - master
      - release/*

jobs:
  build:

    runs-on: ubuntu-latest

    strategy:
      matrix:
        node-version: [8.x, 10.x, 12.x]

    steps:
    - uses: actions/checkout@v1
    - name: Use Node.js ${{ matrix.node-version }}
      uses: actions/setup-node@v1
      with:
        node-version: ${{ matrix.node-version }}
    - name: npm install, build, and test
```

```
run:
  npm ci
  npm run build --if-present
  npm test
env:
  CI: true
```

保存後第一次執行就開始了。

5.9.3 執行工作流

現在只要我們有任何 Push 到 master 分支或 release 分支的行為，就會觸發這個 CI/CD 指令稿。在 Actions 中，可以看到我們定義的這個工作流——My CI/CD，以及歷次執行的結果。工作流狀態如圖 5-23 所示。

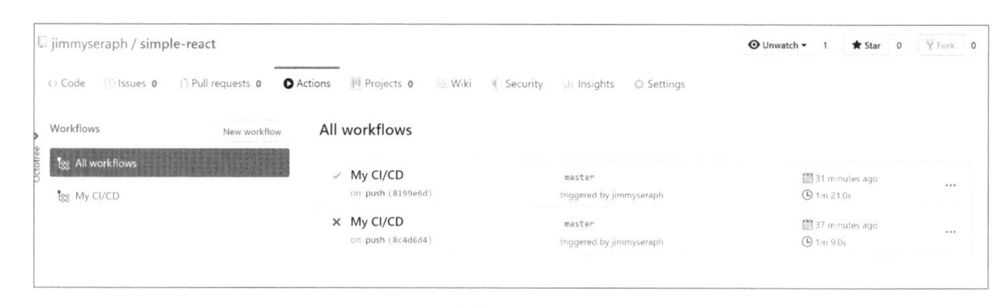

圖 5-23

GitHub 是不是很強大呢？事實也確實如此，很多公司在面試測試人員或開發人員的過程中，已經開始參考面試者在技術鑽研方面的一些成績，如是否在 GitHub 上有自己的倉庫，有多少內容以及熱度。

Chapter

06 微服務

6.1 為什麼要微服務

微服務是一種將單應用程式作為一套小型服務開發的方法，每種應用程式都在自己的處理程序中執行，並與輕量級機制（通常是 HTTP 資源的 API）進行通訊。這些服務是圍繞業務功能建構的，可以透過全自動部署機制進行獨立部署。

為了便於瞭解，我們可以先看看傳統的應用是什麼樣的（這裡所指的應用是後端應用，也就是服務端）。為了能和前端順利進行互動，應用服務需要支援 HTTP(S)，因此，無論使用哪一種語言編寫程式，必須將程式部署到 HTTP 容器中。以 Java 為例，容器有 Tomcat、JBoss、WebLogic 等。我們通常需要首先部署一台伺服器，安裝某種 HTTP 容器，然後在容器中部署我們所開發的應用。想像一下，我們寫了一個 Java 的 WAR 套件，然後用 Tomcat 容器進行部署。這樣好像一切都很美好，也許很多學習 Java Web 開發的讀者也是這麼學習的。但考慮到維護，在我們需要在應用中增加新功能或修改舊功能的時候，我們不得不停止整個應用來進行升級，對網際網路來說，維護時的損失可不小啊！

於是，我們很自然地就會想到：為何不把應用拆開？原來在一個 WAR 套件中，我們寫了多個服務（或說是請求的入口）來處理不同的請求。現在我們把這些服務拆成多個獨立的 WAR 套件，並部署在一個容器中，當有服務需要維護時，只需要重新部署這一個服務，不需要所有服務都下線。

這樣似乎已經解決了主要問題，但又帶來了一個新問題，那就是所有的服務集中在一個容器中，這個容器本身的能力可能就會成為整個應用的核心瓶頸。那麼，為了進一步最佳化，我們就會想能否將容器和應用程式直接綁定在一起呢？每個分割出來的服務單獨綁定一個容器，當然，這個容器不能是一個完整版本的容器，因為一個應用服務並不需要一個容器的全部功能。因此，可以精簡出一個最小功能版本的容器，將它和應用服務綁定在一起，並獨立執行，這就是一個微服務。

6.2 微服務架構

微服務架構如圖 6-1 所示。

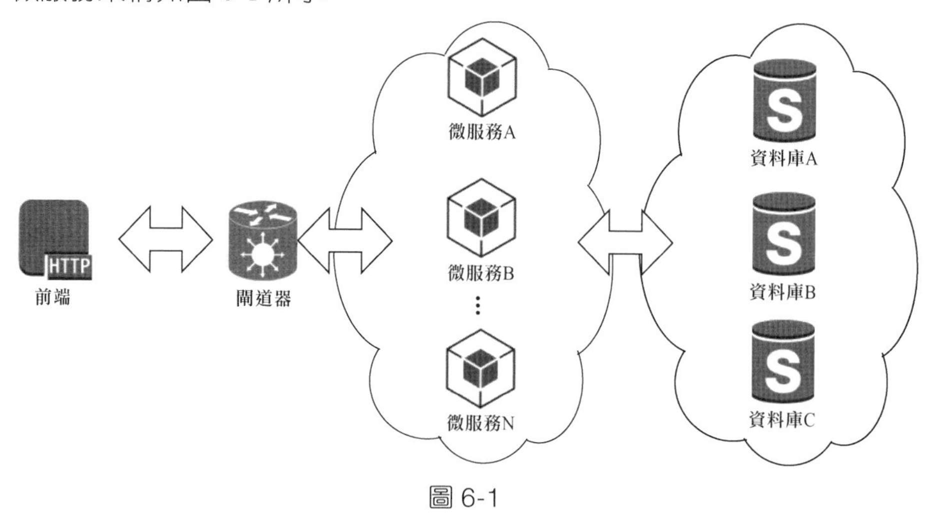

圖 6-1

如圖 6-1 所示，我們使用雲端環境來部署微服務和所需的資料庫服務。每一個微服務獨立執行在雲端環境中，並不需要外部再提供額外的 HTTP 容器，這樣只要雲端服務能提供足夠的執行資源，就可以無限擴充微服務叢集的性能。

在微服務叢集外，我們使用閘道（Gateway）收緊外來的請求。如果叢集很大，那麼還可以使用負載平衡（Load Balance）來提供更好的性能表現。

6.3 微服務實例

實現微服務的方式有很多種，我們以 Java 為例，來介紹一組微服務的實現。當然，這不是為了讓讀者學習程式設計，因為本書也不是一本 Java 微服務程式設計指南，這個例子是為了能從原始程式碼層面讓讀者更進一步地瞭解微服務，並在此基礎上了解 CI/CD，由此衍生的測試也就自然而然地整合到其中了。

6.3.1 Spring Cloud 簡介

本書將以 Java 中的 Spring Cloud 作為例子來實現微服務。為了讓讀者能夠更容易瞭解本書，我們先對 Spring Cloud 做簡單介紹。

Spring Cloud 使用 Spring Boot 快速建構，支援分散式、微服務化，只需要透過幾個簡單的設定，就能建構主要的服務。

Spring Cloud 是基於 Spring 框架實現的雲端服務框架，這套框架整合了很多特性元件，主要有以下元件。

- 核心元件（Core）。
- Web 元件（Web，spring-mvc 就整合在其中）。
- 範本引擎元件（Template Engines，Thymeleaf 就整合在其中）。
- 安全性群元件（Security，附帶 OAuth 2.0）。
- 資料庫元件（SQL）。
- 非關聯式資料庫元件（NoSQL，如 Redis）。
- 訊息元件（Message，如 Rabbit Message 和 Kafka 等）。
- 服務發現元件（Discovery，如 Eureka、ZooKeeper）。
- 路由元件（Routing，如 Gateway）。
- 設定元件（Config）。

很多 Java 開發人員將 Spring Cloud 親切地稱為「Spring Cloud 全家桶」。這麼多的元件並不是都要用上，而是需要架構師根據公司實際需求來組合這些元件（甚至第三方元件，如阿里巴巴公司的 Dubbo），以設計出整個基於 Spring Cloud 的微服務架構。

6.3.2 快速建構 Spring Cloud 專案

由於 Spring Cloud 基於 Spring Boot 專案，因此我們可以用 Spring Boot 來快速創建專案。本書將介紹 4 種常用的方式來創建 Spring Cloud 專案。

1. 使用 start.spring.io 服務

Spring 網站提供了一個快速生成 Spring Boot 專案的頁面，Spring 啟動專案如圖 6-2 所示。

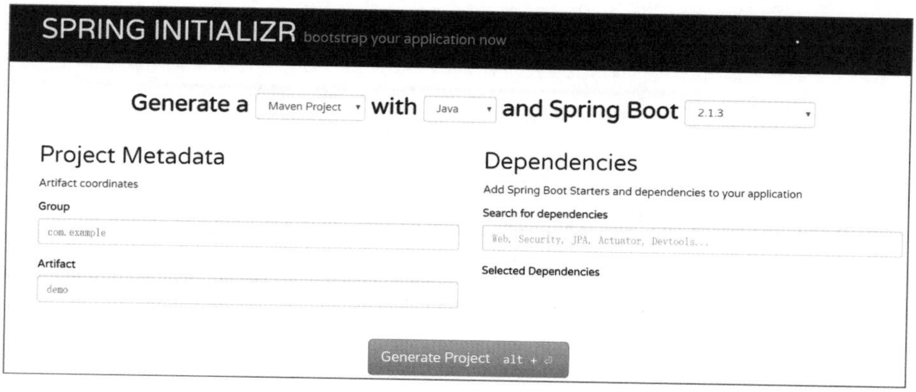

圖 6-2

這個網頁支持 Maven 和 Gradle 兩種專案。在 Dependencies 下的文字標籤中，直接寫上所需的元件名稱（幾個關鍵字就行，有自動提示），就能在專案中自動增加元件依賴。填完後，點擊 Generate Project 按鈕會提示下載一個 ZIP 壓縮檔，這個壓縮檔解壓縮後，就是一個 Spring Boot 專案的範本，並且已經在專案描述檔案中增加了依賴資訊。

以 Maven 為例，POM 檔案內容如程式清單 6-1 所示。

▶ 程式清單 6-1　POM 檔案內容

```
<?xml version="1.0" encoding="UTF-8"?>
<project xmlns="http://maven.apache.org/POM/4.0.0"
        xmlns:xsi="http://www.w3.org/2001/XMLSchema-instance"
        xsi:schemaLocation="http://maven.apache.org/POM/4.0.0 http://
maven.apache.org/
        xsd/maven-4.0.0.xsd">
    <modelVersion>4.0.0</modelVersion>

    <parent>
        <groupId>org.springframework.boot</groupId>
        <artifactId>spring-boot-starter-parent</artifactId>
```

```
        <version>2.1.0.RELEASE</version>
        <relativePath/> <!-- lookup parent from repository -->
    </parent>

    <groupId>com.liudao.demo</groupId>
    <artifactId>Demo</artifactId>
    <version>1.0-SNAPSHOT</version>
    <packaging>jar</packaging>

    <name>demo</name>
    <description>Spring Cloud Demo</description>

    <properties>
        <project.build.sourceEncoding>UTF-8</project.build.sourceEncoding>
        <project.reporting.outputEncoding>UTF-8</project.reporting.
outputEncoding>
        <java.version>1.8</java.version>
        <spring-cloud.version>Finchley.SR2</spring-cloud.version>
    </properties>

    <dependencies>
        <dependency>
            <groupId>org.springframework.cloud</groupId>
            <artifactId>spring-cloud-config-server</artifactId>
        </dependency>
        <dependency>
            <groupId>org.springframework.boot</groupId>
            <artifactId>spring-boot-starter-security</artifactId>
        </dependency>
        <dependency>
            <groupId>org.springframework.boot</groupId>
            <artifactId>spring-boot-starter-test</artifactId>
```

```
        <scope>test</scope>
    </dependency>
</dependencies>

<dependencyManagement>
    <dependencies>
        <dependency>
            <groupId>org.springframework.cloud</groupId>
            <artifactId>spring-cloud-dependencies</artifactId>
            <version>${spring-cloud.version}</version>
            <type>pom</type>
            <scope>import</scope>
        </dependency>
    </dependencies>
</dependencyManagement>

<build>
    <plugins>
        <plugin>
            <groupId>org.springframework.boot</groupId>
            <artifactId>spring-boot-maven-plugin</artifactId>
        </plugin>
    </plugins>
</build>

<repositories>
    <repository>
        <id>spring-milestones</id>
        <name>Spring Milestones</name>
        <url>https://repo.spring.io/milestone</url>
        <snapshots>
            <enabled>false</enabled>
```

```
            </snapshots>
        </repository>
    </repositories>

</project>
```

這裡對 POM 檔案稍作介紹。parent 節點指定了 Spring 定義的父類別裝配 POM，這樣可以方便引入 Spring Cloud 的相關依賴。dependency Management 節點用於集中管理所有的依賴版本，因此，在 dependencies 節點中，不再需要提供版本資訊。

spring-cloud-config-server 元件是 Spring Cloud 的設定服務元件，它提供了一個設定中心，並支援熱修改（不需要重新啟動服務就能使設定參數生效）。

spring-boot-starter-security 元件是安全服務元件，它提供了存取其他 Spring 服務時的認證要求，需要指定安全認證的方式，如用戶名、密碼或金鑰。

spring-boot-starter-test 是測試元件，它提供了 Spring 的 JUnit 模組，用於編寫基於 Spring 的單元測試程式。

2. 使用 Eclipse 創建 Spring Cloud 專案

Eclipse 其實對 Spring Cloud 的支持並不好，它對 Spring 的支持來自外掛程式 Spring Tool Suite（STS）。

首先，我們需要安裝 Eclipse 的 Java EE 版本，讀者可在 Eclipse 官網下載最新版本。Eclipse 下載頁面如圖 6-3 所示。

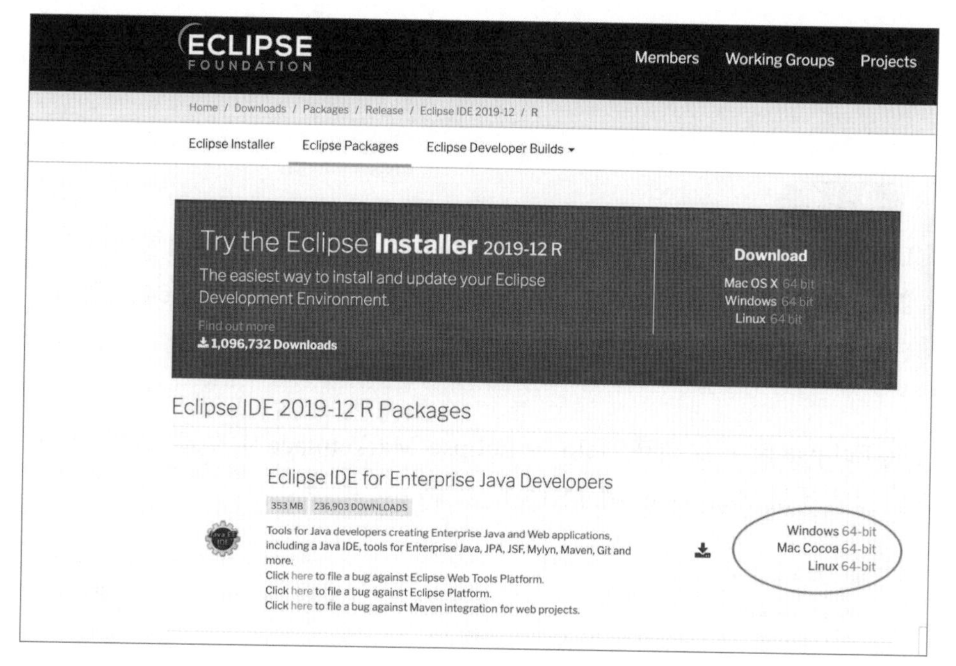

圖 6-3

這裡我們根據作業系統類型選擇合適的 Java EE 版本。

Eclipse 目前有兩種方式下載，一種是從官網直接下載可執行的安裝套件，這個安裝套件其實並不是一個完整的套件，僅是一個線上安裝工具套件，下載後直接雙擊執行，就可以在它的啟動（Setup Wizard）下一步步地安裝合適的 Eclipse 版本。在啟動中，它會讓使用者選擇安裝哪個類型的 Eclipse（舉例來說，圖 6-3 所示的 Java EE 版 Eclipse 就是其中之一），然後根據使用者的選擇，從伺服器下載對應的版本並安裝到使用者指定的目錄中，最後生成使用者目錄。安裝過程無須使用者操心，但在實際使用過程中，由於 Eclipse 的官網伺服器在國外，對網速較慢的使用者來說，安裝過程中極易出現連接逾時的現象，而且下載速度較慢。另一種方式是使用圖 6-3 所示的下載頁面，直接下載 Eclipse 的壓縮檔（Package）。下載之後的檔案是一個 ZIP 壓縮檔，解壓縮後直接執行 Eclipse 可執行檔就能使用。

> **注意**
>
> Eclipse 由 Java 開發，需要有對應的 JDK 才能正常執行，請讀者自行下載 Oracle JDK 或 OpenJDK。值得注意的是，如果讀者下載了 64 位元的 Eclipse，那麼請確保你的 JDK 也是 64 位元的。

打開 Eclipse 後，我們在 Help → Eclipse Marketplace 中搜索 STS，找到外掛程式（Marketplace 中的 STS），如圖 6-4 所示。

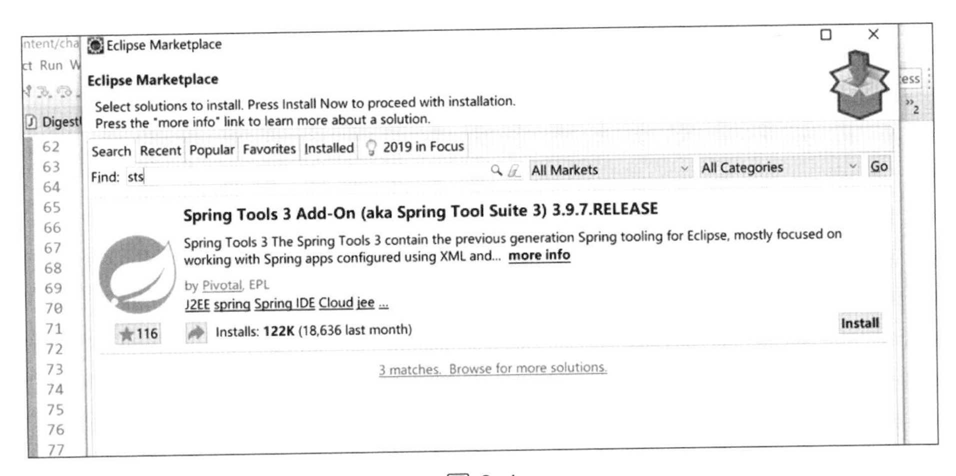

圖 6-4

點擊 Install 按鈕即可下載安裝。完成後，需要重新開機 Eclipse 讓外掛程式生效。這個外掛程式支持 Spring 框架，但並沒有整合 Spring Cloud 專案範本，因此，在創建 Spring Cloud 專案前，還需要創建初始專案範本，然後在 Eclipse 中打開就可以了。

3. 使用 InteliJ IDEA 創建 Spring Cloud 專案

InteliJ IDEA 是 Java IDE 中使用廣泛的一款開發工具，讀者可以自行在官網下載。需要注意的是，IDEA 分為免費的社區版（Community Edition）和收費的旗艦版（Ultimate Edition）。社區版沒有 Spring 框架範本的支援，如果想要使用 IDEA 提供的 Spring Cloud 的 Initializr 功能，就需要購買旗艦版。讀者可根據自身經濟能力自由選擇。

當使用旗艦版 IDEA 時，可以在新建專案時選擇 Spring Initializr，如圖 6-5 所示。

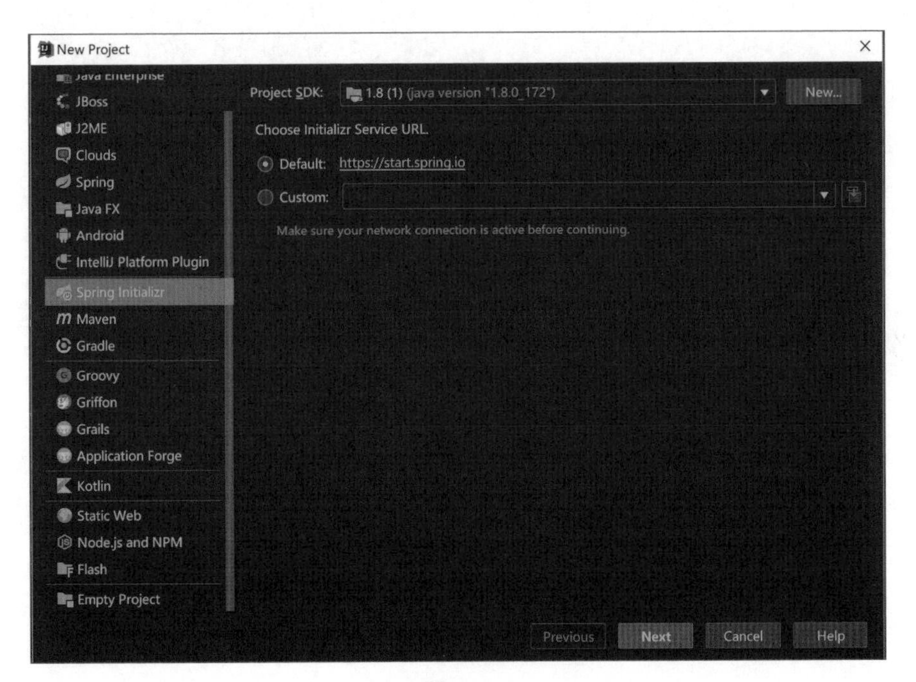

圖 6-5

其實這個 Spring Initializr 相等於到 Start 網頁上創建 Spring 專案。點擊 Next 按鈕，填寫 Maven 的基本資訊。這一部分就不過多介紹了，但需要注意，此時必須能造訪 https://start.spring.io/ 頁面，否則會顯示出錯。

繼續點擊 Next 按鈕，開始選擇使用者需要的 Spring Cloud 元件。Spring Cloud 元件選擇如圖 6-6 所示。

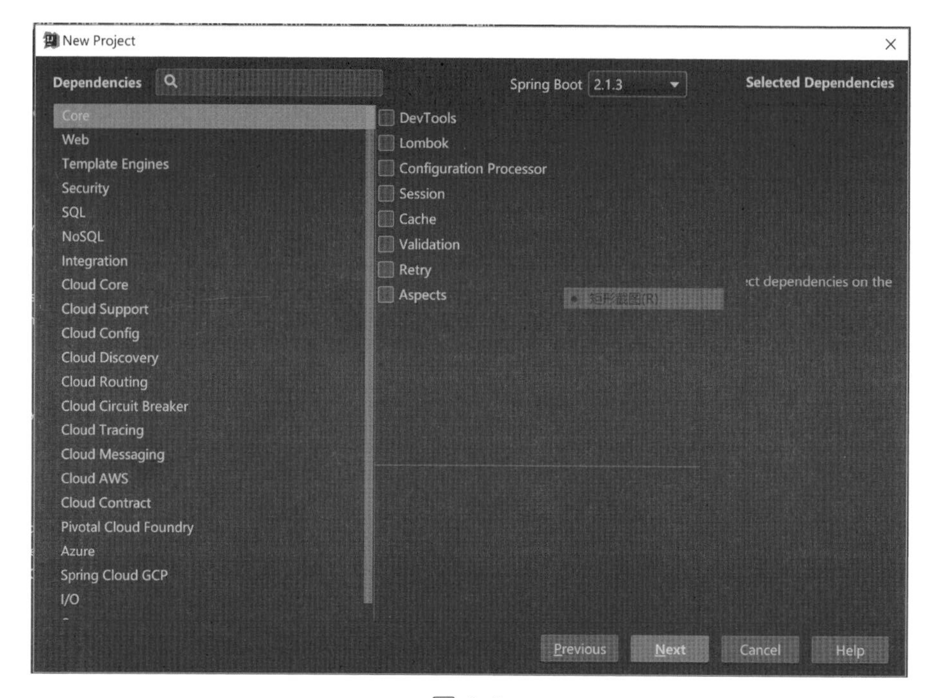

圖 6-6

這種選擇元件的方式比在 Start 網頁上透過關鍵字來選擇元件的方式更適合初學者。選擇完成後，點擊 Next 按鈕就能生成一個 Spring Cloud 專案了。

4. 使用 Visual Studio Code 創建 Spring Cloud 專案

Visual Studio Code 是微軟推出的一款免費的 IDE 工具，類似於 GNU 下的 Ecmas 和 Vim。Visual Studio Code 不侷限於任何一種語言，只需要安裝合適的外掛程式，幾乎可以支援目前所有的程式語言。雖然 Visual Studio Code 一開始並不被廣大程式設計師看好，但是這幾年來微軟大力推廣外掛程式社區，使得 Visual Studio Code 下的外掛程式種類越來越豐富和成熟。Visual Studio Code 目前已經成為了程式設計師最愛的 IDE 之一。

Visual Studio Code 可以在官網直接下載，支援 Windows、Linux、macOS 等作業系統。Visual Studio Code 介面如圖 6-7 所示。

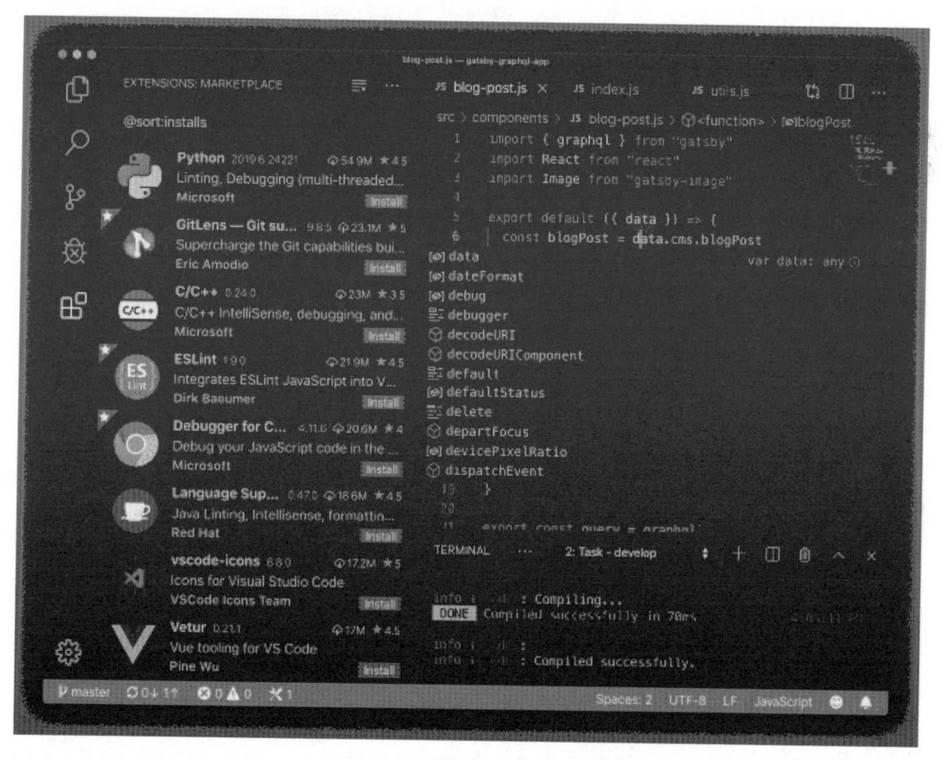

圖 6-7

成功安裝 Visual Studio Code 後，可以在外掛程式管理介面搜索 "spring initializr"，就可以找到 Initializr 外掛程式。該外掛程式的用法與在 InteliJ IDEA 中的用法一樣，可以直接生成 Spring Cloud 專案框架。Visual Studio Code Spring Initializr 外掛程式如圖 6-8 所示。

圖 6-8

在創建演示專案之前，我們先做專案設計，以便讓讀者對整個專案有一個概念。在這個演示專案中，我們將設計一個咖啡點單系統的後台微服務，需要提供使用者註冊、登入服務，使用者身份驗證服務，咖啡品種查詢、下單服務等。這些服務以 API 的形式展現。Spring Cloud 結構的演示專案如圖 6-9 所示。

圖 6-9

我們將要用到 Spring Cloud 的 Zuul 閘道服務、Eureka 註冊服務、Config 設定服務等元件。資料層使用 MySQL 資料庫，並使用 Redis 快取提供資料快取服務。我們開發的服務主要是使用者服務和訂單服務，其他的服務不再贅述，因為這兩個服務已經具備了典型性和代表性。

6.3.3 Spring Cloud 演示專案的實現

1. 專案結構

專案本身很自由，可以為每個服務單獨創建一個專案，也可以使用子模組的方式。這裡為了更容易表現，我們採用子模組的組織形式，即首先創建一個 Maven 父類別專案，然後每個服務作為其子模組。

本書中我們以 InteliJ IDEA 作為標準開發 IDE 來進行開發。首先利用 Spring Initializr 創建一個標準 Spring Cloud 專案，這裡不需要增加任何元件，因為這只是一個父類別專案，用於管理子模組，沒有任何有效程式。

專案的 POM 檔案如程式清單 6-2 所示。

▶ 程式清單 6-2　POM 檔案

```
<?xml version="1.0" encoding="UTF-8"?>
<project xmlns="http://maven.apache.org/POM/4.0.0"
         xmlns:xsi="http://www.w3.org/2001/XMLSchema-instance"
         xsi:schemaLocation="http://maven.apache.org/POM/4.0.0 http://maven.
apache.org/xsd/maven-4.0.0.xsd">
    <modelVersion>4.0.0</modelVersion>

    <groupId>com.testops.coffee</groupId>
    <artifactId>icoffee</artifactId>
    <version>1.0-SNAPSHOT</version>
    <packaging>pom</packaging>
    <name>i-coffee</name>

    <parent>
        <groupId>org.springframework.boot</groupId>
        <artifactId>spring-boot-starter-parent</artifactId>
```

```
        <version>2.1.3.RELEASE</version>
        <relativePath/>
    </parent>

    <properties>
        <project.build.sourceEncoding>UTF-8</project.build.sourceEncoding>
        <project.reporting.outputEncoding>UTF-8</project.reporting.
outputEncoding>
        <java.version>1.8</java.version>
        <spring-cloud.version>Greenwich.RELEASE</spring-cloud.version>
    </properties>

    <build>
        <plugins>
            <plugin>
                <groupId>org.springframework.boot</groupId>
                <artifactId>spring-boot-maven-plugin</artifactId>
            </plugin>
        </plugins>
    </build>

    <dependencyManagement>
        <dependencies>
            <dependency>
                <groupId>org.springframework.cloud</groupId>
                <artifactId>spring-cloud-dependencies</artifactId>
                <version>${spring-cloud.version}</version>
                <type>pom</type>
                <scope>import</scope>
            </dependency>
        </dependencies>
    </dependencyManagement>
```

```
    <repositories>
        <repository>
            <id>spring-milestones</id>
            <name>Spring Milestones</name>
            <url>https://repo.spring.io/milestone</url>
        </repository>
    </repositories>
</project>
```

2. Config 模組

在這個父類別下面，我們創建第一個子模組，這裡我們不需要使用 Spring Initializr，直接創建一個 Maven Module——Config 模組。這個模組用於控制專案的所有子服務設定資訊，包括一些參數。

創建成功後，我們可以在 POM 中看到關於模組的定義，如程式清單 6-3 所示。

▶ 程式清單 6-3　模組定義

```
<modules>
    <module>config</module>
</modules>
```

Config 模組的 POM 檔案描述如程式清單 6-4 所示。

▶ 程式清單 6-4　Config 模組的 POM 檔案描述

```
<?xml version="1.0" encoding="UTF-8"?>
<project xmlns="http://maven.apache.org/POM/4.0.0"
         xmlns:xsi="http://www.w3.org/2001/XMLSchema-instance"
         xsi:schemaLocation="http://maven.apache.org/POM/4.0.0 http://maven.
apache.org/xsd/maven-4.0.0.xsd">
    <parent>
```

```
        <artifactId>icoffee</artifactId>
        <groupId>com.testops.coffee</groupId>
        <version>1.0-SNAPSHOT</version>
    </parent>
    <modelVersion>4.0.0</modelVersion>

    <artifactId>config</artifactId>
    <packaging>jar</packaging>
    <name>config</name>
    <description>Spring Cloud Config Server for i-coffee</description>

    <dependencies>
        <dependency>
            <groupId>org.springframework.cloud</groupId>
            <artifactId>spring-cloud-config-server</artifactId>
        </dependency>
        <dependency>
            <groupId>org.springframework.boot</groupId>
            <artifactId>spring-boot-starter-security</artifactId>
        </dependency>

        <dependency>
            <groupId>org.springframework.boot</groupId>
            <artifactId>spring-boot-starter-test</artifactId>
            <scope>test</scope>
        </dependency>
    </dependencies>

</project>
```

核心依賴是 spring-cloud-config-server 元件，這個元件提供了 Spring Cloud 的設定中心功能，能夠統一管理所有微服務的設定參數。Config

微服務會對外提供一個 HTTP 的 API，其他的微服務透過存取這個 API，獲取對應的設定資料（JSON 格式）。

設定參數檔案可以存放在 Config 模組能夠存取的某一指定目錄中，也可以存放在 Git 倉庫中，從設定管理的角度來說，存放在 Git 倉庫中更適合管理參數。每個微服務對應一個設定檔，並且 Config 模組支援熱修改。所謂熱修改，就是指在微服務允許過程中，如果需要修改設定參數，那麼修改完參數後不需要重新啟動微服務，可以直接使參數生效。

我們需要創建一個 Git 倉庫，在這裡我們使用 GitLab 作為我們的倉庫伺服器。在 GitLab 中，先創建一個名為 icoffee-configures 的倉庫，準備存放設定檔。

接下來，我們需要在 Config 模組中設定這個倉庫，讓其他微服務可以透過 Config 模組獲取設定資訊。在 src/main/resources 中創建一個 application.yml 檔案（原本有一個 application.properties 檔案，但 Spring Cloud 專案支持多種副檔名的設定檔，且 yml 檔案結構更清晰，樹狀結構更容易瞭解），內容如程式清單 6-5 所示。

▶ 程式清單 6-5　設定檔內容

```
spring:
  cloud:
    config:
      server:
        git:
          uri: git@gitlab.testops.vip:TestOps/icoffee-configures.git

  profiles:
    active: dev,local,test
```

```
  security:
    user:
      name: liudao
      password: 123456

server:
  port: 10001
```

透過 spring.cloud.config.server.git.uri 指定了 Git 的倉庫位址，profiles 用於指定不同環境的設定檔（這個在後面做持續建構時會用到）。通訊埠指定為 10001，這樣不容易和系統的一些通訊埠衝突。在啟動類別（ConfigApplication）中，增加 EnableConfigServer，如程式清單 6-6 所示。

▶ 程式清單 6-6　在啟動類別中增加 EnableConfigServer

```java
@SpringBootApplication
@EnableConfigServer
public class ConfigApplication {
    public static void main(String[] args) {
        SpringApplication.run(ConfigApplication.class, args);
    }
}
```

至此，我們的 Config 設定服務大功告成，是不是很簡單？這就是 Spring Cloud 的特點，框架為我們提供了方便的程式結構，簡單的設定就建構了一個微服務元件。

3. Discovery 模組

我們使用 Eureka 作為服務註冊元件。首先創建一個名為 Discovery 的子模組，其 POM 檔案如程式清單 6-7 所示。

▶ 程式清單 6-7　Discovery 模組的 POM 檔案

```
<?xml version="1.0" encoding="UTF-8"?>
<project xmlns="http://maven.apache.org/POM/4.0.0"
         xmlns:xsi="http://www.w3.org/2001/XMLSchema-instance"
         xsi:schemaLocation="http://maven.apache.org/POM/4.0.0 http://maven.
apache.org/xsd/maven-4.0.0.xsd">
    <parent>
        <artifactId>icoffee</artifactId>
        <groupId>com.testops.coffee</groupId>
        <version>1.0-SNAPSHOT</version>
    </parent>
    <modelVersion>4.0.0</modelVersion>

    <artifactId>discovery</artifactId>
    <packaging>jar</packaging>
    <name>discovery</name>
    <description>Spring Cloud eureka Server for i-coffee</description>

    <dependencies>
        <dependency>
            <groupId>org.springframework.cloud</groupId>
            <artifactId>spring-cloud-starter-config</artifactId>
        </dependency>
        <dependency>
            <groupId>org.springframework.cloud</groupId>
            <artifactId>spring-cloud-starter-netflix-eureka-server</artifactId>
        </dependency>
        <dependency>
            <groupId>org.springframework.boot</groupId>
            <artifactId>spring-boot-starter-test</artifactId>
            <scope>test</scope>
        </dependency>
```

```
    </dependencies>

</project>
```

其中的核心依賴是 spring-cloud-starter-netflix-eureka-server，這是一個 Eureka 的微服務，用於其他 Eureka 用戶端向其註冊。

在 src/main/resources 下創建 bootstrap.yml 設定檔，如程式清單 6-8 所示。

▶ 程式清單 6-8　設定檔

```
spring:
  application:
    name: discovery
  cloud:
    config:
      uri: http://127.0.0.1:10001
      fail-fast: true
      username: liudao
      password: 123456
      profile: local
      label: master
```

這裡不可以使用 application.yml，因為我們將把設定檔放在 config 的倉庫中。為了不和 application 設定衝突，我們在本地只能採用優先順序更高的 bootstrap 設定檔。

在這個設定檔中，我們僅定義了微服務的名字，以及 config 模組的造訪網址，當 Eureka Server 微服務啟動時，會首先讀取這個設定檔，找到 config 的造訪網址，然後根據 config 下傳的設定檔進行進一步設定。這裡的 profile 指定了我們要讀取的倉庫中對應設定檔的副檔名，label 説明了將從設定倉庫的 master 分支讀取設定檔。而應用的名字，則對應了倉庫中設定檔的名字，Spring Cloud 會根據微服務名稱來區分不同微服務的設定檔。

現在，在設定倉庫的 master 分支上創建一個 Eureka Server 的設定檔 discovery-local.yml，內容如程式清單 6-9 所示。

▶ 程式清單 6-9　遠端設定檔內容

```
server:
  port: 10002

security:
  user:
    name: icoffee_discovery_local
    password: local123
  basic:
    enabled: true

eureka:
  instance:
    prefer-ip-address: true
  client:
    fetch-registry: false
    register-with-eureka: false
    serviceUrl:
      defaultZone: http://icoffee_discovery_local:local123@127.0.0.1:$
{server.port}/eureka/
```

在這個檔案中，定義了微服務註冊的位址 http://127.0.0.1:10002/eureka。Discovery 微服務同樣不需要多少程式，僅需要在 Eureka 啟動類別中增加如程式清單 6-10 所示的程式。

▶ 程式清單 6-10 Eureka 啟動類別

```
@SpringBootApplication
@EnableEurekaServer
public class DiscoveryApplication {
    public static void main(String[] args) {
        SpringApplication.run(DiscoveryApplication.class, args);
    }
}
```

註冊服務元件也已經完成了，這時可以啟動微服務，看看能否和 Config 一起工作。啟動微服務同樣簡單，首先啟動 Config 微服務啟動類別，直接執行 main 就可以，我們可以看到 Config 的啟動場景如圖 6-10 所示。

```
2019-04-01 21:10:54.352  INFO 15544 --- [           main] trationDelegate$BeanPostProcessorChecker : Bean 'org.springframework.cloud.autoc

  .   ____          _            __ _ _
 /\\ / ___'_ __ _ _(_)_ __  __ _ \ \ \ \
( ( )\___ | '_ | '_| | '_ \/ _` | \ \ \ \
 \\/  ___)| |_)| | | | | || (_| |  ) ) ) )
  '  |____| .__|_| |_|_| |_\__, | / / / /
 =========|_|==============|___/=/_/_/_/
 :: Spring Boot ::        (v2.1.3.RELEASE)

2019-04-01 21:10:55.058  INFO 15544 --- [           main] c.t.coffee.config.ConfigApplication      : The following profiles are active: de
2019-04-01 21:10:56.026  INFO 15544 --- [           main] o.s.cloud.context.scope.GenericScope     : BeanFactory id=4b2d3e55-e737-3de4-b9f
2019-04-01 21:10:56.056  INFO 15544 --- [           main] trationDelegate$BeanPostProcessorChecker : Bean 'org.springframework.cloud.autoc
2019-04-01 21:10:56.413  INFO 15544 --- [           main] o.s.b.w.embedded.tomcat.TomcatWebServer  : Tomcat initialized with port(s): 1000
```

圖 6-10

在整個啟動過程中，我們會看到有一個嵌入式的 Tomcat 隨著專案啟動，這是 Spring Cloud 的預設容器。因為一個精簡版的 Tomcat 會被直接打包到 JAR 套件中，所以 Spring Cloud 微服務並不需要像別的 Java EE 專案放在容器中執行，而是可以直接執行。這樣的獨立執行能力就是微服務的優點之一。

Config 模組啟動完成後，我們就可以啟動 Discovery 模組了，同樣直接執行啟動類別就可以。在啟動過程中，我們可以看到 Discovery 從指定的 Config 模組中獲取設定檔，獲取成功後，Discovery 模組就可以成功啟動了。打開瀏覽器並造訪 http://localhost:10002，就可以看到 Eureka Server 提供的微服務註冊的頁面，如圖 6-11 所示。

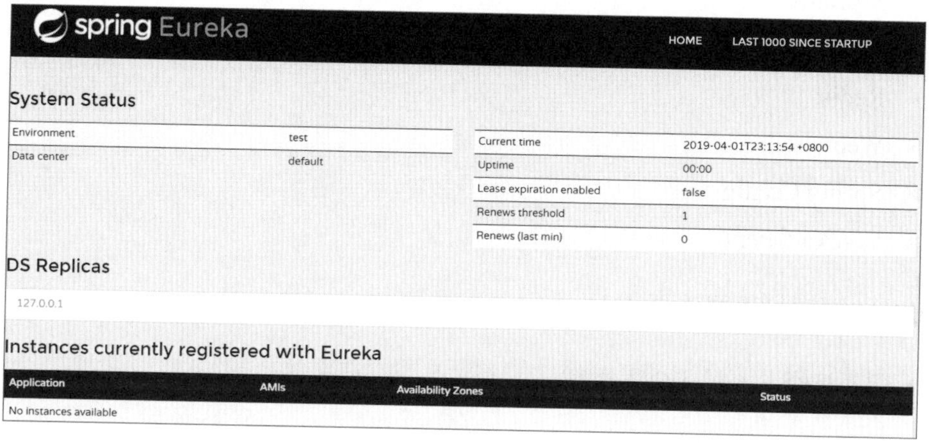

圖 6-11

現在還沒有任何微服務在上面註冊，下面就要正式編寫微服務了。

4. Account 模組

我們定義 Account 模組用於管理所有和帳號相關的服務，包括帳號的註冊、驗證、密碼修改，以及獲取 Token 和驗證 Token。在這個模組中，我們需要使用 MySQL 資料庫來實現資料的持久化，而 Token 和 Code 都是有時效性的，於是使用 Redis 來進行快取。另外，資料庫的連接我們不直接使用原生的 JDBC，而是使用目前主流的物件關係映射（Object Relation Mapping，ORM）——MyBatis，資料來源使用阿里巴巴開放原始碼給 Apache 開放原始碼基金會的可監控式資料來源 Druid。由於模組需要處理 HTTP，因此我們還需要加上 Web 元件，需要從 Config 設定中心獲取設定資訊並向 Eureka 註冊中心註冊。這樣一來，我們所需的元件依賴如下所示。

- MySQL connector
- JDBC
- MyBatis
- Druid
- Redis
- Web
- Spring Config
- Eureka Client

POM 檔案如程式清單 6-11 所示。

▶ 程式清單 6-11　POM 檔案

```
<?xml version="1.0" encoding="UTF-8"?>
<project xmlns="http://maven.apache.org/POM/4.0.0" xmlns:xsi="http://www.
w3.org/2001/XMLSchema-instance"
        xsi:schemaLocation="http://maven.apache.org/POM/4.0.0 http://maven.
apache.org/xsd/maven-4.0.0.xsd">
    <modelVersion>4.0.0</modelVersion>
    <parent>
        <groupId>org.springframework.boot</groupId>
        <artifactId>spring-boot-starter-parent</artifactId>
        <version>2.1.3.RELEASE</version>
        <relativePath/> <!-- lookup parent from repository -->
    </parent>
    <groupId>com.testops.coffee</groupId>
    <artifactId>account</artifactId>
    <version>1.0-SNAPSHOT</version>
    <name>account</name>
    <description>Demo project for Spring Boot</description>

    <properties>
```

```
    <java.version>1.8</java.version>
    <spring-cloud.version>Greenwich.SR1</spring-cloud.version>
</properties>

<dependencies>
    <dependency>
        <groupId>org.springframework.boot</groupId>
        <artifactId>spring-boot-starter-data-redis</artifactId>
    </dependency>
    <dependency>
        <groupId>org.springframework.boot</groupId>
        <artifactId>spring-boot-starter-jdbc</artifactId>
    </dependency>
    <dependency>
        <groupId>org.springframework.boot</groupId>
        <artifactId>spring-boot-starter-web</artifactId>
    </dependency>
    <dependency>
        <groupId>org.mybatis.spring.boot</groupId>
        <artifactId>mybatis-spring-boot-starter</artifactId>
        <version>2.0.0</version>
    </dependency>
    <dependency>
        <groupId>org.springframework.cloud</groupId>
        <artifactId>spring-cloud-starter-config</artifactId>
    </dependency>
    <dependency>
        <groupId>com.alibaba</groupId>
        <artifactId>druid-spring-boot-starter</artifactId>
        <version>1.1.14</version>
    </dependency>
```

```
        <dependency>
            <groupId>mysql</groupId>
            <artifactId>mysql-connector-java</artifactId>
            <scope>runtime</scope>
        </dependency>
        <dependency>
            <groupId>org.projectlombok</groupId>
            <artifactId>lombok</artifactId>
            <optional>true</optional>
        </dependency>
        <dependency>
            <groupId>org.springframework.boot</groupId>
            <artifactId>spring-boot-starter-test</artifactId>
            <scope>test</scope>
        </dependency>
    </dependencies>

    <dependencyManagement>
        <dependencies>
            <dependency>
                <groupId>org.springframework.cloud</groupId>
                <artifactId>spring-cloud-dependencies</artifactId>
                <version>${spring-cloud.version}</version>
                <type>pom</type>
                <scope>import</scope>
            </dependency>
        </dependencies>
    </dependencyManagement>

    <build>
        <plugins>
            <plugin>
```

```
                <groupId>org.springframework.boot</groupId>
                <artifactId>spring-boot-maven-plugin</artifactId>
            </plugin>
        </plugins>
    </build>

</project>
```

Spring Cloud 的本地設定檔 bootstrap.yml 和本節的 Discovery 模組類似，此處就不再贅述了。在設定倉庫中，我們新增一個 account-local.yml 遠端設定檔，內容如程式清單 6-12 所示。

▶ 程式清單 6-12　遠端設定檔內容

```
server:
  port: 10003

data:
  datasource:
    url: jdbc:mysql://127.0.0.1:3306/coffeedb?serverTimezone=GMT&useSSL=
false&characterEncoding=utf8
    username: coffee
    password: Coffee123!
    druid:
      initial-size: 5
      max-active: 20
      min-idle: 1
      max-wait: 60000
      max-open-prepared-statements: 20
      validation-query: select 1
      validation-query-timeout: 2000
      test-on-borrow: false
      test-on-return: false
```

```
      test-while-idle: true
      time-between-eviction-runs-millis: 60000
      min-evictable-idle-time-millis: 300000
      filters: stat

      web-stat-filter:
        enabled: true
        url-pattern: /*
        profile-enable: true

      stat-view-servlet:
        enabled: true
        url-pattern: /druid/*
        login-username: liudao
        login-password: 123456

spring:
  redis:
    host: 127.0.0.1
    port: 6379
    jedis:
      pool:
        min-idle: 2
        max-idle: 10
        max-active: 10
```

這裡我們指定了 MySQL 資料庫的庫名是 coffeedb。關於 Druid 資料來源的設定說明，請讀者參考 https://github.com/alibaba/druid/wiki/。關於 Redis 的設定，請讀者參考 Spring-Redis 說明文件。

> 注意
>
> 這裡的資料庫和 Redis 都採用了本地設定，而目前 Redis 不支援 Windows 系統，因此，使用 Windows 系統進行實踐的讀者，請將 Redis 的 URL 指向可以安裝 Redis 的系統（macOS 或 Linux 系統）。

Account 模組的啟動類別和 Discovery 模組類似，只是其中增加了資料來源的設定部分，如程式清單 6-13 所示。

▸ 程式清單 6-13　資料來源設定

```
@Bean
@ConfigurationProperties("data.datasource")
public DataSource dataSource(){
    return DruidDataSourceBuilder.create().build();
}
```

在 Account 微服務中，我們設計以下幾個 API：註冊服務（register）、登入服務（login）、交換 Token 服務（token）、Token 驗證服務（authorize）。與讀者常見的認證服務非常接近，未註冊使用者可以透過註冊服務註冊帳戶；註冊使用者透過登入服務登入，如果登入成功，則獲取一個有效時間為 10min 的 code；擁有 code 的用戶端可以透過 Token 服務用 code 交換有效時間為 30min 的 token；其他服務可以透過 Token 驗證服務驗證使用者身份，每驗證成功一次，則會刷新 Token 的有效時間，如果使用者 30min 內沒有活動，則 Token 故障，需要重新登入。

對於程式，我們採用 MVC 的模式，其中 controller 部分負責接受用戶端的 HTTP 請求。以 login 為例，其方法如程式清單 6-14 所示。

▶ 程式清單 6-14 login 方法

```
/**
* login api for user to login
* @param requestAccountLogin login request post body
* @return json object
*/
@PostMapping("/login")
@ResponseBody
public ResponseEntity login(
    @RequestBody RequestAccountLogin requestAccountLogin
){
    ResponseEntity responseEntity = new ResponseEntity();
    /*
    check username
    */
    if(StringUtils.isEmptyOrNull(requestAccountLogin.getUsername())){
        responseEntity.setRetCode(2001);
        responseEntity.setRetMsg("account cannot be null");
        return responseEntity;
    }
    /*
    check password
    */
    if(StringUtils.isEmptyOrNull(requestAccountLogin.getPassword())){
        responseEntity.setRetCode(2001);
        responseEntity.setRetMsg("password cannot be null");
        return responseEntity;
    }
    accountService.doLogin(
        requestAccountLogin.getUsername(),
        requestAccountLogin.getPassword(),
        responseEntity);
```

```
    return responseEntity;
}
```

這是典型的 RESTful 結構，請求方法定義為 POST，body 部分為 JSON 結構。

```
{
    "username": "xxxx",
    "password": "xxxx"
}
```

首先檢查 JSON 串中 username 和 password 是否為空，如果透過參數檢查，則進入 Service 層進行登入處理——讀者可以看到，最後呼叫了 accountService 的 doLogin 方法。

再來看一下 doLogin 方法，如程式清單 6-15 所示。

▶ 程式清單 6-15　doLogin 方法

```
/**
* login service is used to do the login request.
* if login success, the service will return the temporary code
* @param username login username
* @param password login password
* @param responseEntity return entity
*/
public void doLogin(String username, String password, ResponseEntity
responseEntity){
    /*
    check the username whether exists
    */
    AccountDTO accountDTO = accountMapper.getUserByName(username);
    if(accountDTO == null){
```

```
            responseEntity.setRetCode(3001);
            responseEntity.setRetMsg("username or password is invalid");
            log.info("username " + username + " is not exist");
            return;
        }
        /*
        check the password whether is right
        */
        try {
            password = EncodeUtil.digest(password + accountDTO.getSalt(),
"SHA-256");
        } catch (Exception e) {
            responseEntity.setRetCode(4001);
            responseEntity.setRetMsg("system error while checking the password");
            log.error("system error while checking the password", e);
            return;
        }
        if(!password.equals(accountDTO.getPassword())){
            responseEntity.setRetCode(3001);
            responseEntity.setRetMsg("username or password is invalid");
            log.info("password is invalid");
            return;
        }
        /*
        update the last login time
        */
        accountDTO.setLastLoginTime(new Date());
        try{
            if(accountMapper.updateAccountById(accountDTO) != 1){
                responseEntity.setRetCode(3001);
                responseEntity.setRetMsg("update account info failed");
                log.error("update account error");
```

```
            return;
        }
    }catch(Exception e){
        responseEntity.setRetCode(4001);
        responseEntity.setRetMsg("system error");
        log.error("system error while updating account info", e);
        return;
    }
    log.info("update account " + accountDTO.getAccountName() + " success");
    // saving code to redis
    try {
        String code = EncodeUtil.digest(accountDTO.getAccountName() + System.
        currentTimeMillis(), "MD5");
        ObjectMapper objectMapper = new ObjectMapper();
        String jsonString = objectMapper.writeValueAsString(accountDTO);
        stringRedisTemplate.opsForValue().set(code, jsonString, 10L,
TimeUnit.MINUTES);
        Calendar calendar = Calendar.getInstance();
        calendar.setTime(new Date());
        calendar.add(Calendar.MINUTE, 10);
        ResponseDataCode responseDataCode = new ResponseDataCode();
        responseDataCode.setCode(code);
        responseDataCode.setExpire(calendar.getTime());
        responseEntity.setRetCode(1000);
        responseEntity.setRetMsg("login success");
        responseEntity.setData(responseDataCode);
    } catch (Exception e) {
        responseEntity.setRetCode(4001);
        responseEntity.setRetMsg("system error");
        log.error("system error while generating code", e);
    }
}
```

此方法首先檢查用戶名和密碼是否正確，如果正確，則使用 MD5 摘要演算法根據用戶名和當前時間戳記生成 code 字串。將 code 和使用者資訊組成 Key-Value 存入 Redis，並設定有效時間為 10min。

其他 API 就不再一一介紹了。

作為一個完整的核心模組，我們還要對其設計單元進行測試，確保功能的正確性。優秀的程式設計師有在開發的同時完成單元測試使用案例的好習慣，這是一項非常重要的開發核心規範。Spring Cloud 提供了以 JUnit 為核心的單元測試框架，並且內建了 Mockito 作為 Mock 框架。

我們在 test 目錄中創建 AccountApplicationTests 類別，對 Service 層進行單元測試，如程式清單 6-16 所示。

▶ 程式清單 6-16　測試類別

```
@RunWith(SpringRunner.class)
@SpringBootTest
public class AccountApplicationTests {
    @InjectMocks
    @Autowired
    private AccountService accountService;

    @Mock
    private AccountMapper accountMapper;

    @Before
    public void setup(){
        MockitoAnnotations.initMocks(this);
    }

    @Test
```

```
public void testRegister() {
    ResponseEntity responseEntity = new ResponseEntity();
    AccountDTO accountDTO = new AccountDTO();
    accountDTO.setAccountName("liudao001");
    accountDTO.setPassword("123456");
    accountDTO.setGender(0);
    accountDTO.setCellphone("12345678912");
    accountDTO.setSalt("123456");
    accountDTO.setCreateTime(new Date());
    Mockito.when(accountMapper.addAccount(accountDTO)).thenReturn(1);
    accountService.doRegister(accountDTO, responseEntity);
    System.out.println(responseEntity);
    Assert.assertEquals(1000, responseEntity.getRetCode());
}

@Test
public void testLogin(){
    String username = "liudao001";
    String salt = "123456";
    String password = "123456";
    String password2 = "";
    try {
        password2 = EncodeUtil.digest(password+salt, "SHA-256");
    } catch (NoSuchAlgorithmException e) {
        e.printStackTrace();
    } catch (UnsupportedEncodingException e) {
        e.printStackTrace();
    }
    ResponseEntity responseEntity = new ResponseEntity();
    AccountDTO accountDTO = new AccountDTO();
    accountDTO.setAccountName(username);
    accountDTO.setPassword(password2);
```

```
        accountDTO.setGender(0);
        accountDTO.setCellphone("12345678912");
        accountDTO.setSalt(salt);
        Mockito.when(accountMapper.getUserByName(username)).thenReturn
(accountDTO);
        Mockito.when(accountMapper.updateAccountById(accountDTO)).
thenReturn(1);
        accountService.doLogin(username, password, responseEntity);
        System.out.println(responseEntity);
        Assert.assertEquals(1000, responseEntity.getRetCode());
    }

}
```

在這個單元測試中，我們使用 Mockito 來 Mock 資料庫的部分，這是因為單元測試並不需要真正地連接資料庫，也不需要將測試資料寫入資料庫。執行測試前，需要將 Config 模組和 Discovery 模組執行起來，並且需要啟動資料庫和 Redis 服務，這樣單元測試才能正常執行。如果一切正常，則可以看到以下測試結果。

```
[INFO]
[INFO] Results:
[INFO]
[INFO] Tests run: 2, Failures: 0, Errors: 0, Skipped: 0
[INFO]
[INFO] ------------------------------------------------------------------------
[INFO] BUILD SUCCESS
[INFO] ------------------------------------------------------------------------
[INFO] Total time: 56.333 s
[INFO] Finished at: 2019-05-10T21:38:59+08:00
[INFO] ------------------------------------------------------------------------
```

5. Order 模組

我們定義 Order 模組用於處理與咖啡訂單相關的服務，包括新建訂單、查詢訂單、查詢訂單詳情、修改訂單這些常見的 CURD 操作。該模組所需要的依賴和 Account 模組類似，因此此處不再重複。略有不同的是，Order 模組的所有 API 都要求在 HTTP 請求表頭中增加 Access-Token 作為使用者憑證，只有在驗證通過的情況下，才能正常獲得返回值。

實現時每個請求都需要檢查表頭是否包含 Access-Token，並將 token 值作為參數向 Account 模組中的 authorize 介面發起請求，要求驗證 token 是否有效，如果有效，就會繼續下面的邏輯。但是如果每個 API 都寫一段這樣的邏輯，未免有些容錯，於是我們採用了 Servlet 篩檢程式（Filter）的方式來對指定的請求進行攔截，如程式清單 6-17 所示。

▶ 程式清單 6-17　攔截器

```
package com.testops.coffee.order.filters;

import com.testops.coffee.order.entities.DTO.AccountDTO;
import com.testops.coffee.order.entities.VTO.ResponseAuth;
import com.testops.coffee.order.entities.VTO.ResponseEntity;
import com.testops.coffee.order.utils.StringUtils;
import lombok.extern.slf4j.Slf4j;
import org.springframework.beans.factory.annotation.Value;
import org.springframework.core.annotation.Order;
import org.springframework.web.client.RestTemplate;

import javax.servlet.*;
import javax.servlet.annotation.WebFilter;
import javax.servlet.http.HttpServletRequest;
import javax.servlet.http.HttpServletResponse;
import java.io.IOException;
```

```
@WebFilter(urlPatterns = "/order/*")
@Order(1)
@Slf4j
public class AuthFilter implements Filter {

    private RestTemplate restTemplate = new RestTemplate();

    @Value("${icoffee.auth-server-url}")
    private String auth_server_url;

    @Value("${icoffee.auth-server-port}")
    private String auth_server_port;

    @Override
    public void init(FilterConfig filterConfig) throws ServletException {
        log.info("init auth filter...");
    }

    @Override
    public void doFilter(ServletRequest servletRequest, ServletResponse
servletResponse,
    FilterChain filterChain) throws IOException, ServletException {
        HttpServletRequest request = (HttpServletRequest) servletRequest;
        HttpServletResponse response = (HttpServletResponse) servletResponse;
        log.info("checking the token");
        String token = request.getHeader("Access-Token");
        ResponseEntity responseEntity = new ResponseEntity();
        if(StringUtils.isEmptyOrNull(token)){
            responseEntity.setRetCode(2001);
            responseEntity.setRetMsg("access-token cannot be null");
            request.setAttribute("responseEntity", responseEntity);
            request.getRequestDispatcher("/auth/error").forward(request,
response);
```

```
            log.error("access-token is null");
            return;
        }
        String url = "http://" + auth_server_url + ":" + auth_server_port +
"/account/
        authorize?token=" + token;
        log.info("send request to account service: " + url);
        ResponseAuth resp = restTemplate.getForObject(url, ResponseAuth.class);
        log.info("get response: " + resp);
        if(resp.getRetCode() != 1000){
            request.setAttribute("responseEntity", responseEntity);
            request.getRequestDispatcher("/auth/error").forward(request,
response);
        }else{
            log.info("authorize success");
            AccountDTO accountDTO = resp.getData();
            request.setAttribute("accountDTO", accountDTO);
            filterChain.doFilter(request, response);
        }
    }

    @Override
    public void destroy() {
        log.info("destroy filter...");
    }
}
```

這是一段標準的 Java Servlet 的篩檢程式，透過註釋的方式指定 WebFilter 過濾 /order 為路徑下的所有 API。篩檢程式將獲取 token 值，並透過 restTemplate 發往 Account 的 authorize 介面進行驗證，如果驗證通過，則從 Redis 中獲取該使用者的資訊，並將使用者基本資訊存入當前的 request 屬性中，執行過濾鏈，向後發送請求。

至於其他的模組，與 Account 模組類似，也是使用 MVC 設計模式，在此處就不展示了。

最後，別忘了單元測試，如程式清單 6-18 所示。

▶ 程式清單 6-18　單元測試

```
@Test
public void testCreateOrder() {
    /*
    param account prepare
    */
    AccountDTO accountDTO = new AccountDTO();
    accountDTO.setAccountId(1);
    /*
    param RequestOrderCreate prepare
    */
    RequestOrderItem requestOrderItem = new RequestOrderItem();
    requestOrderItem.setCoffeeId(1);
    requestOrderItem.setAmount(1);
    RequestOrderItem[] items = new RequestOrderItem[]{
        requestOrderItem
    };
    RequestOrderCreate requestOrderCreate = new RequestOrderCreate();
    requestOrderCreate.setAddress("上海");
    requestOrderCreate.setOrderItems(items);
    /*
    param ResponseEntity prepare
    */
    ResponseEntity responseEntity = new ResponseEntity();

    /*
    mock the mappers
```

```
    */
    Mockito.when(orderMapper.addOrder(Mockito.any())).thenReturn(1);
    Mockito.when(orderItemMapper.addOrderItem(Mockito.any())).thenReturn(1);
    /*
    call the service
    */
    orderService.doCreateOrder(accountDTO, requestOrderCreate, responseEntity);

    Assert.assertEquals(1000, responseEntity.getRetCode());
}
```

執行測試，可以看到測試成功。

```
[INFO]
[INFO] Results:
[INFO]
[INFO] Tests run: 1, Failures: 0, Errors: 0, Skipped: 0
[INFO]
[INFO] ------------------------------------------------------------------------
[INFO] BUILD SUCCESS
[INFO] ------------------------------------------------------------------------
[INFO] Total time: 48.218 s
[INFO] Finished at: 2019-05-10T21:42:34+08:00
[INFO] ------------------------------------------------------------------------
```

6. Gateway 模組

Gateway 模組主要用來給微服務提供統一的閘道服務。由於每個微服務都位於不同的通訊埠，並且開發規範可能不同，因此如果需要進行統一的命名規範管理，可以透過閘道服務來實現。閘道服務同樣可以執行全域的一些攔截、轉發等操作。在這個例子中，我們僅使用它來實現一個 API 統一入口的命名規範。這個模組與 Discovery 模組類似，幾乎沒有有效程式，僅是設定，如程式清單 6-19 所示。

▶ 程式清單 6-19　閘道設定

```
server:
  port: 20000

zuul:
  sensitive-headers: true
  add-host-header: true
  prefix: /icoffee/api/v1.0
  routes:
    api-account-url:
      path: /account/**
      serviceId: account
      stripPrefix: false
    api-order-url:
      path: /order/**
      serviceId: order
      stripPrefix: false

eureka:
  instance:
    prefer-ip-address: true
    lease-renewal-interval-in-seconds: 5
    lease-expiration-duration-in-seconds: 10
  client:
    healthcheck:
      enabled: true
    registry-fetch-interval-seconds: 5
    serviceUrl:
      defaultZone: http://icoffee_discovery_local:local123@127.0.0.1:10002/
eureka/
```

注意其中的 zuul 屬性，在這個屬性節點下，設定了所有微服務的固定

路徑字首 /icoffee/ api/v1.0。在這個路徑下面有兩個微服務：一個是 account，在 /account 路徑下；另一個是 order，在 /order 路徑下。

至此，我們的演示專案已經開發完成。

6.3.4 驗證微服務

1. 資料庫表初始化

我們的演示專案到底能不能正常執行呢？下面我們來驗證。首先我們需要創建資料庫中的表，並插入一些基礎資料。一共需要 4 張表來支撐我們的程式。

（1）t_account 表。

```
drop table if exists coffeedb.t_account;
create table coffeedb.t_account(
    `accountId` bigint auto_increment primary key comment '帳號系統ID',
    `accountName` varchar(20) not null unique comment '帳戶名稱',
    `salt` char(6) not null comment '密碼加密用詞綴',
    `password` char(64) not null comment 'sha256摘要後的密碼',
    `cellphone` varchar(20) comment '手機號',
    `gender` smallint comment '性別',
    `createTime` datetime comment '帳號創建時間',
    `lastLoginTime` datetime comment '最後登入時間'
) CHARACTER SET 'utf8mb4' comment '帳戶資訊表';
```

（2）t_coffee 表。

```
drop table if exists coffeedb.t_coffee;

create table coffeedb.t_coffee(
    coffeeId bigint auto_increment primary key comment '咖啡商品ID',
```

```
    coffeeName varchar(20) not null comment '咖啡名稱',
    price decimal(5,2) comment '咖啡價格'
) CHARACTER SET 'utf8mb4' comment '咖啡商品表';

insert into coffeedb.t_coffee values
    (null, '拿鐵', 29.00),
    (null, '香草拿鐵', 32.00),
    (null, '焦糖拿鐵', 32.00),
    (null, '卡布奇諾', 33.00),
    (null, '馥芮白', 34.00),
    (null, '美式咖啡', 20.00),
    (null, '意式濃縮', 21.00);
```

（3）t_order 表。

```
drop table if exists coffeedb.t_order;

create table coffeedb.t_order(
    orderId bigint auto_increment primary key comment '訂單ID',
    orderNbr char(21) not null unique comment '訂單號',
    orderStatus smallint comment '0-未付款，1-已付款，2-已發貨，3-已簽收完成',
    buyerId bigint comment '購買者ID',
    address varchar(50) comment '寄送地址',
    createTime datetime comment '訂單創建時間',
    updateTime datetime comment '訂單更新時間'
) CHARACTER SET 'utf8mb4' comment '訂單資訊表';
```

（4）t_order_item 表。

```
drop table if exists coffeedb.t_order_item;

create table coffeedb.t_order_item(
    itemId bigint auto_increment primary key comment '訂單項ID，系統自動增加
主鍵',
```

```
    coffeeId bigint not null comment '咖啡商品ID',
    amount int comment '商品數量',
    orderId bigint comment '訂單ID',
    foreign key (coffeeId) references t_coffee(coffeeId) on delete cascade,
    foreign key (orderId) references t_order(orderId) on delete cascade
) CHARACTER SET 'utf8mb4' comment '訂單商品表';
```

2. 啟動微服務

現在我們需要啟動全部微服務。啟動的方式有很多種，最簡單的是在 IDE 中一個一個執行各個模組的 main 方法。需要注意模組的啟動順序，必須先啟動 Config，然後是 Discovery，而 Account、Order、Gateway 沒有特別的順序。

3. 檢查註冊服務

現在打開瀏覽器，輸入 URL 位址 http://localhost:10002/，如果看到圖 6-12 所示的 Discovery 模組頁面，就說明註冊服務一切正常。

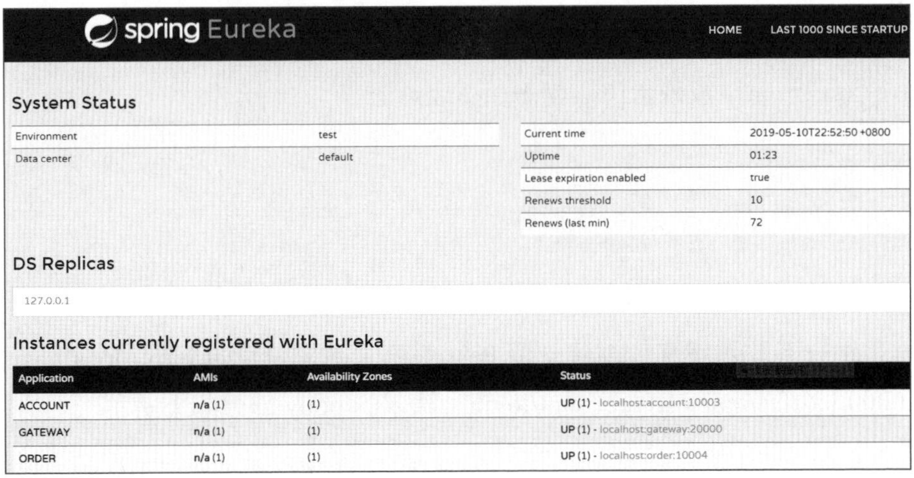

圖 6-12

在 Discovery 模組中，我們可以看到當前有 3 個微服務實例註冊在 Eureka 中。在企業實際應用中，每個微服務會以多節點的方式註冊在 Eureka 中。

4. 檢查微服務

現在我們要透過閘道服務來檢查微服務介面是否可用。在這裡，我們使用 Postman 測試 API 服務。

讀者可自行在官網下載 Postman 最新版本。

在 Postman 中創建一個 Post 請求，請求位址為 http://localhost:20000/icoffee/api/v1.0/account/ register。請求的 body 部分如下所示。

```
{
    "username": "testops01",
    "password": "12345678",
    "password2": "12345678",
    "gender": "M",
    "cellphone": "135000000X1"
}
```

如果服務正常，那麼可以收到成功的回應。

```
{
    "retCode": 1000,
    "retMsg": "register success"
}
```

再測試一下登入服務，創建一個 Post 服務，請求位址為 http://localhost:20000/icoffee/api/ v1.0/account/login。請求的 body 部分如下所示。

```
{
    "username": "testops01",
```

```
    "password": "12345678"
}
```

收到登入成功的回應。

```
{
    "retCode": 1000,
    "retMsg": "login success",
    "data": {
        "code": "b314a3be1ae723386d8afd8491765276",
        "expire": "2019-05-10T16:41:58.820+0000"
    }
}
```

我們成功獲取了 code。在 code 故障之前，我們發起了一個 Get 請求，位址為 http://localhost: 20000/icoffee/api/v1.0/account/token?code=b314a3be1ae723386d8afd8491765276，可以獲取交換來的 token 值。

```
{
    "retCode": 1000,
    "retMsg": "get token success",
    "data": {
        "token": "eyJhbGciOiJIUzI1NiJ9.eyJhdWQiOiJ0ZXN0b3BzMDEiLCJleHAiOjE1N
Tc1MDgwMjZ9.
        99xrjr_FbNIHpw8gado0VklMW5S4TAeeIx7qTInJHtE",
        "expire": "2019-05-10T17:07:06.690+0000"
    }
}
```

接下來我們就可以來測試 Order 模組了。讓我們新建一個 Post 請求來預訂兩杯咖啡，請求位址為 http://localhost:20000/icoffee/api/v1.0/order/new，請求 body 如下所示。

```
{
    "address": "人民廣場1001號401",
```

```
    "orderItems": [
        {
            "coffeeId": 1,
            "amount": 2
        },
        {
            "coffeeId": 2,
            "amount": 3
        }
    ]
}
```

由於 Order 模組需要驗證使用者身份，因此我們需要在表頭增加 Access-Token，值為 eyJhbGci OiJIUzI1NiJ9.eyJhdWQiOiJ0ZXN0b3BzMDEiLCJleHAiOjE1NTc1MDgwMjZ9.99xrjr_FbNIHpw8gado0VklMW5S4TAeeIx7qTInJHtE。發送該請求，我們應該收到成功創建訂單的回應。

```
{
    "retCode": 1000,
    "retMsg": "add new order success"
}
```

其他 API 我們就不再驗證了。透過上述的驗證，我們證明了演示專案能夠成功執行，並可以提供正確的服務。

6.4 API 管理

在公司實踐中，介面有多種管理方式，可以是 Word 文件，也可以是一些線上的 API 管理工具，如「去哪兒」網提供的開放原始碼 API 管理工具 YAPI。YAPI 介面管理平台如圖 6-13 所示。

圖 6-13

此外，還有 EOLinker，EOLinker 介面管理平台如圖 6-14 所示。

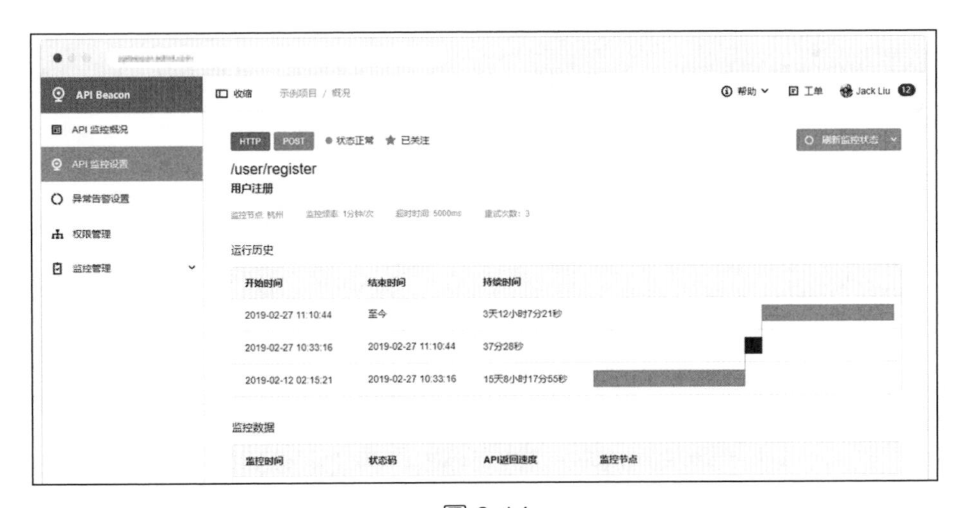

圖 6-14

如果喜歡使用線上的方式，那麼可以選擇 Oracle 的 Apiary，只需要使用 GitHub 帳號，就可以免費使用該平台。

這些介面管理平台均需要手工輸入，於是帶來一個問題──額外增加了開發的任務，並且在程式發生變更時，如何才能保證 API 文件也同步更新。這裡提供一個參考方案，可以使用 Swagger 來提供 API 文件的自動生成。Swagger 有支援 Spring Cloud 的框架，可以直接嵌入 Spring Cloud。我們只需要在 Account 和 Order 兩個模組的 POM 檔案中增加 Swagger 的框架元件，如程式清單 6-20 所示。

▶ 程式清單 6-20　Swagger 依賴

```
<dependency>
    <groupId>io.springfox</groupId>
    <artifactId>springfox-swagger2</artifactId>
</dependency>
<dependency>
    <groupId>io.springfox</groupId>
    <artifactId>springfox-swagger-ui</artifactId>
</dependency>
```

然後，在啟動類別中，增加 @EnableSwagger2 註釋，並定義 Swagger 的 Bean。這裡以 Account 模組為例，如程式清單 6-21 所示。

▶ 程式清單 6-21　Swagger 實例化

```
@Bean
public Docket createRestApi(){
    return new Docket(DocumentationType.SWAGGER_2)
        .apiInfo(apiInfo())
        .select()
        .apis(RequestHandlerSelectors.basePackage("com.testops.coffee.
account.controllers"))
        .paths(PathSelectors.any())
        .build();
}
```

```
private ApiInfo apiInfo(){
    return new ApiInfoBuilder()
        .title("Testops demo microservice - Account Service APIs")
        .description("This is demo service.")
        .termsOfServiceUrl("https://localhost:10003")
        .contact(new Contact("liudao", "https://zone.testops.vip",
"jimmyseraph@163.com"))
        .version("1.0")
        .build();
}
```

這樣，Swagger 框架就可以自動掃描指定的 package 下的類別，辨識出所有的介面定義。在 Account 和 Order 模組都啟動後，我們可以透過服務的根目錄下的 /swagger-ui.html 來存取 Swagger 線上文件。Swagger-ui 介面管理平台如圖 6-15 所示。

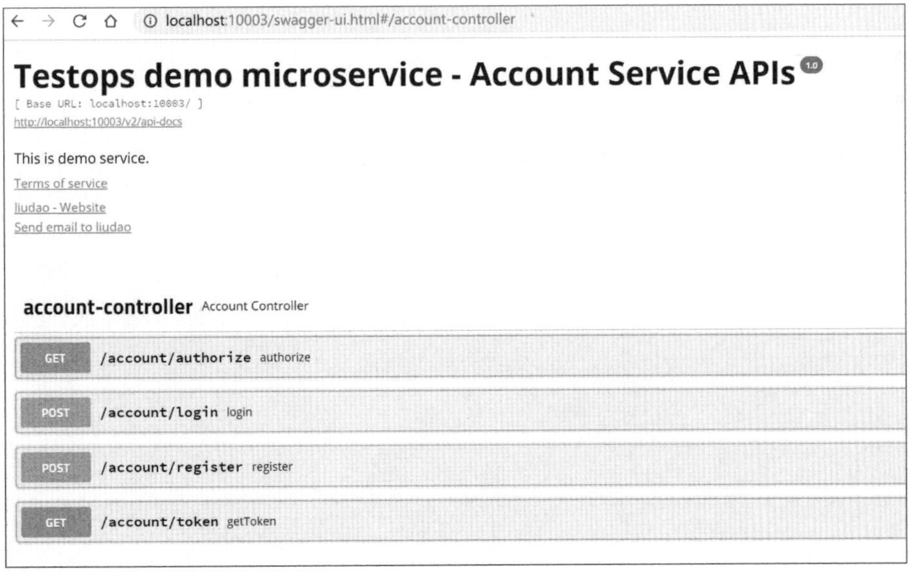

圖 6-15

這樣的 API 文件不會給開發人員增加額外的工作量，而且當介面程式發生變更時，Swagger-ui 的線上文件也會同步變更。

Chapter 07

GitLab

GitLab 是另一個與 GitHub 並駕齊驅的社區，提供了和 GitHub 類似的功能。當然，這兩者的概念有所不同，GitHub 本身是一個程式管理平台，中文也有類似的平台，如碼雲等，我們可以直接使用而不需要擔心平台本身的維護；GitLab 則是一款軟體產品。

企業可以使用 GitLab 在內網架設程式管理平台，使得不用透過國際網際網路而直接使用內網就可以進行程式管理，安全性和可靠性都由公司自己負責，自主性更高。

7.1 GitLab 的安裝

接著我們將帶領讀者在本地完成 GitLab 的部署安裝，為後續的持續交付系統提供平台基礎。

7.1.1 硬體要求

在安裝 GitLab 前需要確保具備合適的硬體資源，避免安裝失敗和使用中的性能不足等問題。

1. 儲存空間

GitLab 安裝時並不需要很大的硬碟空間，但是如果使用者在 GitLab 平台上創建的程式倉庫數量越來越多，GitLab 就會要求越來越多的空餘儲存空間。因此，不是一開始就規劃好需要的磁碟容量，直接分配一個較大的磁碟給 GitLab 使用；就是就是根據官方的推薦，使用邏輯卷冊管理（Logical Volume Manager，LVM）來動態擴充。關於 LVM 的內容已經偏離了本書的主題，且限於篇幅，這裡就不去討論 LVM 的實現和操作了。

因為 GitLab 服務的主要操作是磁碟讀寫，磁碟的讀寫速度對 GitLab 服務的性能影響比較大，所以為了提高 GitLab 服務的存取速度，推薦使用讀寫速度至少為 7200 轉的大容量硬碟或 SSD 硬碟。

2. 記憶體

GitLab 對記憶體要求也比較高，最少需要 8GB 的可編址（Addressable）記憶體。這一記憶體包括了實體記憶體和交換記憶體（RAM+Swap）。因此，從理論上來說，對於實體記憶體為 4GB 的系統，設定 4GB 的交換記憶體，就可以執行 GitLab，但是僅能支援 100 個以下的使用者使用，而且體驗將非常差。

GitLab 官方推薦設定 8GB 的實體記憶體，能極佳地支援 100 個使用者的使用。不同大小的實體記憶體支援不同量級的使用者數，可以參考以下資料。

- 16GB RAM 支持 2000 個使用者。
- 32GB RAM 支持 4000 個使用者。
- 64GB RAM 支持 8000 個使用者。
- 128GB RAM 支持 16000 個使用者。
- 256GB RAM 支持 32000 個使用者。

3. CPU

CPU 的核心數對併發的任務處理影響很大，GitLab 服務是由 Ruby 實現的，使用的伺服器是 Unicorn，Unicorn 使用設定的 Worker 來處理任務。Worker 的數量與 CPU 核心數成正比，如果 CPU 核心數少，那麼在處理多工時，就可能形成較長的任務佇列，導致回應變慢。

GitLab 推薦至少 2 核心，可以支援最多 500 個使用者存取，更大的使用者數量可以參考以下資料。

- 4 核心支持 2000 個使用者。
- 8 核心支持 5000 個使用者。
- 16 核心支持 10000 個使用者。
- 32 核心支持 20000 個使用者。
- 64 核心支持 40000 個使用者。

7.1.2 作業系統

GitLab 支援大部分的作業系統，但是 GitLab 系統本身就是為 UNIX 系統開發的，不支援 Windows 系列的作業系統，並且也沒有計劃要支援 Windows 系統，所以使用 Windows 系統的讀者可考慮使用 Linux 虛擬機器來安裝 GitLab。

(1) 支援的作業系統有以下幾種。

- Ubuntu
- Debian
- CentOS
- openSUSE
- Red Hat Enterprise Linux
- Scientific Linux
- Oracle Linux

(2) 不支援綜合安裝套件自動安裝 GitLab 的作業系統，有以下幾種。

- Arch Linux
- Fedora
- FreeBSD
- Gentoo
- macOS

雖然這些系統不支援綜合安裝套件的一鍵安裝，但是可以透過原始程式碼安裝的方式進行安裝。

7.1.3 綜合安裝套件安裝

下面的安裝我們在 CentOS 7.4 中進行，這裡的 CentOS 預設是最小安裝套件，當然，選擇開發者平台安裝會更方便一些（很多元件，如 curl 等，就不需要提前安裝了）。

(1) 安裝並設定必要的依賴套件，如命令清單 7-1 所示。

▶ 命令清單 7-1　安裝依賴套件

```
sudo yum install -y curl policycoreutils-python openssh-server
sudo systemctl enable sshd
sudo systemctl start sshd
sudo firewall-cmd --permanent --add-service=http
sudo systemctl reload firewalld
```

如果使用者的 CentOS 上已經開啟了 sshd 服務（遠端控制服務，該服務提供了 SSH 協定的支援，能夠讓使用者透過 SSH 協定用戶端遠端控制 CentOS 的電腦，如 SecureCRT、XShell 等軟體），那麼可以忽略 sshd 的安裝和防火牆的打開。

命令清單 7-1 中第 4 行、第 5 行命令用於設定防火牆，允許 HTTP 的存取，如果使用者的 CentOS 上已經設定了防火牆允許 HTTP，或直接關閉了防火牆，那麼這一項也可以忽略。

（2）安裝郵件反射軟體 Postfix。

現在按照以下命令列安裝 Postfix 軟體，如命令清單 7-2 所示。

▶ 命令清單 7-2　安裝 Postfix 軟體

```
sudo yum install postfix
sudo systemctl enable postfix
sudo systemctl start postfix
```

安裝 Postfix 的過程中，會出現一些需要使用者填寫資訊（如伺服器位址）的提示，按照提示填寫即可。

Postfix 是 GitLab 預設的發送通知郵件的外掛程式，如果使用者想使用其他軟體來進行通知郵件的發送，可以直接跳過這一步。在 GitLab 安裝後，可以在圖形化介面設定外部 SMTP 服務來設定發送郵件的功能。

（3）增加資源套件倉庫。

首先在系統中增加 GitLab 資源套件的倉庫，如命令清單 7-3 所示。

▶ 命令清單 7-3　安裝 GitLab 資源套件倉庫

```
curl https://packages.gitlab.com/install/repositories/gitlab/gitlab-ee/
script.rpm.sh | sudo bash
```

增加倉庫成功後，我們就可以使用 Shell 前端軟體套件管理器（YUM）來安裝 GitLab 了，如命令清單 7-4 所示。

▶ 命令清單 7-4　安裝 GitLab

```
sudo EXTERNAL_URL="http://gitlab.example.com" yum install -y gitlab-ee
```

EXTERNAL_URL 設定了 GitLab 安裝後的存取域名，這個域名必須是真實可存取的。如果僅是需要在內網環境存取，那麼可以在公司的閘道伺服器上設定 DNS，為 GitLab 增加一個易記的域名，當然，直接用 IP 位址也是可以的。如果需要設定 Internet 存取，則需要申請一個域名。

當安裝 GitLab 時，YUM 需要下載一個比 1GB 稍大一點的安裝套件，需要保持網路存取暢通。GitLab 的綜合安裝套件會自動安裝所有的元件並進行設定，不需要進行任何操作，等待安裝完成即可。當看到如圖 7-1 所示的提示時，GitLab 就安裝成功了。

現在 GitLab 已經可以透過輸入 http://192.168.251.128 進行存取了。GitLab 登入頁面如圖 7-2 所示。

```
Running handlers:
Running handlers complete
Chef Client finished, 432/638 resources updated in 06 minutes 04 seconds
gitlab Reconfigured!

       *.                  *.
      ***                 ***
     *****               *****
    .******             *******
    ********            ********
   ,,,,,,,,,***********,,,,,,,,,
  ,,,,,,,,,,,*********,,,,,,,,,,,
  .,,,,,,,,,,,*******,,,,,,,,,,,,
      ,,,,,,,,,*****,,,,,,,,,.
         ,,,,,,,****,,,,,,
            .,,,***,,,,
                ,*,.



     _______ __  __          __
    / ____(_) /_/ /   ____ _/ /_
   / / __/ / __/ /   / __ `/ __ \
  / /_/ / / /_/ /___/ /_/ / /_/ /
  \____/_/\__/_____/\__,_/_.___/


Thank you for installing GitLab!
GitLab should be available at http://192.168.251.128

For a comprehensive list of configuration options please see the Omnibus GitLab readme
https://gitlab.com/gitlab-org/omnibus-gitlab/blob/master/README.md

  Verifying  : gitlab-ee-11.2.3-ee.0.el7.x86_64                              1/1

Installed:
  gitlab-ee.x86_64 0:11.2.3-ee.0.el7

Complete!
```

圖 7-1

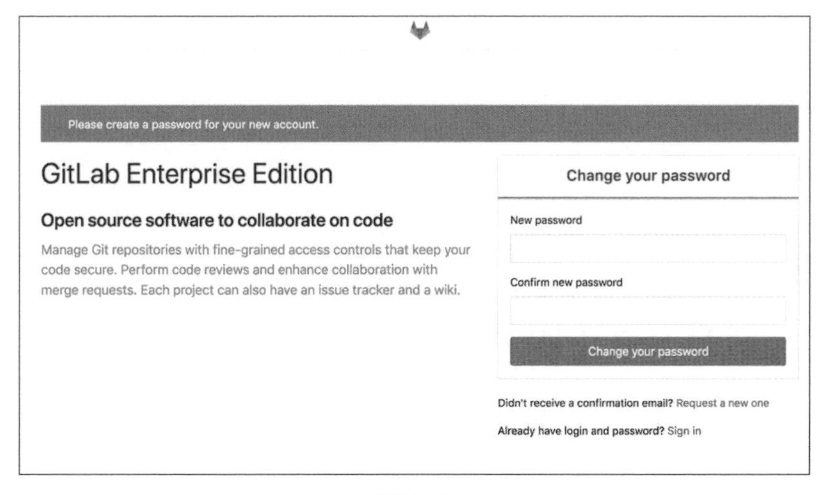

圖 7-2

7.2 GitLab 的設定與啟動

7.2.1 修改 GitLab 服務通訊埠

在預設情況下，因為 GitLab 的各項服務會佔據 9xxx 的各種通訊埠，所以伺服器上的其他軟體儘量讓出 9xxx 的通訊埠。另外，內建的 Unicorn 服務會佔用 8080 通訊埠，與我們常用的 Tomcat（預設佔用 8080）服務會有衝突。在 /etc/gitlab/gitlab.rb 檔案中尋找關鍵字 unicorn，找到以下註釋，然後新增一行，自行指定沒有衝突的通訊埠，如設定清單 7-1 所示。

▶ 設定清單 7-1

```
# unicorn['port'] = 8080
unicorn['port'] = 6080
```

GitLab 服務預設將 80 通訊埠作為網站存取的通訊埠，它使用 Nginx 反向轉發到 Unicorn 服務上，設定檔為 /var/opt/gitlab/nginx/conf/gitlab-http.conf。如果想變更 80 通訊埠，那麼可以在 server 的 listen 節點進行通訊埠設定，如設定清單 7-2 所示。

▶ 設定清單 7-2

```
listen 80;
```

為了方便使用，並不推薦修改 80 通訊埠。

7.2.2 啟動與停止服務

GitLab 服務的啟動與停止等操作的命令如下。

- 啟動 GitLab 服務：gitlab-ctl start。

- 停止 GitLab 服務：gitlab-ctl stop。
- 重新啟動 GitLab 服務：gitlab-ctl restart。
- 升級 GitLab 服務：gitlab-ctl upgrade。

7.3 GitLab 的使用

7.3.1 系統管理

我們第一次打開 GitLab 頁面時，看到的是提交密碼的頁面，這是為 GitLab 的系統管理員設定密碼，請一定記住這個密碼。GitLab 的管理員登入後，頁面中會比一般使用者多出一個 Admin Area 選項，這是系統管理員的網站管理功能。

（1）Overview：概覽功能，可以在這裡管理專案（新建、刪除、修改）、管理使用者（新建使用者、刪除使用者和修改使用者資訊）、管理群組（新建群組、修改群組和刪除群組）、管理建構任務（重執行或暫停任務）、管理執行器（刪除或增加執行器）、統計活躍使用者、統計階段開發等。

（2）Monitoring：監控資訊包括系統資訊（CPU、記憶體消耗、磁碟佔用、啟動時間）、後台工作、系統記錄檔資訊、系統健康檢查、請求設定資訊等。

（3）Messages：用於設定網站廣播訊息。

（4）System Hooks：系統鉤子。一旦設定了系統鉤子，當創建新使用者或專案時，系統會根據填入的 URL 發送訊息。該功能用於和其他的工具進行整合。

（5）Applications：用於設定進行開放式認證的其他專案。一旦設定了應用程式，該應用就可以和 GitLab 進行直接互動，而不需要額外的認證操作。

（6）Abuse Reports：濫用報告，用於匯報一些惡意操作。

（7）License：管理 GitLab 的 License。免費版的 GitLab 不需要任何許可證，但是功能是受限的；收費版分為初級版和豪華版，根據使用者數量按年收費。

（8）Push Rules：設定 git push 的規則，該功能在免費版的 GitLab 中不可用。

（9）Geo Nodes：設定全球化節點，類似於映像檔功能，便於全球各地的團隊進行合作開發。在不同的地區設定唯讀映像檔，有利於提高存取倉庫的速度。該功能只有在豪華版中才能使用。

（10）Deploy Keys：用於管理 SSH Key（增加或刪除）。該鍵用於認證使用者。

（11）Service Templates：用於設定 GitLab 和其他第三方服務的一些整合功能。

（12）Labels：設定一些公用標籤，方便進行檢索。

（13）Appearance：外觀設定，可以自訂網站的圖示、頁眉頁尾資訊、登入頁資訊、新建專案的頁面資訊等。

（14）Settings：設定項目，可以對以下功能進行設定。

- Visibility and access controls
  設定 Private、Internal、Public 這 3 種屬性的可視性和存取權限。

- Account and limit settings
  帳戶限制設定，設定一個帳號可以創建的最多的專案數量、附件大小等。
- Sign-up restrictions
  使用者註冊設定，可以設定是否允許使用者註冊、白名單、黑名單等。
- Sign-in restrictions
  登入安全設定，指定是否強制使用雙因素認證，以及未登入使用者自動跳越網頁和登入使用者跳越網頁。
- Terms of Service and Privacy Policy
  設定服務條款和隱私權原則，這只是一段顯示給使用者看的文字。
- Help page
  設定幫助頁面。
- Pages
  設定最大頁面大小。
- Continuous Integration and Deployment
  設定持續整合和持續部署相關的一些值，如啟用自動部署，並設定域名等。
- Metrics-Influx
  度量設定，啟用並設定 InfluxDB。
- Metrics-Prometheus
  設定是否啟用普羅米修士度量。
- Profiling-Performance bar
  啟用性能條，如果在 GitLab 中使用了持續整合和部署，那麼該功能可以讓使用者看到敘述執行的性能。

- Background jobs

  設定後台的 Sidekiq 任務處理機制。

- Spam and Anti-bot Protection

  設定 CAPTCHA。

- Abuse reports

  設定濫用報告的通知郵件。

- Error Reporting and Logging

  錯誤報告記錄檔管理器的設定，GitLab 使用 Sentry 管理錯誤報告和記錄檔。如果要啟用該設定，則需要從 getsentry 網站進行下載安裝。

- Repository storage

  設定倉庫儲存相關屬性。

- Repository maintenance

  倉庫維護設定。

- PlantUML

  設定 PlantUML 伺服器的位址。PlantUML 是一個開放原始碼專案，支持快速繪製時序圖、流程圖、活動圖、狀態圖、使用案例圖、類別圖等，開發人員透過簡單直觀的語言來定義這些示意圖。

- Usage statistics

  設定是否啟用統計。

- Email

  設定是否使用 HTML 郵件。

- Gitaly

  設定 Gitaly 相關屬性。Gitaly 是一個 Git RPC 服務，用於處理 GitLab 發出的所有 git 呼叫。

- Web terminal

  設定 Web 終端的階段逾時，0 表示無逾時。

- Real-time features

  即時特性設定，設定觸發的間隔時間倍數，0 表示禁用。

- Performance optimization

  性能最佳化設定，允許使用 SSH Key 對倉庫進行存取。

- User and IP Rate Limits

  使用者和 IP 存取頻率設定。

- Outbound requests

  設定是否允許服務以及鉤子對本地網路的請求。

- Repository mirror settings

  是否允許使用映像檔倉庫。

7.3.2 GitLab 基本使用

GitLab 的基本使用和 GitHub 類似，此處不再贅述，僅在術語上有所區別：Snippet 就是 GitHub 中的 Gist，也就是程式片段分享功能；Merge Request 相等於 GitHub 中的 Pull Requests，也就是合入程式的請求。

7.3.3 執行器（Runner）

GitLab 還增加了持續整合和持續部署的功能，這項功能需要首先在 GitLab 系統中註冊執行器。執行器有兩種類型：專用執行器和共用執行器。

執行器本質上是一個後台處理程序服務，需要在一台伺服器上安裝，可以在 GitLab 所在的伺服器本機，也可以在遠端，甚至可以是一個應用容器引擎（Docker）。安裝的方式很簡單，可以參考官方的說明文件。

下面是在 Linux 系統上安裝 GitLab Runner 的步驟。

（1）下載 GitLab Runner 安裝套件，根據系統選擇下載，如命令清單 7-5 所示。

▶ 命令清單 7-5　下載 GitLab Runner 安裝套件

```
# Linux x86-64
sudo wget -O /usr/local/bin/gitlab-runner https://gitlab-runner-downloads.
s3.amazonaws.com/latest/binaries/gitlab-runner-linux-amd64
```

因為沒有多餘的伺服器，所以此處我們安裝的 Runner 放在 GitLab 所在的伺服器上。此處，匹配之前安裝的 CentOS 7.4-64，下載對應的 Linux x86-64。

（2）設定執行許可權，如命令清單 7-6 所示。

▶ 命令清單 7-6　設定執行許可權

```
sudo chmod +x /usr/local/bin/gitlab-runner
```

（3）增加 GitLab 持續整合的執行使用者，如命令清單 7-7 所示。

▶ 命令清單 7-7　增加執行使用者

```
sudo useradd --comment 'GitLab Runner' --create-home gitlab-runner --shell
/bin/bash
```

（4）安裝並作為服務執行，如命令清單 7-8 所示。

▶ 命令清單 7-8　安裝服務

```
sudo gitlab-runner install --user=gitlab-runner --working-directory=/home/
gitlab-runner
sudo gitlab-runner start
```

（5）將 GitLab Runner 註冊到 GitLab 中，如命令清單 7-9 所示。

▶ 命令清單 7-9　註冊服務

```
sudo gitlab-runner register
```

執行該命令後 Runner 將讓使用者輸入 GitLab 的 URL 位址。

```
Please enter the gitlab-ci coordinator URL (e.g. https://gitlab.com )
https://gitlab.com
```

輸入 Runner 註冊的 Token。Token 來自 GitLab，例如倉庫的 Owner 可以設定專用 Runner，系統管理員則可以設定共用 Runner。在設定 Runner 的頁面中，可以看到當前可用的 Token。

共用 Runner 如圖 7-3 所示。

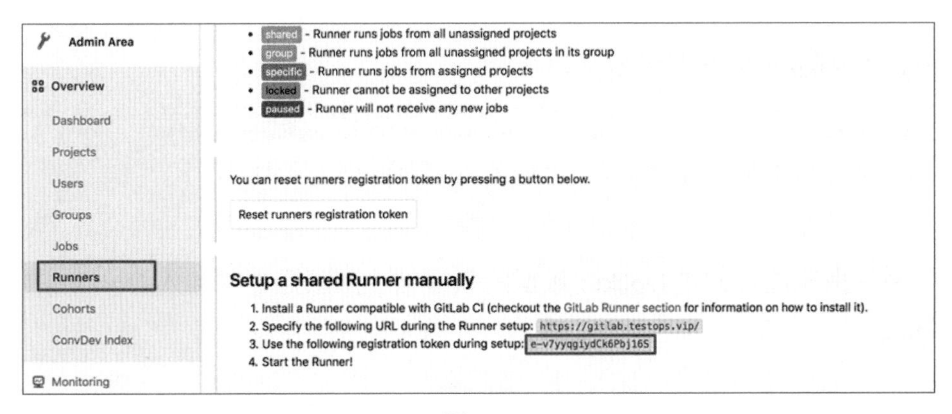

圖 7-3

專用 Runner 如圖 7-4 所示。

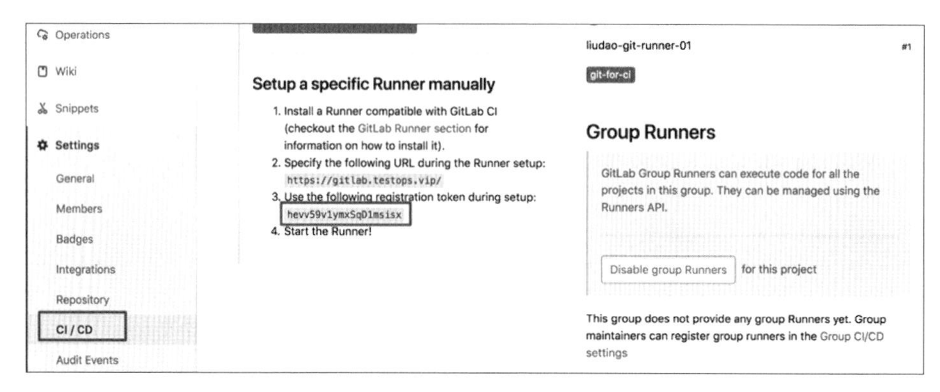

圖 7-4

然後輸入 Runner 的名字。

```
Please enter the gitlab-ci description for this runner
[hostame] my-runner
```

輸入和該 Runner 綁定的標籤。

```
Please enter the gitlab-ci tags for this runner (comma separated):
my-tag,another-tag
```

設定 Runner 的執行器類型。

```
Please enter the executor: ssh, docker+machine, docker-ssh+machine,
kubernetes, docker, parallels, virtualbox, docker-ssh, shell:
docker
```

如果使用者設定的是 Docker 類型的執行器，那麼還需要輸入 Docker 的 Image。

```
Please enter the Docker image (eg. ruby:2.1):
alpine:latest
```

這樣，一個 Runner 就完成了註冊，我們可以在 GitLab 中看到這個 Runner。

7.4 CI/CD

7.4.1 GitLab-CI 基本用法

GitLab 使用 Pipeline 來執行 CI/CD，執行的 Pipeline 如圖 7-5 所示。

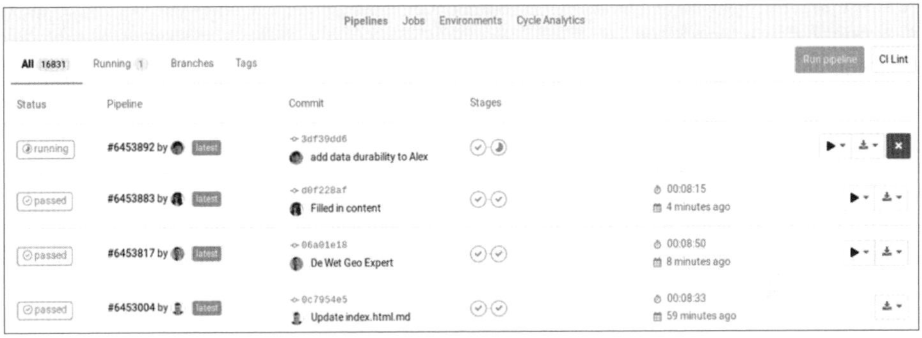

圖 7-5

每個 Pipeline 的 Stage 都可以單獨查看記錄檔，點擊 Stages 下面的那個鉤子，可以看到有哪些 Job，再點擊 Job 就可以看到任務的執行記錄檔。Job 執行記錄檔如圖 7-6 所示。

如果要使用 Pipeline，只需要在專案的根目錄中增加一個 .gitlab-ci.yml 檔案。這個檔案是一個描述性檔案，需要遵守 GitLab 自訂的關鍵字。

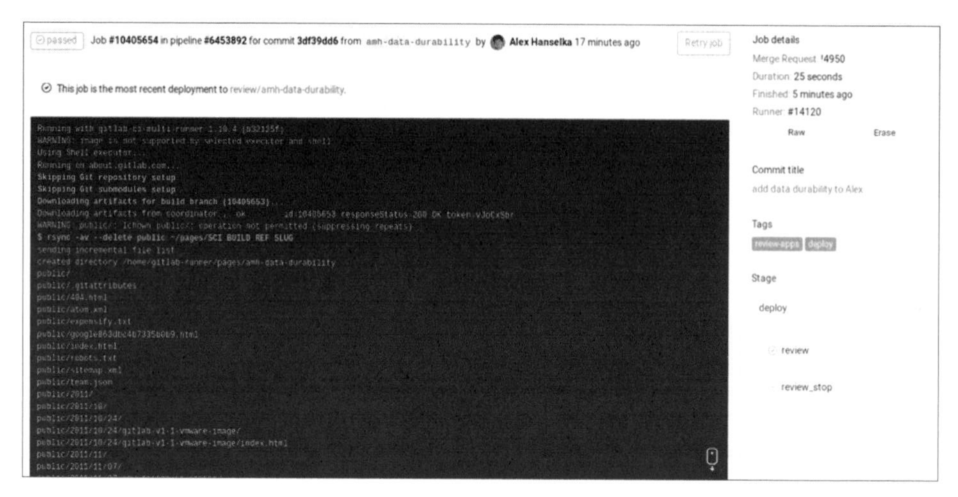

圖 7-6

在介紹該檔案的編寫之前，首先認識一個概念：Stage。關於 Stage 的中文意思，我更願意把它稱為階段。在一個 Stage 中，我們會執行多個指令稿或命令，以完成一組特定的工作，如編譯建構。預設情況下，GitLab 內建了 3 個 Stage，分別是 Build、Test、Deploy。當然，我們可以透過 stages 關鍵字在 .gitlab-ci.yml 檔案中自訂。

下面查看一個簡單的例子，如程式清單 7-1 所示。

▶ 程式清單 7-1　.gitlab-ci.yml 檔案

```
stages:
  - build_test
  - run_test
  - collect_report

build_test_job:
  stage: build_test
  tags:
    - ci-run
  script:
```

```
    - echo "hello, now building..."

run_test1_job:
  stage: run_test
  tags:
    - ci-run
  script:
    - echo "hello, now running test1..."

run_test2_job:
  stage: run_test
  tags:
    - ci-run
  script:
    - echo "hello, now running test2..."

collect_report_job:
  stage: collect_report
  tags:
    - ci-run
  script:
    - echo "hello, now collecting report..."
```

在程式清單 7-1 中，我們定義了 3 個具備先後順序的 Stage，分別是 build_test、run_test、collect_report。

之後定義了 4 個 Job，分別是 build_test_job、run_test1_job、run_test2_job、collect_report_job。Job 的名字是什麼其實不重要，只要可讀性強就行，關鍵在於屬性 stage: xxxx，該屬性用於指定該 Job 屬於哪一個 Stage。在 Job 中的 script 屬性，用於指定執行的 Shell 指令稿。這個例子比較簡單，只用了 Shell 的 echo 命令。tags 用於給這個 CI 打標籤，這個標籤會被註冊的 Runner 發現，如果該 Runner 具有該標籤，就會來執行這個 Job，反之則不會。簡單來說，標籤是用來指定執行 Job 的 Runner 的。

下面來看一段比較複雜的建構設定，如程式清單 7-2 所示。

▶ 程式清單 7-2　較為複雜的 YML 檔案

```
services:
  - postgres:9.3
  - redis:latest
before_script:
  - which ssh-agent || if [[ `cat /etc/issue` =~ "Amazon" ]]; then yum
install openssh-
  clients -y;else apt-get update -y && apt-get install openssh-client git
-y; fi
  - eval $(ssh-agent -s)
  - echo "$SSH_PRIVATE_KEY_QA" | tr -d '\r' | ssh-add - > /dev/null
  - mkdir -p ~/.ssh
  - chmod 700 ~/.ssh
  - ssh-keyscan gitlab.testops.vip >> ~/.ssh/known_hosts
  - chmod 644 ~/.ssh/known_hosts
  - ([[ -f /.dockerenv ]] && echo -e "Host *\n\tStrictHostKeyChecking no\n\
tServerAliveInterval
  120\n\n" > ~/.ssh/config)
variables:
  POSTGRES_DB: bookstore
  POSTGRES_USER: postgres
  POSTGRES_PASSWORD: ""
  DB: postgres
  RAILS_ENV: test
  RAKE_ENV: test

stages:
  - build_release
  - test
  - deploy
```

```
  - scale_up
  - smoke_test_web
  - test_web
  - scale_down
  - deploy_prod
  - do_precompile_test

use_image_testting:
  image: docker:latest
  stage: do_precompile_test
  cache:
    paths:
      - ./tmp
      - ./gems
  script:
    - apk add --no-cache curl
    - apk add --update py-pip
    - pip install docker-compose
    - docker-compose -f docker-compose-ci.yml down --remove-orphans
    - docker-compose -f docker-compose-ci.yml build rails
    - docker-compose -f docker-compose-ci.yml build test-google-chrome
    - docker-compose -f docker-compose-ci.yml up --abort-on-container-exit
    - docker rmi $(docker images -f "ready=true" -q) -f 2>/dev/null || true
  tags:
    - docker-privilieged
    - heavy-load
  only:
    - /^test-ciDocker.*/

code_quality:
  image: testops.vip/testops_build:latest
  stage: test
  allow_failure: false
```

```
  variables:
    GIT_DEPTH: "100"
  script:
    - ./script/run_pronto.sh
  tags:
    - docker
  when: manual
  except:
    - master
    - /^HFrelease-.*/
    - /^RCrelease-.*/

test_unit:
  image: testops.vip/testops_build:latest
  stage: test
  allow_failure: false
  variables:
    TEST_SUITE: unit
    GIT_DEPTH: "3"
  script:
    - ./script/test_script.sh
  tags:
    - docker
    - heavy-load
  when: manual
  except:
    - /^HFrelease-.*/
    - /^RCrelease-.*/

test_integration:
  image: testops.vip/testops_build:latest
  stage: test
  allow_failure: false
```

```
  variables:
    TEST_SUITE: integration
    GIT_DEPTH: "3"
  script:
    - ./script/test_script.sh
  tags:
    - docker
    - heavy-load
  when: manual
  except:
    - /^HFrelease-.*/
    - /^RCrelease-.*/

##### build and deploy block
build_release:
  stage: build_release
  retry: 2
  variables:
    PRODUCT_NAME: bookstore
    GIT_DEPTH: "3"
  script:
    - ./script/build_script.sh
  artifacts:
    paths:
    - ./target
  tags:
    - docker
  only:
    - /^HFrelease-.*/
    - /^RCrelease-.*/
  except:
    - branches
```

這只是企業實際應用的一部分 Demo，其中展示了一部分 Job 的定義，整個過程使用了很多 Docker。.gitlab-ci.yml 的屬性很豐富，GitLab 官網列出的屬性清單如表 7-1 所示。

表 7-1

關鍵字	是否必需	描述
script	是	定義被執行的 Shell 指令稿
image	否	使用 Docker 映像檔
services	否	使用 Docker 服務
stage	否	定義一項工作（Job）的 stage（預設：test）
type	否	Stage 的別名
variables	否	在工作（Job）等級下定義變數
only	否	定義 Git 的哪些 refs 才會觸發該項工作（Job）
except	否	定義 Git 的哪些 refs 不會觸發該項工作（Job）
tags	否	定義標籤（tags）來選擇由哪些執行器來運行
allow_failure	否	允許該任務（Job）可以失敗，如果失敗，不會影響本次提交
when	否	定義合適執行任務（Job），值可以是 on_success、on_failure,、always 或 manual
dependencies	否	定義是否當前任務（Job）依賴其他任務，依賴的任務間可以傳遞產出物（artifacts）
artifacts	否	定義任務的產出物（artifacts）
cache	否	定義需要快取的檔案
before_script	否	定義在任務（Job）執行前的指令稿
after_script	否	定義在任務（Job）執行後的指令稿
environment	否	定義一個部署完成後的環境名稱
coverage	否	定義程式覆蓋率設定
retry	否	定義當任務執行失敗時的重試次數

讀者可以根據表 7-1 結合上面的實際案例來快速學習 GitLab 的 CI 設定語法。

7.4.2 CI/CD 實戰

現在我們借助一個微服務專案來實現 GitLab 的 CI/CD 功能。首先我們定義一個 CI/CD 流程。

開發人員在 dev 分支上進行開發，不斷會有新程式合入 dev 分支，這個分支並不做保護（Protected）處理，每次有程式合入 dev 分支時，都會觸發一次持續整合來執行單元測試和程式品質分析，便於開發組長檢視成員合入的程式品質。而 master 分支則被保護起來，在 GitLab 中，只有 master 和 Owner 使用者可以將程式合入 master 分支。如果開發人員想將 dev 分支的程式合入 master 分支，則需要由開發組長（Team Leader）首先在 dev 分支上創建一個 Merge Request（MR），開發經理（或版本經理，總之是專案開發的負責人）將評估該 MR 是否可以接受，而評估的依據是根據這個 MR 所觸發的 CD 結果。如果有自動化測試的環節，那麼也可以加入其中。總之，在一切品質評估合格後，MR 就可以允許合入了。一旦合入 master 分支，測試人員開始對部署的測試環境進行手工測試（功能、非功能）。當測試成功後，可以由版本經理創建一個版本的基準線（Tag），將該 Tag 編譯打包後就可以交付給運行維護向生產環境部署。一般來說，生產環境的部署基本是手動觸發，很少自動觸發，原因請各位讀者仔細想想。

這裡我們實現 dev 提交和 MR 創建時自動觸發的 CI/CD 這一段。我們需要在專案的根目錄下創建一個 .gitlab-ci.yml 檔案，內容如程式清單 7-3 所示。

▶ 程式清單 7-3　演示專案的 .gitlab-ci.yml 檔案內容

```
stages:
    - quality
    - build
    - deploy-config
    - deploy-discovery
    - deploy-gateway
    - deploy-account
    - deploy-order

account-quality:
    stage: quality
    image: maven:3.6.1-jdk-8
    script:
        - cd account
        - mvn --settings ../setting/settings.xml --batch-mode test
sonar:sonar -Dsonar.
        host.url=${SONAR_HOST_URL} -Dsonar.login=${SONAR_LOGIN} -Dsonar.
gitlab.project_
        id=$CI_PROJECT_ID
    tags:
        - testops-docker-ci
    only:
        refs:
            - dev
        changes:
            - account/**/*

order-quality:
    stage: quality
    image: maven:3.6.1-jdk-8
    script:
        - cd order
        - mvn --settings ../setting/settings.xml --batch-mode test
sonar:sonar -Dsonar.host.url=${SONAR_HOST_URL} -Dsonar.login=${SONAR_LOGIN}
```

```
-Dsonar.gitlab.project_id=$CI_PROJECT_ID
    tags:
        - testops-docker-ci
    only:
        refs:
            - dev
        changes:
            - order/**/*

build-config-service:
    stage: build
    image: maven:3.6.1-jdk-8
    script:
        - cd config
        - mvn package --settings ../setting/settings.xml
        - mv target/config*.jar target/config.jar
    artifacts:
        paths:
            - config/target/config.jar


    tags:
        - testops-docker-ci
    only:
        refs:
            - merge_requests
        changes:
            - config/**/*

deploy-config-service:
    image: ubuntu:18.04
    stage: deploy-config

    before_script:
        - 'which ssh-agent || ( apt-get update -y && apt-get install
openssh-client -y )'
```

```
        - eval $(ssh-agent -s)
        - echo "$SSH_PRIVATE_KEY" | tr -d '\r' | ssh-add - > /dev/null
        - mkdir -p ~/.ssh
        - chmod 700 ~/.ssh
        - ssh-keyscan ${DEPLOY_HOST} >> ~/.ssh/known_hosts
        - chmod 644 ~/.ssh/known_hosts
    script:
        - ls config/target/*
        - scp config/target/config.jar root@${DEPLOY_HOST}:/root/
microservices/config.jar
        - bash ./script/deploy.sh -h"${DEPLOY_HOST}" -f"config"
    dependencies:
        - build-config-service
    tags:
        - testops-docker-ci
    only:
        refs:
            - merge_requests
        changes:
            - config/**/*

build-discovery-service:
    stage: build
    image: maven:3.6.1-jdk-8
    script:
        - cd discovery
        - mvn package --settings ../setting/settings.xml
        - mv target/discovery*.jar target/discovery.jar
    artifacts:
        paths:
            - discovery/target/discovery.jar

    tags:
        - testops-docker-ci
    only:
```

```
        refs:
            - merge_requests
        changes:
            - discovery/**/*

deploy-discovery-service:
    image: ubuntu:18.04
    stage: deploy-discovery

    before_script:
        - 'which ssh-agent || ( apt-get update -y && apt-get install
openssh-client -y )'
        - eval $(ssh-agent -s)
        - echo "$SSH_PRIVATE_KEY" | tr -d '\r' | ssh-add - > /dev/null
        - mkdir -p ~/.ssh
        - chmod 700 ~/.ssh
        - ssh-keyscan ${DEPLOY_HOST} >> ~/.ssh/known_hosts
        - chmod 644 ~/.ssh/known_hosts
    script:
        - ls discovery/target/*
        - scp discovery/target/discovery.jar root@${DEPLOY_HOST}:/root/
microservices/discovery.jar
        - bash ./script/deploy.sh -h"${DEPLOY_HOST}" -f"discovery" -a"-
Dspring.cloud.config.uri=${CONFIG_URL} -Dspring.cloud.config.profile=dev"
    dependencies:
        - build-discovery-service
    tags:
        - testops-docker-ci
    only:
        refs:
            - merge_requests
        changes:
            - discovery/**/*
```

```
build-gateway-service:
    stage: build
    image: maven:3.6.1-jdk-8

    script:
        - cd gateway
        - mvn package --settings ../setting/settings.xml
        - mv target/gateway*.jar target/gateway.jar
    artifacts:
        paths:
            - gateway/target/gateway.jar

    tags:
        - testops-docker-ci
    only:
        refs:
            - merge_requests
        changes:
            - gateway/**/*

deploy-gateway-service:
    image: ubuntu:18.04
    stage: deploy-gateway

    before_script:
        - 'which ssh-agent || ( apt-get update -y && apt-get install
openssh-client -y )'
        - eval $(ssh-agent -s)
        - echo "$SSH_PRIVATE_KEY" | tr -d '\r' | ssh-add - > /dev/null
        - mkdir -p ~/.ssh
        - chmod 700 ~/.ssh
        - ssh-keyscan ${DEPLOY_HOST} >> ~/.ssh/known_hosts
        - chmod 644 ~/.ssh/known_hosts
```

```
    script:
        - ls gateway/target/*
        - scp gateway/target/gateway.jar root@${DEPLOY_HOST}:/root/
microservices/gateway.jar
        - bash ./script/deploy.sh -h"${DEPLOY_HOST}" -f"gateway" -a"-
Dspring.cloud.config.uri=${CONFIG_URL} -Dspring.cloud.config.profile=dev
-DEUREKA_URL=${EUREKA_URL}"
    dependencies:
        - build-gateway-service
    tags:
        - testops-docker-ci
    only:
        refs:
            - merge_requests
        changes:
            - gateway/**/*

build-account-service:
    stage: build
    image: maven:3.6.1-jdk-8

    script:
        - cd account
        - mvn package --settings ../setting/settings.xml
        - mv target/account*.jar target/account.jar
    artifacts:
        paths:
            - account/target/account.jar

    tags:
        - testops-docker-ci
    only:
        refs:
```

```
            - merge_requests
        changes:
            - account/**/*

deploy-account-service:
    stage: deploy-account
    image: ubuntu:18.04

    before_script:
        - 'which ssh-agent || ( apt-get update -y && apt-get install
openssh-client -y )'
        - eval $(ssh-agent -s)
        - echo "$SSH_PRIVATE_KEY" | tr -d '\r' | ssh-add - > /dev/null
        - mkdir -p ~/.ssh
        - chmod 700 ~/.ssh
        - ssh-keyscan ${DEPLOY_HOST} >> ~/.ssh/known_hosts
        - chmod 644 ~/.ssh/known_hosts
    script:
        - ls account/target/*
        - scp account/target/account.jar root@${DEPLOY_HOST}:/root/
microservices/account.jar
        - bash ./script/deploy.sh -h"${DEPLOY_HOST}" -f"account" -a"
-DREDIS_HOST=${REDIS_HOST} -DREDIS_PORT=${REDIS_PORT} -Dspring.cloud.config.
uri=${CONFIG_URL} -Dspring.cloud.config.profile=dev -DEUREKA_URL=${EUREKA_URL}"
    dependencies:
        - build-account-service
    tags:
        - testops-docker-ci
    only:
        refs:
            - merge_requests
        changes:
            - account/**/*
```

```
build-order-service:
    stage: build
    image: maven:3.6.1-jdk-8

    script:
        - cd order
        - mvn package --settings ../setting/settings.xml
        - mv target/order*.jar target/order.jar
    artifacts:
        paths:
            - order/target/order.jar

    tags:
        - testops-docker-ci
    only:
        refs:
            - merge_requests
        changes:
            - order/**/*

deploy-order-service:
    stage: deploy-order
    image: ubuntu:18.04

    before_script:
        - 'which ssh-agent || ( apt-get update -y && apt-get install
openssh-client -y )'
        - eval $(ssh-agent -s)
        - echo "$SSH_PRIVATE_KEY" | tr -d '\r' | ssh-add - > /dev/null
        - mkdir -p ~/.ssh
        - chmod 700 ~/.ssh
        - ssh-keyscan ${DEPLOY_HOST} >> ~/.ssh/known_hosts
```

```
      - chmod 644 ~/.ssh/known_hosts
  script:
      - ls order/target/*
      - scp order/target/order.jar root@${DEPLOY_HOST}:/root/
microservices/order.jar
      - bash ./script/deploy.sh -h"${DEPLOY_HOST}" -f"order" -a"-DREDIS_
HOST=${REDIS_HOST} -DREDIS_PORT=${REDIS_PORT} -Dspring.cloud.config.uri=
${CONFIG_URL} -Dspring.cloud.config.profile=dev -Dicofee.auth-server-url=
${AUTH_SERVER_URL} -Dicoffee.auth-server-port=${AUTH_SERVER_PORT} -DEUREKA_
URL=${EUREKA_URL}"
  dependencies:
      - build-order-service
  tags:
      - testops-docker-ci
  only:
      refs:
          - merge_requests
      changes:
          - order/**/*
```

這個 CI 指令稿已經包含了我們之前提到的 CI 和 CD 的全部內容，仔細閱讀指令稿，可以看到一共定義了 3 種類型的 Stages。

- quality
- build
- deploy

quality 在 dev 分支有新程式合入時觸發，主要進行模組的單元測試和品質靜態檢查，檢查的結果將直接顯示在 GitLab 中，而 Readme 中也會由徽章（Badges）來顯示。如何顯示徽章不在我們的描述範圍內，有興趣的讀者可以直接在 Readme 的原始程式碼中看到 Badges 的語法。

現在我們對程式做一些修改，然後提交到 dev 分支。這時，可以在專案的 Pipelines 頁面中看到有一個 Pipeline 已經啟動了，並且可以點擊每一個 Stage 看到 Job，點擊進入 Job 後可以看到 Job 的執行詳情。Job 執行記錄檔如圖 7-7 所示。

```
Running with gitlab-runner 11.10.0 (3001a600)
  on testops-ci-runner-02 f98d806a
Using Docker executor with image maven:3.6.1-jdk-8 ...
Pulling docker image maven:3.6.1-jdk-8 ...
Using docker image sha256:5fddf3e7091d845bbb67e851eab1e223032dec66fbc891bd7e89f2c2b81af401 for
maven:3.6.1-jdk-8 ...
Running on runner-f98d806a-project-23-concurrent-0 via instance-zmwz0ohd...
Reinitialized existing Git repository in /builds/TestOps/i-coffee/.git/
Fetching changes...
From https://gitlab.testops.vip/TestOps/i-coffee
   b75bf00..8e1accc  dev        -> origin/dev
Checking out 8e1accc7 as dev...
Removing account/target/

Skipping Git submodules setup
$ cd order
$ mvn --settings ../setting/settings.xml --batch-mode test sonar:sonar -
Dsonar.host.url=${SONAR_HOST_URL} -Dsonar.login=${SONAR_LOGIN} -Dsonar.gitlab.project_id=$CI_PROJECT_ID
```

圖 7-7

當看到任務成功後，我們可以在 sonarQube 平台上看到模組的品質情況，生成的報告如圖 7-8 所示。

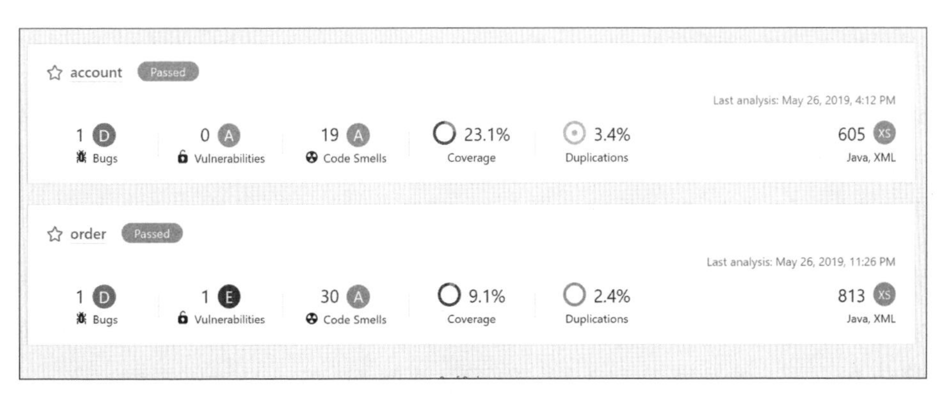

圖 7-8

然後，我們從 dev 分支創建一個 MR，按範本創建的 MR 如圖 7-9 所示。

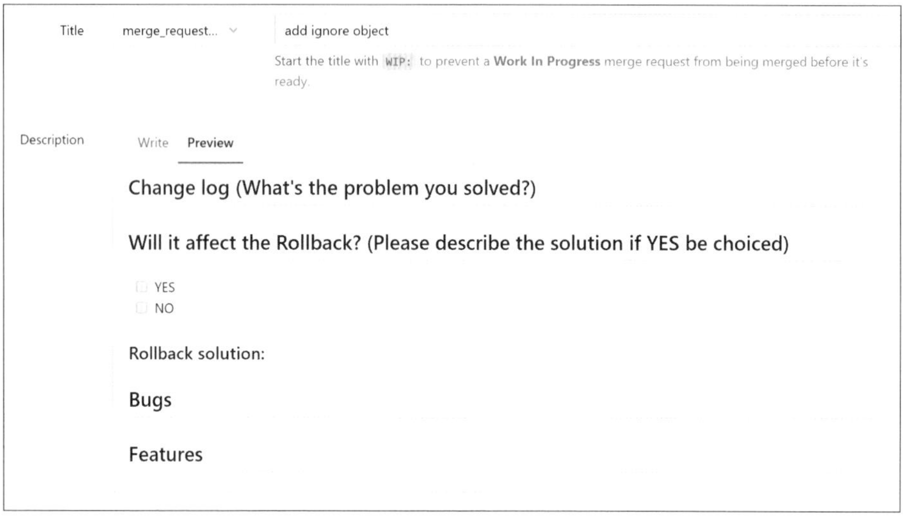

Title merge_request... add ignore object

Start the title with WIP: to prevent a **Work In Progress** merge request from being merged before it's ready.

Description Write **Preview**

Change log (What's the problem you solved?)

Will it affect the Rollback? (Please describe the solution if YES be choiced)

- [ ] YES
- [ ] NO

Rollback solution:

Bugs

Features

圖 7-9

我們需要填入標題，描述中需要說明本次的 Change log，以及是否會影響回歸、回覆方案。另外，本次合入需要說明修復的 Bug 和新增的特性，可以在此處貼上 Bug 的連結和新特性的連結，方便審核人員查看。當然，這個描述是使用的範本，範本使用 Markdown 文件格式，需要存放在專案的根目錄下的 .gitlab/merge_request_templates 目錄下，公司可以根據自己的需要來訂製 MR 的範本。

填寫完 MR 的描述後，選定審核人，就可以提交了。此時的審核人會收到郵件通知——有一則 MR 需要處理。審核人進入 MR 頁面後，可以看到相關選擇。MR 審核頁面如圖 7-10 所示。

在審核頁面中，可以看到 MR 的描述以及 dev 合入 master 時的變更程式，如果此時觸發了 Pipeline，還能看到 Pipeline 正在執行。可以選擇等待 Pipeline 成功後手工合入，也可以選擇 Pipeline 成功後自動合入。

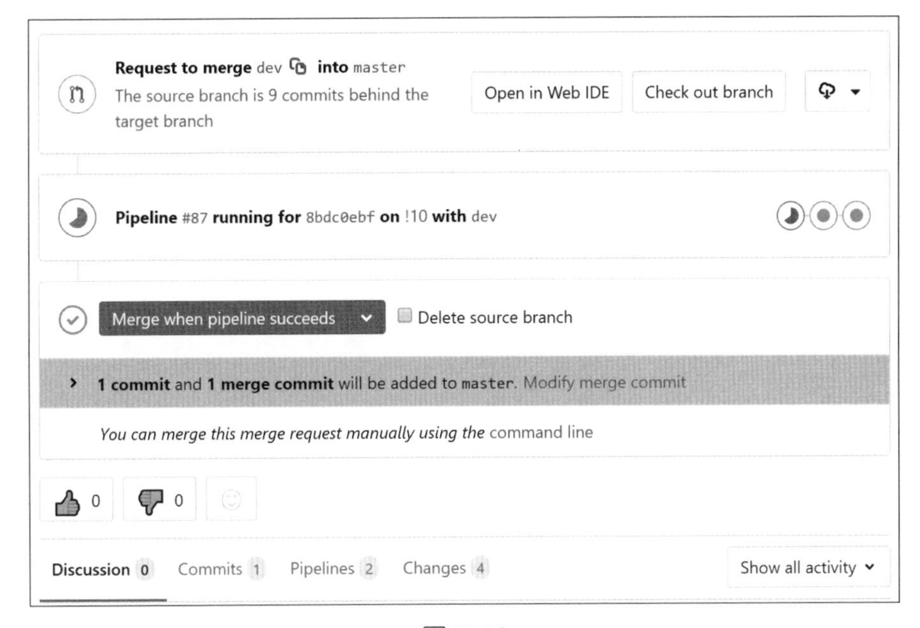

圖 7-10

CD 的 Figure Pipeline 詳情如圖 7-11 所示。

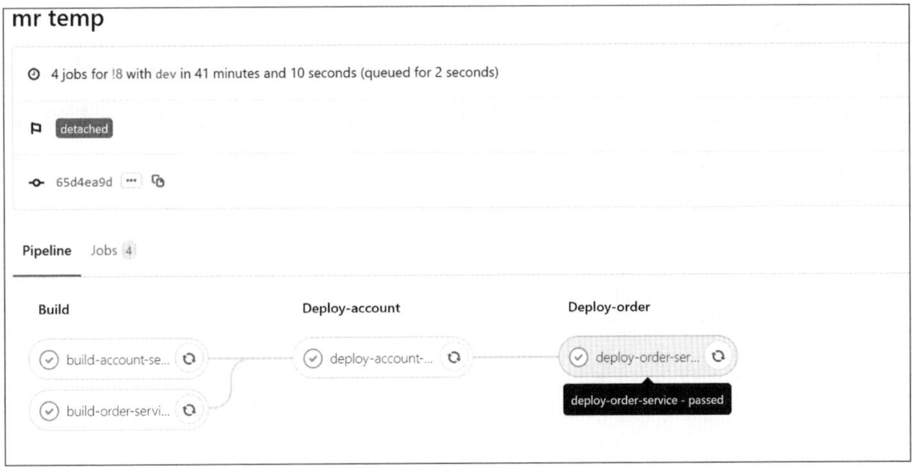

mr temp

4 jobs for !8 with dev in 41 minutes and 10 seconds (queued for 2 seconds)

detached

65d4ea9d

Pipeline Jobs 4

Build | Deploy-account | Deploy-order

build-account-se...

build-order-servi...

deploy-account-...

deploy-order-ser...

deploy-order-service - passed

圖 7-11

部署是否成功？現在讓我們用 Postman 來測試一下。Postman 測試如圖 7-12 所示。

圖 7-12

可以看到，account 服務成功部署在測試環境中，並等待測試，說明我們的 CD 過程也成功了。

整體來說，GitLab 的 CI/CD 實現是比較容易的，相對於 Jenkins，GitLab 的 Pipeline 更輕量級，雖然沒有豐富的外掛程式支持，只能做命令列的處理，但比較適合中小體量的公司進行持續整合的落地。

Chapter

08 Jenkins

8.1 Jenkins 的持續整合

對大部分的企業來説，Jenkins 依然是實現持續整合的首選，那麼為何不選擇 GitLab-CI 呢？正如在 GitLab-CI 中説的，GitLab-CI 比較簡單，外掛程式也較少，基本要靠指令稿來完成，而 Jenkins 上的功能要強大得多，因此，大部分企業從便利性和可擴充性上來考慮，還是選擇了 Jenkins。另外，企業接觸 Jenkins 更早，對其更熟悉，而對近幾年才興起的 GitLab-CI 不太熟悉。

相信大部分讀者對 Jenkins 並不陌生。從 Jenkins 2.X 開始，Jenkins 加入了 Pipeline 的支持，並增加了 BlueOcean 介面，來更進一步地展示 Pipeline。對於這個特性，並不是很多人熟悉。而在這一章，我們將使用 Jenkins Pipeline 來實現我們的 CI/CD。

8.2 什麼是 Jenkins Pipeline

Jenkins Pipeline 定義了兩種語法結構來提供對 CI/CD 的支援，分別是申明式語法（Declarative Pipeline）和指令稿式語法（Scripted Pipeline）。與原來的自由風格的任務模式相比，Pipeline 任務提供了更清晰的步驟展示，並且因為有許多的外掛程式支持，所以 Pipeline 能定義豐富多樣的操作。

8.3 Jenkins Pipeline 實戰

8.3.1 安裝 Jenkins

要使用 Pipeline，首先要安裝 Jenkins 2.X 及以上版本。關於 Jenkins 的安裝，網路上的介紹也很多，這裡使用其中的 WAR 套件安裝方式。

首先從 Jenkins 官網下載 WAR 套件（這裡我們下載的是長期支持版 LTS 2.176.2）。我們在一台 Linux 伺服器上（這裡我們使用 CentOS 7.X 版本）安裝好 Tomcat（使用的是 Tomcat 8.0，關於 Tomcat 的安裝，不在此處贅述），然後只需要將 WAR 套件放到 Tomcat 目錄的 webapps 目錄下就可以了，Tomcat 啟動後將自動部署 Jenkins 的 WAR 套件。

這時可以在瀏覽器中造訪 http://your-server-ip:8080/jenkins，就可以看到 Jenkins 的安裝介面。第一次登入，需要輸入管理員初始密碼。管理員初始密碼由 Jenkins 在部署過程中隨機生成，存放在伺服器的當前使用者的目錄下（$userhome/.jenkins/secrets/initialAdminPassword）。

為了能夠使用 Jenkins 的 Pipeline 功能，需要選擇對應的外掛程式。

- Pipeline
- BlueOcean
- Sonar Quality Gates Plugin
- GitLab Plugin

其他的預設安裝即可。

8.3.2 定義 CI/CD 流程

與 GitLab-CI 中的實戰一樣，我們也要先定義一個 CI/CD 流程來實現。同理，我們也分成提交時的程式品質掃描，以及 Merge 到測試分支時的編譯發佈和自動化測試這兩個流程。

在本地開發時，完成一個特性開發後，可以將程式 Push 到 dev 分支，為了和 GitLab-CI 中的實戰區別，取名為 dev-jenkins 分支。這個 Push 會觸發程式本身的單元測試和程式品質掃描。當需要發佈到測試環境時，需要從 dev-jenkins 分支創建 MR，向 test-jenkins 請求合入。這個 MR 會觸發一個 CI/CD 操作，首先是編譯後建構成 Docker，然後將 Docker 推入公司的 Registry 私服，隨後進行自動化測試環境的部署，將最新的 Docker 部署到自動化測試環境中。這些步驟成功後，API 自動化測試會啟動，以檢驗這次提交測試的版本是否穩定，是否影響已有功能。如果透過自動化測試，則可以接受 MR，合入 test-jenkins 分支，並發佈到測試環境中。

至於測試成功後打基準線、發佈到生產環境等環節，我們在此就不贅述了，操作和前面的相似。當然，每個公司定義的流程都不一樣，我們此處只是定義了一個比較常見和通用的流程。如果讀者使用過 Jenkins 的自由風格的軟體專案任務，那麼瞭解這些操作會更容易一些。

8.3.3 多分支 Pipeline 任務

Jenkins 的 Pipeline 有兩種任務模式：一種是普通 Pipeline，另一種是多分支 Pipeline。顧名思義，多分支 Pipeline 就是支援不同分支觸發不同的任務，有點類似於 GitLab-CI 的方式。

這裡我們採用多分支 Pipeline 的方式實現第一個 CI 任務──當開發人員每次提交程式時，都會觸發單元測試和程式品質掃描。

首先在 Jenkins 中新建一個多分支 Pipeline 任務。多分支 Pipeline 如圖 8-1 所示。

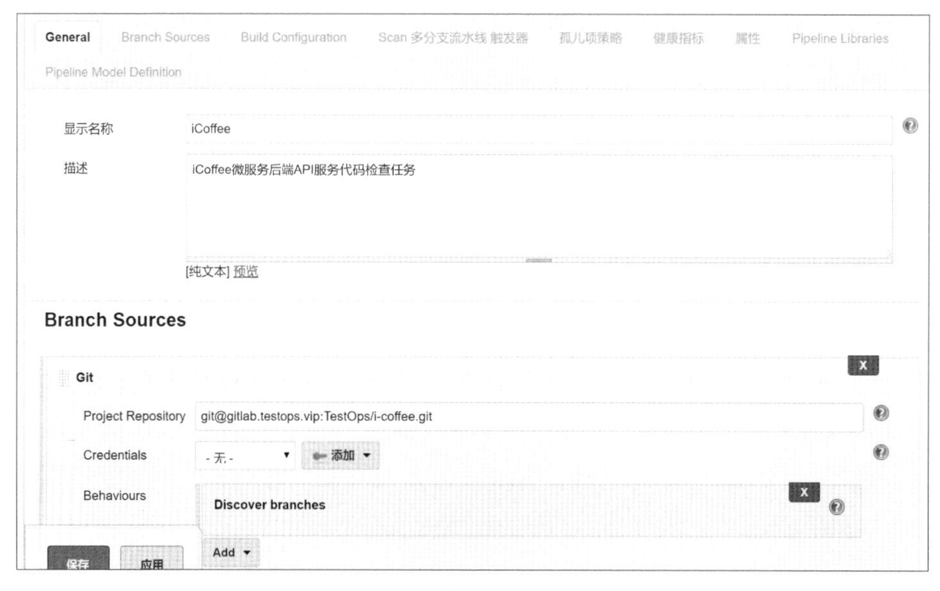

圖 8-1

注意，這裡設定了 Git 位址，如果要成功連接 GitLab 伺服器，就需要 Jenkins 所在的伺服器的當前使用者將 SSH 公開金鑰保存到 GitLab 對應的專案中。

其他的不需要設定，直接保存該任務。因為多分支 Pipeline 要求指向設定管理資料庫中的 Jenkinsfile 檔案來執行任務，所以在 Jenkins 任務設定中沒有任何需要設定的步驟。

接下來，我們為微服務專案新建一個 dev-jenkins 分支，並在專案的根目錄下新建 Jenkinsfile 檔案（注意字母 J 大寫），如程式清單 8-1 所示。

▶ 程式清單 8-1　Jenkinsfile 檔案

```
pipeline {

    agent none

    triggers {
        gitlab(
            triggerOnPush: true
        )
    }

    stages {

        stage('quality-account') {
            agent {
                docker {
                    image 'maven:3.6.1-jdk-8'
                    args '-v /root/.m2:/root/.m2 -v /root/.sonar:/root/.sonar/'
                }
            }
            environment {
                SONAR_HOST_URL = 'https://sonar.testops.vip'
                SONAR_LOGIN = credentials('sonar_login')
            }
            when {
                allOf {
                    changelog 'account.*'
```

```
                branch 'dev-jenkins'
            }

        }
        steps {
            withSonarQubeEnv("sonarqube"){
                sh 'cd account; mvn --settings ../setting/settings.xml
--batch-mode test sonar:sonar -Dsonar.host.url=${SONAR_HOST_URL} -Dsonar.
login=${SONAR_LOGIN}'
            }
            timeout(time: 5, unit: 'MINUTES'){
                script{
                    def qg = waitForQualityGate()
                    if (qg.status != 'OK') {
                        error "Pipeline aborted due to quality gate
failure: ${qg.status}"
                    }
                }
            }
        }
    }

    stage('quality-order') {
        agent {
            docker {
                image 'maven:3.6.1-jdk-8'
                args '-v /root/.m2:/root/.m2 -v /root/.sonar:/root/.sonar/'
            }
        }
        environment {
            SONAR_HOST_URL = 'https://sonar.testops.vip'
            SONAR_LOGIN = credentials('sonar_login')
        }
        when {
            allOf {
```

```
                    changelog 'order.*'
                    branch 'dev-jenkins'
                }

            }
            steps {
                withSonarQubeEnv("sonarqube") {
                    sh 'cd order; mvn --settings ../setting/settings.xml
--batch-mode test sonar:sonar -Dsonar.host.url=${SONAR_HOST_URL} -Dsonar.
login=${SONAR_LOGIN}'
                }
                timeout(time: 5, unit: 'MINUTES'){
                    script{
                        def qg = waitForQualityGate()
                        if (qg.status != 'OK') {
                            error "Pipeline aborted due to quality gate
failure: ${qg.status}"
                        }
                    }
                }
            }
        }
    }
}
```

Jenkins Pipeline 支援申明式和指令稿式兩種語法，為了降低讀者的上手難度，我們選擇使用申明式語法，避免引入 Groovy 指令稿。

對於該檔案，說明如下：申明式語法必須以 pipeline 開頭；agent 節點用於指定在哪個代理上執行下面的步驟，我們在這裡寫了 none，在下面的具體的 stage 裡面指定了 agent；triggers 節點用於指定該指令稿何時被觸發，這裡我們指定了在 GitLab 中有程式 Push 時會觸發。

接下來我們定義了兩個 Stage，分別為 quality-account 和 quality-order，對應 Account 和 Order 這兩個微服務專案模組（因為其他模組並沒有實際有效的程式，所以不在此處做程式檢查）。在 stage 中，我們指定使用 Docker 作為執行指令稿的代理，為了能夠建構 Maven 專案，我們指定 docker image 為 Maven 執行環境。在 environment 這一節點，我們指定了兩個環境變數（SONAR_HOST_URL 和 SONAR_LOGIN），分別用於保存 SonarQube 的位址和使用者登入憑證。因為憑證屬於秘密資料，所以不能使用明文方式直接寫在 Jenkinsfile 中，而是在使用 Jenkins 的憑證功能時進行保存，並命名為 sonar_login。Jenkins 憑證如圖 8-2 所示。

圖 8-2

when 節點定義了該 stage 滿足什麼條件才會執行，不滿足則跳過。這裡使用了 commit message 的方式來過濾，如果開發人員在寫 commit 程式時，commit 註釋中寫了 account 或 order 關鍵字，就會執行對應的 stage。目的在於，如果開發人員僅修改了 account 模組的程式，那麼僅需要檢查 account 模組，沒有必要把 order 模組也檢查一遍。when 的語法很豐富，不僅這一方案可以過濾不同的模組，在後面的語法中我們還會使用其他方案。

在 steps 節點中就是正式的任務執行指令稿，我們使用 withSonar QubeEnv 來連接 SonarQube 服務，並在之後使用 waitForQualityGate 方法來等待 SonarQube 返回結果，SonarQube 會根據 quality gate 的設定，返回這次程式掃描的結果是否通過標準，來決定本次建構是否成功。

Jenkinsfile 檔案編寫完成後，提交到分支上，就可以等待觸發了。

我們不妨執行一下，首先在 iCoffee 任務中選擇立刻 ScaN 個分支 Pipeline。然後修改 account 模組的任意程式，使用 git commit 提交程式時加入 comment:"account changed"，然後 Push 到 GitLab 倉庫。這時候我們可以在 Jenkins 中看到 iCoffee 被觸發了，並顯示了名字 dev-jenkins，這是分支的名字，代表這個分支有任務被觸發。為了看得更清晰，我們切換到 Blue Ocean 視圖，Blue Ocean iCoffee 管線任務如圖 8-3 所示。

我們在圖 8-3 中可以看到這個 Pipeline 有兩個 Stage，由於我們提交程式時的註釋只帶有 account 關鍵字，因此只有 quality-account 被執行，而另一個 Stage 則被跳過了。建構的狀態目前是 Success，下面的則是 Pipeline 的執行記錄檔，可以點擊 Stage 來查看每個 Stage 對應的執行記錄檔。Blue Ocean 和 Pipeline 的結合是不是給了你一個全新的 Jenkins 呢？這是較為簡單的程式規則檢查和單元測試，我們接下來要設計更為複雜的 Pipeline。

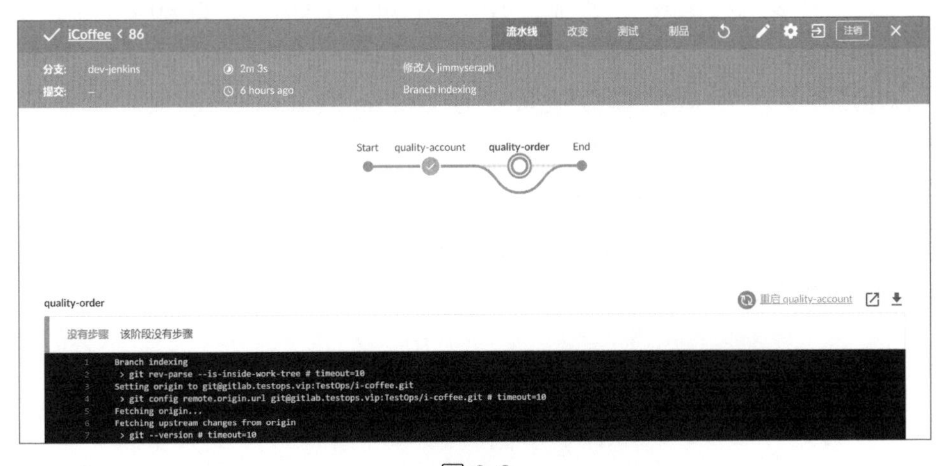

圖 8-3

8.3.4 Pipeline 任務進階

現在我們來完成 CI/CD 流程的第二步，由 MR 觸發任務，向自動化測試環境部署。如果要啟用 GitLab 的 MR 觸發機制，那麼必須使用標準 Pipeline 任務，多分支 Pipeline 是不支援的。

首先我們創建一個標準的 Pipeline 任務，設定觸發方式為 GitLab 的 MR。Pipeline 任務觸發器如圖 8-4 所示。

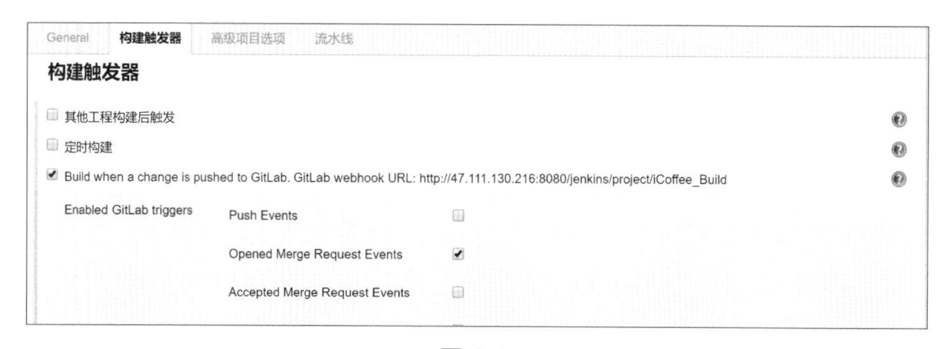

圖 8-4

注意，觸發器提供了一個 GitLab webhook URL，當 GitLab 向這個 URL 位址發送一個請求時，就會觸發這個任務。下面我們需要在 GitLab 中設定這個觸發位址。在 GitLab 的 iCoffee 專案中，選擇 Settings → Integrations，然後在 URL 中填上觸發位址 http://jenkins，用戶名為 token@jenkins-ip:8080/jenkins/project/iCoffee_Build，Secret Token 留空不用填，Trigger 選取 Merge request events。點擊保存，我們的 MR 觸發就設定好了。

接下來，我們要寫 Pipeline 程式了，管線指令稿如圖 8-5 所示。

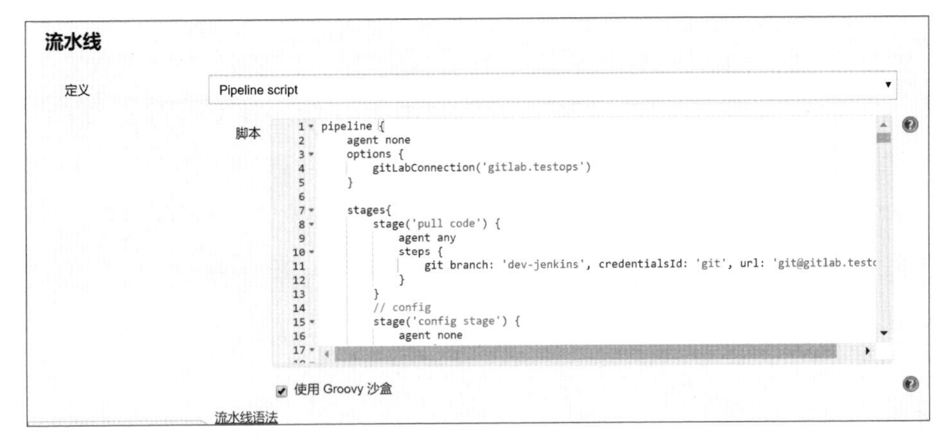

圖 8-5

單管線 Pipeline 指令稿如程式清單 8-2 所示。

▶ 程式清單 8-2　單管線 Pipeline 指令稿

```
pipeline {
    agent none
    options {
        gitLabConnection('gitlab.testops')
    }

    stages{
        stage('pull code') {
            agent any
            steps {
                git branch: 'dev-jenkins', credentialsId: 'git', url:
                'git@gitlab.testops.vip:TestOps/i-coffee.git'
            }
        }
        // config
        stage('config stage') {
            agent none
```

```
        post {
            failure {
                updateGitlabCommitStatus name: 'config stage',
                state: 'failed'
            }
            success {
                updateGitlabCommitStatus name: 'config stage',
                state: 'success'
            }
            aborted {
                updateGitlabCommitStatus name: 'config stage',
                state: 'canceled'
            }
        }
        when {
            changeset 'config/**/*.java'
        }
        stages {
            stage('build config') {
                agent {
                    docker {
                        image 'maven:3.6.1-jdk-8'
                        args '-v /root/.m2:/root/.m2'
                    }
                }
                steps {
                    updateGitlabCommitStatus name: 'config stage',
                    state: 'running'
                    sh 'cd config; mvn --settings ../setting/settings.
                    xml clean package'
                    sh 'cd config/target; mv config*.jar config.jar'
                }
            }
```

```
                stage('build config image') {
                    agent any
                    steps {
                        sh 'mv config/target/config.jar docker/config/'
                        sh 'cd docker/config; docker build -t docker.
                        testops.vip:5000/
                        icoffee-config:v0.1 .'
                        echo 'build image success'
                        sh 'docker push docker.testops.vip:5000/icoffee-
                        config:v0.1'
                        echo 'push image success, delete temporary image in
                        local'
                        sh 'docker rmi docker.testops.vip:5000/icoffee-
                        config:v0.1'
                    }
                }
                stage('deploy config'){
                    agent any
                    environment {
                        GIT_CREDS = credentials('git-user-pwd')
                    }
                    steps {
                        echo 'check if container is running'
                        sh returnStatus: true, script:'service=$(docker ps
-f name=config | grep config); if [ "$service" != "" ]; then docker stop
config-test-service;else echo "not running"; fi'
                        echo "remove container if exists"
                        sh returnStatus: true, script:'container=$(docker ps
-af name=config | grep config); if [ "$container" != "" ]; then docker rm
config-test-service; else echo "not exists" ;fi'
                        echo "start config service"
                        sh 'docker run -d --name config-test-service -p
10001:10001 -e GIT_USERNAME="${GIT_CREDS_USR}" -e GIT_PASSWORD="${GIT_CREDS_
```

```
PSW}" docker.testops.vip:5000/icoffee-config:v0.1'
                    }
                }
            }
        }

        // discovery
        stage('discovery stage') {
            agent none
            when {
                changeset 'discovery/**/*.java'
            }
            post {
                failure {
                    updateGitlabCommitStatus name: 'discovery stage',
                    state: 'failed'
                }
                success {
                    updateGitlabCommitStatus name: 'discovery stage',
                    state: 'success'
                }
                aborted {
                    updateGitlabCommitStatus name: 'discovery stage',
                    state: 'canceled'
                }
            }
            stages {
                stage('build discovery') {
                    agent {
                        docker {
                            image 'maven:3.6.1-jdk-8'
                            args '-v /root/.m2:/root/.m2'
                        }
```

```
        }
        steps {
            updateGitlabCommitStatus name: 'discovery stage',
            state: 'running'
            sh 'cd discovery; mvn --settings ../setting/
            settings.xml clean package'
            sh 'cd discovery/target; mv discovery*.jar
            discovery.jar'
        }
    }
    stage('build discovery image') {
        agent any
        steps {
            sh 'mv discovery/target/discovery.jar docker/discovery/'
            sh 'cd docker/discovery; docker build -t docker.
            testops.vip:5000/
            icoffee-discovery:v0.1 .'
            echo 'build image success'
            sh 'docker push docker.testops.vip:5000/icoffee-
            discovery:v0.1'
            echo 'push image success, delete temporary image in
            local'
            sh 'docker rmi docker.testops.vip:5000/icoffee-
            discovery:v0.1'
        }
    }
    stage('deploy discovery'){
        agent any
        environment {
            CONFIG_URL = 'http://47.111.130.216:10001'
        }
        steps {
            echo 'check if container is running'
```

```
                        sh returnStatus: true, script:'service=$(docker ps
-f name=discovery | grep discovery); if [ "$service" != "" ]; then docker
stop discovery-test-service;else echo "not running"; fi'
                        echo "remove container if exists"
                        sh returnStatus: true, script:'container=$(docker ps
-af name=discovery | grep discovery); if [ "$container" != "" ]; then docker
rm discovery-test-service; else echo "not exists" ;fi'
                        echo "start discovery service"
                        sh 'docker run -d --name discovery-test-service -p
10002:10002 -e CONFIG_URL="${CONFIG_URL}" docker.testops.vip:5000/icoffee-
discovery:v0.1'
                    }
                }
            }
        }

        // gateway
        stage('gateway stage') {
            agent none
            when {
                changeset 'gateway/**/*.java'
            }
            post {
                failure {
                    updateGitlabCommitStatus name: 'gateway stage',
                    state: 'failed'
                }
                success {
                    updateGitlabCommitStatus name: 'gateway stage',
                    state: 'success'
                }
                aborted {
                    updateGitlabCommitStatus name: 'gateway stage',
```

```
        state: 'canceled'
    }
}
stages {
    stage('build gateway') {
        agent {
            docker {
                image 'maven:3.6.1-jdk-8'
                args '-v /root/.m2:/root/.m2'
            }
        }
        steps {
            updateGitlabCommitStatus name: 'gateway stage',
            state: 'running'
            sh 'cd gateway; mvn --settings ../setting/settings.
            xml clean package'
            sh 'cd gateway/target; mv gateway*.jar gateway.jar'
        }
    }
    stage('build gateway image') {
        agent any
        steps {
            sh 'mv gateway/target/gateway.jar docker/gateway/'
            sh 'cd docker/gateway; docker build -t docker.
            testops.vip:5000/
            icoffee-gateway:v0.1 .'
            echo 'build image success'
            sh 'docker push docker.testops.vip:5000/icoffee-
            gateway:v0.1'
            echo 'push image success, delete temporary image in
            local'
            sh 'docker rmi docker.testops.vip:5000/icoffee-
            gateway:v0.1'
```

```
                }
            }
            stage('deploy gateway'){
                agent any
                environment {
                    CONFIG_URL = 'http://47.111.130.216:10001'
                    EUREKA_URL = '47.111.130.216:10002'
                }
                steps {
                    echo 'check if container is running'
                    sh returnStatus: true, script:'service=$(docker ps
-f name=gateway | grep gateway); if [ "$service" != "" ]; then docker stop
gateway-test-service;else echo "not running"; fi'
                    echo "remove container if exists"
                    sh returnStatus: true, script:'container=$(docker ps
-af name=gateway | grep gateway); if [ "$container" != "" ]; then docker rm
gateway-test-service; else echo "not exists" ;fi'
                    echo "start gateway service"
                    sh 'docker run -d --name gateway-test-service -p
20000:20000 -e CONFIG_URL="${CONFIG_URL}" -e EUREKA="${EUREKA_URL}" docker.
testops.vip:5000/icoffee-gateway:v0.1'
                }
            }
        }
    }

    // account
    stage('account stage') {
        agent none
        when {
            changeset 'account/**/*.java'
        }
        post {
```

```
        failure {
            updateGitlabCommitStatus name: 'account stage',
            state: 'failed'
        }
        success {
            updateGitlabCommitStatus name: 'account stage',
            state: 'success'
        }
        aborted {
            updateGitlabCommitStatus name: 'account stage',
            state: 'canceled'
        }
    }
    stages {
        stage('build account') {
            agent {
                docker {
                    image 'maven:3.6.1-jdk-8'
                    args '-v /root/.m2:/root/.m2'
                }
            }
            steps {
                updateGitlabCommitStatus name: 'account stage',
                state: 'running'
                sh 'cd account; mvn --settings ../setting/settings.
                xml clean package'
                sh 'cd account/target; mv account*.jar account.jar'
            }
        }
        stage('build account image') {
            agent any
            steps {
                sh 'mv account/target/account.jar docker/account/'
```

```
                    sh 'cd docker/account; docker build -t docker.
                    testops.vip:5000/
                    icoffee-account:v0.1 .'
                    echo 'build image success'
                    sh 'docker push docker.testops.vip:5000/icoffee-
                    account:v0.1'
                    echo 'push image success, delete temporary image in
                    local'
                    sh 'docker rmi docker.testops.vip:5000/icoffee-
                    account:v0.1'
                }
            }
            stage('deploy account'){
                agent any
                environment {
                    CONFIG_URL = 'http://47.111.130.216:10001'
                    EUREKA_URL = '47.111.130.216:10002'
                    REDIS_HOST = '47.111.130.216'
                    REDIS_PORT = '6379'
                }
                steps {
                    echo 'check if container is running'
                    sh returnStatus: true, script:'service=$(docker ps
-f name=account | grep account); if [ "$service" != "" ]; then docker stop
account-test-service;else echo "not running"; fi'
                    echo "remove container if exists"
                    sh returnStatus: true, script:'container=$(docker ps
-af name=account | grep account); if [ "$container" != "" ]; then docker rm
account-test-service; else echo "not exists" ;fi'
                    echo "start account service"
                    sh 'docker run -d --name account-test-service -p
10003:10003 -e CONFIG_URL="${CONFIG_URL}" -e EUREKA="${EUREKA_URL}" -e
```

```
REDIS_H="${REDIS_HOST}" -e REDIS_P="${REDIS_PORT}" docker.testops.vip:5000/
icoffee-account:v0.1'
                    }
                }
            }
        }

        // order
        stage('order stage') {
            agent none
            when {
                changeset 'order/**/*.java'
            }
            post {
                failure {
                    updateGitlabCommitStatus name: 'order stage',
                    state: 'failed'
                }
                success {
                    updateGitlabCommitStatus name: 'order stage',
                    state: 'success'
                }
                aborted {
                    updateGitlabCommitStatus name: 'order stage',
                    state: 'canceled'
                }
            }
            stages {
                stage('build order') {
                    agent {
                        docker {
                            image 'maven:3.6.1-jdk-8'
                            args '-v /root/.m2:/root/.m2'
```

```
                }
            }
            steps {
                updateGitlabCommitStatus name: 'order stage',
                state: 'running'
                sh 'cd order; mvn --settings ../setting/settings.xml
                clean package'
                sh 'cd order/target; mv order*.jar order.jar'
            }
        }
        stage('build order image') {
            agent any
            steps {
                sh 'mv order/target/order.jar docker/order/'
                sh 'cd docker/order; docker build -t docker.testops.
                vip:5000/
                icoffee-order:v0.1 .'
                echo 'build image success'
                sh 'docker push docker.testops.vip:5000/icoffee-
                order:v0.1'
                echo 'push image success, delete temporary image in
                local'
                sh 'docker rmi docker.testops.vip:5000/icoffee-
                order:v0.1'
            }
        }
        stage('deploy order'){
            agent any
            environment {
                CONFIG_URL = 'http://47.111.130.216:10001'
                EUREKA_URL = '47.111.130.216:10002'
                REDIS_HOST = '47.111.130.216'
                REDIS_PORT = '6379'
```

```
                    AUTH_SERVER_URL = '47.111.130.216'
                    AUTH_SERVER_PORT = '10003'
                }
                steps {
                    echo 'check if container is running'
                    sh returnStatus: true, script:'service=$(docker
ps -f name=order | grep order); if [ "$service" != "" ]; then docker stop
order-test-service;else echo "not running"; fi'
                    echo "remove container if exists"
                    sh returnStatus: true, script:'container=$(docker
ps -af name=order | grep order); if [ "$container" != "" ]; then docker rm
order-test-service; else echo "not exists" ;fi'
                    echo "start order service"
                    sh 'docker run -d --name order-test-service -p
10004:10004 -e CONFIG_URL="${CONFIG_URL}" -e EUREKA="${EUREKA_URL}" -e
REDIS_H="${REDIS_HOST}" -e REDIS_P="${REDIS_PORT}" -e AUTH_URL="${AUTH_
SERVER_URL}" -e AUTH_PORT="${AUTH_SERVER_PORT}" docker.testops.vip:5000/
icoffee-order:v0.1'
                }
            }
        }
    }

  }

}
```

這段指令稿相對較長，但是如果讀者要真正掌握 Pipeline 語法，請務必仔細閱讀。這段指令稿總共包括 5 個處理微服務的模組，每個微服務模組都分成建構 JAR 套件、建構 docker image、部署自動化測試環境這 3 個子 stage。這裡透過 when 條件判斷對應模組目錄中是否有 Java 程式變更，有 Java 程式變更才會執行該模組 stage。

我們以第一個模組（config）為例，來說明這段指令稿。其對應的 3 個子 stage 分別是 build config、build config image、deploy config。

在 config 模組 stage 中，使用 post 節點定義這一 stage 成功、失敗、暫停這 3 種狀態，向 GitLab 的 MR 推送一筆註釋訊息，並推送一個建構狀態。舉例來說，updateGitlabCommitStatus name: 'config stage', state: 'success'，其中 name 參數代表的是推送給 GitLab 的當前建構 stage 的名字，state 參數表示該 stage 的狀態。when 節點使用 changeset 定義了在 config 模組目錄下，任何 .java 檔案如果變更，則為 true。

build config 這一 stage 僅是呼叫 mvn 命令進行模組建構，來生成 JAR 套件，然後將 JAR 套件命名為 config.jar。

build config image 這一 stage 負責建構一個 image。這裡使用了純粹的 Linux 系統的 Shell 命令，因此，當前的 Linux 系統一定要安裝 Docker（Docker 的安裝不在此介紹）。建構 docker image 需要有 Dockerfile 描述檔案，我們在專案的根目錄下新建一個 docker 目錄，將 Dockerfile 檔案放入其 config 子目錄，結構如圖 8-6 所示。

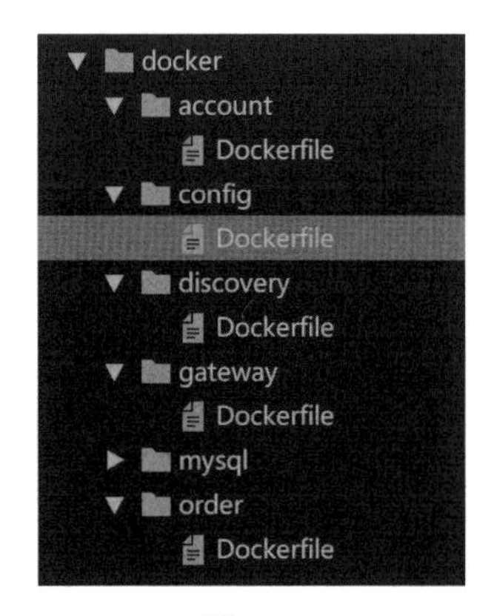

圖 8-6

config 中的 Dockerfile 檔案內容如程式清單 8-3 所示。

▶ 程式清單 8-3　Dockerfile 檔案內容

```
FROM openjdk:8

RUN mkdir /opt/microservice

COPY config.jar /opt/microservice/

WORKDIR /opt/microservice

ENV GIT_USERNAME 1
ENV GIT_PASSWORD 1

CMD ["java", "-jar", "-Dgitusr=${GIT_USERNAME}", "-Dgitpwd=${GIT_PASSWORD}",
"config.jar"]

EXPOSE 10001
```

關於 Dockerfile 的具體語法，請讀者自行在 Docker 官網的 Documentation 中進行學習，此處不再贅述。

build config image 這一 stage 中首先將編譯好的 config.jar 移動到 docker/config 目錄下，然後呼叫 docker build 命令建構 image。接著呼叫 docker push 命令將 image 推送到私服 registry。最後別忘了將本地的 image 刪除，否則本地的 image 越來越多，儲存空間就會吃緊了。

deploy config 這一 stage 將把 config 微服務的 image 部署到自動化測試環境中。這裡由於伺服器資源有限，因此將 Jenkins 所在的伺服器作為自動化測試環境。在 steps 中，我們需要使用 Shell 命令去判斷 config 容器是否已經處於執行狀態，如果已經在執行了，則要先停止已執行的 config 容器，然後刪除舊的 image，下載新的 image 後，再重新執行 config 容器。

> **提示**
>
> 這裡在呼叫 Shell 的 if 語法前，我們加上了 returnStatus:true，來強制 if 敘述執行後可能返回的失敗狀態也為真（if 後面的條件為真時，整個敘述返回 1，也就是成功狀態，否則會返回 0，也就是失敗狀態）。這是為了防止因為正常的返回狀態導致整個指令稿停止執行。

其他模組的 stage 也是類似的做法，只是有些細節不同，我們就不再贅述了。

現在我們修改了 discovery 和 gateway 模組的程式，並從 dev-jenkins 分支向 test-jenkins 分支提交 MR。當提交 MR 時，我們可以看到 Jenkins 中的 iCoffee_Build 任務被觸發。iCoffee Build 管線如圖 8-7 所示。

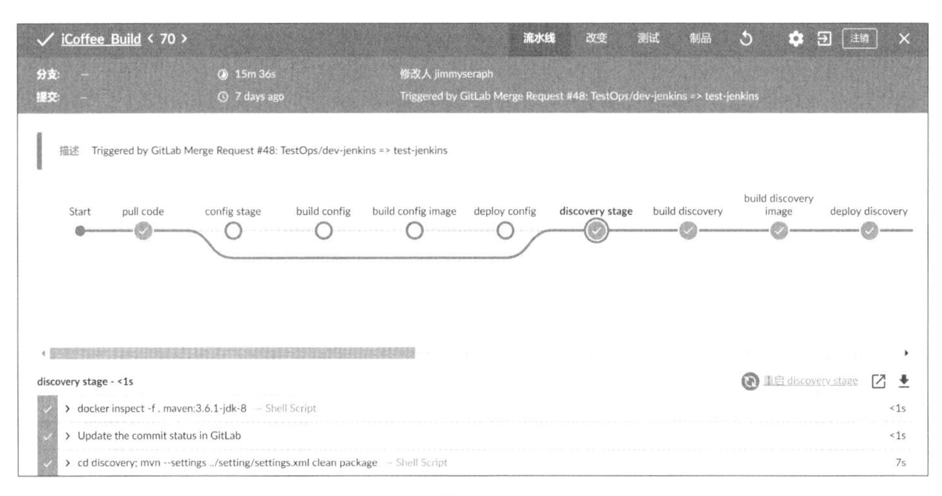

圖 8-7

在 Blue Ocean 視圖中，我們看到 discovery 的 3 個 stage 和 gateway 的 3 個 stage 都被執行了，而其他模組的 stage 則被跳過了（在圖 8-7 中，由

於截圖限制，因此只顯示了被跳過的 config 模組和被執行的 discovery 模組的 stage）。

再次進入 GitLab 的 iCoffee 專案的 MR 介面，可以看到 MR 的註釋中增加了 CI 的步驟。

8.4 API 自動化測試

CI/CD 通常還需要加入自動化測試來守護測試環境。當然，我們不是要在此書中介紹 API 自動化測試該怎麼做，此處我們以一個簡單的框架和案例來介紹 CI/CD 中的自動化測試。

首先我們創建一個 Maven 專案，並增加必要的依賴，POM.xml 檔案內容如程式清單 8-4 所示。

▶ 程式清單 8-4　POM.xml 檔案內容

```
<?xml version="1.0" encoding="UTF-8"?>
<project xmlns="http://maven.apache.org/POM/4.0.0"
        xmlns:xsi="http://www.w3.org/2001/XMLSchema-instance"
        xsi:schemaLocation="http://maven.apache.org/POM/4.0.0 http://maven.
apache.org/
        xsd/maven-4.0.0.xsd">
    <modelVersion>4.0.0</modelVersion>

    <groupId>testops.vip</groupId>
    <artifactId>icoffee-test</artifactId>
    <version>1.0-SNAPSHOT</version>

    <properties>
        <project.build.sourceEncoding>UTF-8</project.build.sourceEncoding>
```

```
    <project.reporting.outputEncoding>UTF-8</project.reporting.
   outputEncoding>
</properties>

<build>
    <plugins>
        <plugin>
            <groupId>org.apache.maven.plugins</groupId>
            <artifactId>maven-compiler-plugin</artifactId>
            <version>3.8.1</version>
            <configuration>
                <compilerVersion>1.8</compilerVersion>
                <target>1.8</target>
                 <source>1.8</source>
             </configuration>
         </plugin>
         <plugin>
             <groupId>org.apache.maven.plugins</groupId>
             <artifactId>maven-surefire-plugin</artifactId>
             <version>2.22.2</version>
            <configuration>
                <suiteXmlFiles>
                    <suiteXmlFile>testng.xml</suiteXmlFile>
                </suiteXmlFiles>
            </configuration>
        </plugin>
        <plugin>
            <groupId>io.qameta.allure</groupId>
            <artifactId>allure-maven</artifactId>
            <version>2.10.0</version>
            <configuration>

                <reportVersion>2.8.1</reportVersion>
```

```
                    <reportDirectory>${project.basedir}/target/allure-
report</reportDirectory>
                    <resultsDirectory>${project.basedir}/target/allure-
results</resultsDirectory>
                </configuration>
            </plugin>
        </plugins>
    </build>
    <dependencies>
        <dependency>
            <groupId>com.squareup.okhttp3</groupId>
            <artifactId>okhttp</artifactId>
            <version>4.0.1</version>
        </dependency>
        <dependency>
            <groupId>io.cucumber</groupId>
            <artifactId>cucumber-java</artifactId>
            <version>4.5.4</version>
        </dependency>
        <dependency>
            <groupId>io.cucumber</groupId>
            <artifactId>cucumber-testng</artifactId>
            <version>4.5.4</version>
        </dependency>
        <dependency>
            <groupId>com.google.code.gson</groupId>
            <artifactId>gson</artifactId>
            <version>2.8.5</version>
        </dependency>
        <dependency>
            <groupId>io.qameta.allure</groupId>
            <artifactId>allure-cucumber3-jvm</artifactId>
            <version>2.12.1</version>
```

```
        </dependency>
        <dependency>
            <groupId>com.jayway.jsonpath</groupId>
            <artifactId>json-path</artifactId>
            <version>2.4.0</version>
        </dependency>
        <!-- log -->
        <dependency>
            <groupId>org.slf4j</groupId>
            <artifactId>slf4j-api</artifactId>
            <version>1.7.26</version>
        </dependency>
        <dependency>
            <groupId>ch.qos.logback</groupId>
            <artifactId>logback-classic</artifactId>
            <version>1.2.3</version>
        </dependency>

    </dependencies>
</project>
```

我們將使用 OkHttp4 來實現 HTTP 的存取，使用 Testng-cucumber 來編寫案例，由 Logback 來輸出記錄檔，由 Allure 來輸出測試報告。

我們來看一下核心程式，首先是 Cucumber 的 Step 定義，如程式清單 8-5 所示。

▶ 程式清單 8-5　Step 定義程式

```
package vip.testops.qa.steps;

import com.google.gson.Gson;
import com.jayway.jsonpath.JsonPath;
import io.cucumber.java.en.And;
```

```
import io.cucumber.java.en.Then;
import io.cucumber.java.en.When;
import org.slf4j.Logger;
import org.slf4j.LoggerFactory;
import org.testng.Assert;
import vip.testops.qa.entities.LoginEntity;
import vip.testops.qa.entities.RequestOrderCreate;
import vip.testops.qa.entities.RequestOrderItem;
import vip.testops.qa.pools.VariablePool;
import vip.testops.qa.services.http.EasyRequest;
import vip.testops.qa.services.http.EasyResponse;
import vip.testops.qa.services.http.impl.OkHTTPRequest;
import vip.testops.qa.services.http.impl.OkHTTPResponse;

import java.io.IOException;
import java.util.List;

public class ICoffeeTestSteps {

    private final Logger logger = LoggerFactory.getLogger(ICoffeeTestSteps.
class);

    private String baseUrl = "http://47.111.130.216:20000";
    private String loginPath = "/api/v1.0/account/login";
    private String tokenPath = "/api/v1.0/account/token";
    private String createOrderPath = "/api/v1.0/order/new";
    private String listOrderPath = "/api/v1.0/order/list";
    private Gson gson = new Gson();

    @When("Sign on to icoffee with {word} and {word}")
    public void sign_in_to_icoffee(String username, String password) throws
IOException {
        EasyRequest easyRequest = new OkHTTPRequest();
```

```
logger.info("login....");
EasyResponse easyResponse = easyRequest.setUrl(baseUrl + loginPath)
        .setMethod("POST")
        .setBody(EasyRequest.JSON, gson.toJson(new LoginEntity
        (username, password)))
        .addHeader("Content-Type", "application/json")
        .execute();
logger.info("get response: "+easyResponse.getBody());
if(easyResponse.getCode() != 200){
    throw new RuntimeException("error sending request to login");
}
if(JsonPath.read(easyResponse.getBody(), "$.retCode").equals(1000)){
    String code = JsonPath.read(easyResponse.getBody(), "$.data.code");
    logger.info("get code: " + code);
    VariablePool.put("code", code);
}else{
    throw new RuntimeException("login failed, "+JsonPath.
    read(easyResponse.getBody(), "$.retMsg"));
}
logger.info("code exchange...");
easyResponse = new OkHTTPRequest().setUrl(baseUrl + tokenPath)
        .setMethod("GET")
        .addHeader("Content-Type", "application/json")
        .addQueryParam("code", VariablePool.get("code"))
        .execute();
logger.info("get response: "+easyResponse.getBody());
if(easyResponse.getCode() != 200){
    throw new RuntimeException("error sending request to code");
}
if(JsonPath.read(easyResponse.getBody(), "$.retCode").equals(1000)){
    String token = JsonPath.read(easyResponse.getBody(), "$.data.token");
    logger.info("get token: " + token);
    VariablePool.put("token", token);
```

```
        }else{
            throw new RuntimeException("get token failed, "+JsonPath.
            read(easyResponse.getBody(), "$.retMsg"));
        }
    }

    @And("Create a new order to {word} with:")
    public void create_new_order(String address, List<String> strList)
throws IOException {
        RequestOrderItem[] itemList = new RequestOrderItem[strList.size()];
        for(int i = 0; i < strList.size(); i++){
            String[] arr = strList.get(i).split(",");
            String name = arr[0].trim();
            String num = arr[1].trim();
            long coffeeId = -1;
            switch (name){
                case "拿鐵": coffeeId = 0; break;
                case "香草拿鐵": coffeeId = 1; break;
                case "焦糖拿鐵": coffeeId = 2; break;
                case "卡布奇諾": coffeeId = 3; break;
                case "馥芮白": coffeeId = 4; break;
                case "美式咖啡": coffeeId = 5; break;
                case "意式濃縮": coffeeId = 6; break;
            }
            RequestOrderItem requestOrderItem = new RequestOrderItem();
            requestOrderItem.setCoffeeId(coffeeId);
            requestOrderItem.setAmount(Integer.parseInt(num));
            itemList[i] = requestOrderItem;
        }
        EasyRequest easyRequest = new OkHTTPRequest();
        logger.info("create order...");
        RequestOrderCreate requestOrderCreate = new RequestOrderCreate();
        requestOrderCreate.setAddress(address);
```

```
        requestOrderCreate.setOrderItems(itemList);
        EasyResponse easyResponse = easyRequest.setUrl(baseUrl + createOrderPath)
                .setMethod("POST")
                .addHeader("Content-Type", "application/json")
                .addHeader("Access-Token", VariablePool.get("token"))
                .setBody(EasyRequest.JSON, gson.toJson(requestOrderCreate))
                .execute();
        logger.info("get response: "+easyResponse.getBody());
        if(easyResponse.getCode() != 200){
            throw new RuntimeException("error sending request to new order");
        }
        VariablePool.put("order-new-response", easyResponse.getBody());
    }

    @And("List all orders")
    public void list_all_orders() throws IOException {
        EasyRequest easyRequest = new OkHTTPRequest();
        logger.info("list all orders...");
        EasyResponse easyResponse = easyRequest.setUrl(baseUrl + listOrderPath)
                .setMethod("POST")
                .addHeader("Content-Type", "application/json")
                .addHeader("Access-Token", VariablePool.get("token"))
                .setBody(EasyRequest.JSON, "{}")
                .execute();
        logger.info("get response: "+easyResponse.getBody());
        if(easyResponse.getCode() != 200){
            throw new RuntimeException("error sending request to list order");
        }
        VariablePool.put("order-list-response", easyResponse.getBody());
    }

    @Then("Create new order success")
    public void create_order_success(){
```

```
        int retCode = JsonPath.read(VariablePool.get("order-new-response"),
"$.retCode");
        Assert.assertEquals(retCode, 1000);

    }

    @Then("List orders success")
    public void list_orders_success(){
        int retCode = JsonPath.read(VariablePool.get("order-list-response"),
"$.retCode");
        Assert.assertEquals(retCode, 1000);
    }
}
```

然後看一下 Cucumber 的案例檔案，也就是 Feature 檔案，如程式清單 8-6 所示。

▶ 程式清單 8-6　Feature 檔案

```
Feature: Test iCoffee micro-service
  This is just a demo for API test
  Designed by Liudao

  Scenario: Test create order api
    When Sign on to icoffee with testops01 and 12345678
    And Create a new order to ShanghaiPudong with:
    |香草拿鐵, 1|
    |馥芮白, 2 |
    Then Create new order success

  Scenario: Test list orders api
    When List all orders
    Then List orders success
```

這裡我們寫入了兩個測試場景用於演示，請讀者自行下載完整程式來了解測試框架的其他細節。現在我們將 API 自動化測試程式推入 GitLab 資料庫，並在 Jenkins 中新建一個管線任務。管線指令稿如程式清單 8-7 所示。

▶ 程式清單 8-7　管線指令稿

```
pipeline {
    agent {
        docker {
            image 'maven:3.6.1-jdk-8'
            args '-v /root/.m2:/root/.m2'
        }
    }
    triggers {
        upstream (upstreamProjects: 'iCoffee_Build', threshold: hudson.
model.Result.SUCCESS)
    }
    stages {
        stage('pull code') {
            steps {
                git branch: 'master', credentialsId: 'git', url:
                'git@gitlab.testops.vip:TestOps/icoffee-api-test.git'
            }
        }
        stage('test api') {

            steps {
                sh 'mvn --settings settings.xml clean test allure:report'
            }
        }

    }
    post {
```

```
        always {
            publishHTML(
                [
                    allowMissing: true,
                    alwaysLinkToLastBuild: true,
                    keepAll: false,
                    reportName: 'iCoffee API test report',
                    reportDir: 'target/allure-report',
                    reportFiles: 'index.html'
                ]
            )
        }
    }
}
```

注意，我們在指令稿中使用了 Trigger，來定義當 iCoffee_Build 任務建構成功時自動觸發。在指令稿最後，使用了 post 節點定義無論任務成功與否，都會將報告 HTML 複製出來。專案執行的 Allure 報告保存在 target/allure-report 下。Allure 測試報告如圖 8-8 所示。

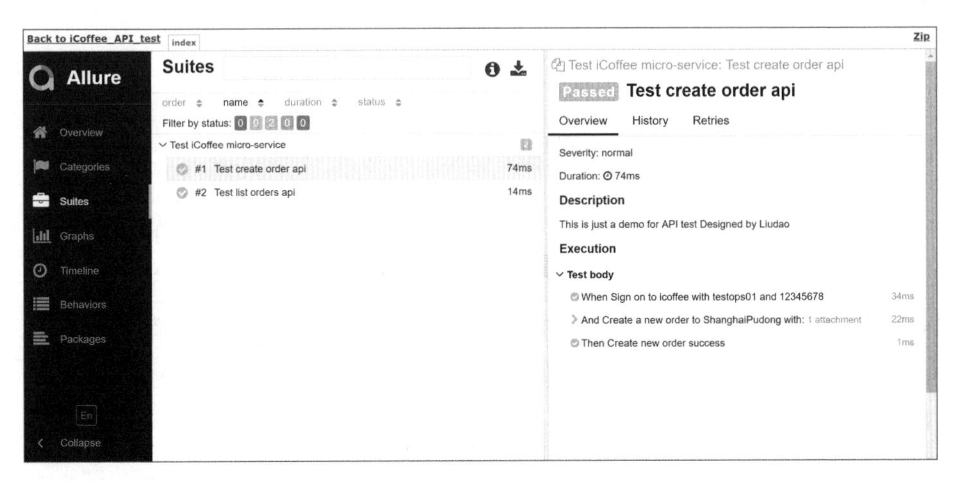

圖 8-8

注意

這裡需要注意的一點是，建構後的 HTML 報告並不能正常打開，原因是 Jenkins 內部的沙盒安全保護機制，阻止了 CSS 和 JS 的執行。由於這是防止跨站偽造的一種安全性原則，因此 Allure 的頁面不能正常顯示。我們需要允許跨站才能讓報告頁面正常顯示。

我們在系統管理→指令碼命令執行中執行以下命令：

```
System.setProperty("hudson.model.DirectoryBrowserSupport.CSP", "")
```

然後重新執行任務，報告頁面就能正常顯示了。

8.5 基於敏捷模式的開發實踐

可能讀者對於這樣的 CI/CD 下的敏捷開發還沒有一個完整的認識，接下來體會一下敏捷開發。當然，我們會瞄準其中的核心環節，至於管理模式，則會略過。

8.5.1 一切從 Story 開始

Louis 是 iCoffee 專案小組的一位軟體工程師，Frank 則是他的搭檔，今天，他們收到了一個新的 Story，也就是敏捷中常說的使用者故事。如果讀者對使用者故事的概念不清楚，那麼可以暫時將其瞭解為業務需求。這一點不重要，後面慢慢再體會。提出 Story 的是他們小組的 BO——Tomas。

Tomas：我們的 iCoffee 專案核心業務已經實現了，不過對使用者來說，還少了點功能。

Louis：好了 Tomas，別兜圈子了，你需要什麼功能？

Tomas：那我就直說了，我覺得訂單服務還需要有「取消訂單」的功能，我們總不能讓我們的使用者只能下訂單，而不能反悔。這對使用者太重要了，他們總是沒辦法在一開始就想得很清楚，必須承認，使用者的主意隨時會變，反悔是必要的。

Frank：好，你已經把價值（Value）說得很清楚了。Louis，我們必須要做這個。

Louis：這沒問題，那麼 Tomas，你能具體說一下這個 Story 嗎？或你把它寫下來。

Tomas：讓我邊寫邊想，我想這不難。

Tomas 接過 Louis 遞過來的 Story 便利貼，開始寫下這個 Story：

Feature No：iCoffee-20190721-f01
Feature Name：取消訂單
Detail：使用者在創建了咖啡訂單後，可以隨時取消訂單。

Louis：這個 Story 細節太少了，你站在使用者角度想想，你會怎麼驗收這個 Story ？

Tomas：嗯，我正打算在背面寫驗收標準呢。

DoD：使用者創建訂單後，選擇取消訂單，訂單取消成功後，查詢該訂單，顯示已取消。

Louis：就這麼多嗎？總覺得缺了點什麼。

Frank：使用者可不僅是下訂單的人，我們還要站在使用 iCoffee 服務的商家的角度考慮。如果商家的客人訂了咖啡，商家很快準備派送員已經在送訂單的路上了，這時候取消訂單是不是殘酷了點？

Tomas：你說得沒錯，不可以隨時取消，需要制定一個取消訂單的規則，例如訂單已經在派送過程中，取消訂單需要收取一定費用，不能 100% 退款。

Louis：不，你忘了嗎？我們這一輪疊代沒有加入費用結算的部分，制定規則太麻煩了，我們現在還有兩天就要交付這一輪疊代，我可不想趕不上。簡單一點，如果訂單已經處於派送狀態，就不能取消。

Tomas：你說得對！我改一下 Story。

Feature No：iCoffee-20190721-f01
Feature Name：取消訂單
Detail：使用者在創建了咖啡訂單後，在訂單派送前可以取消訂單。
Value：提供使用者反悔的機會。

DoD 如下所示。

（1）使用者創建訂單後，選擇取消訂單，訂單取消成功後，查詢該訂單，顯示已取消。
（2）使用者創建訂單，當訂單處於派送狀態時，使用者取消訂單會失敗。

Louis：這樣清楚多了，Tomas，你把 Story 貼到看板上吧。Frank，該我們了，準備一下 Feature 分支。

Frank：來吧。

8.5.2 和諧的結對程式設計與 TDD

Frank 開始從 dev-jenkins 分支上創建特性分支。

```
git checkout -b feature-icoffee-20190721-f01
```

Frank：還是老規矩，三層分離。Controller 負責定義 API，Service 負責處理訂單狀態變更，資料存取物件（Data Access Object，DAO）層實現狀態持久化。我們只要實現 Service 層核心內容，這個故事就基本完成了。這個 Service 方法該實現哪些功能呢？

Louis：別急，你還是不習慣 TDD 嗎？我們應該先創建一個 Service 的測試方法。

Louis 首先在 OrderServiceTest 類別中創建了一個測試方法，如程式清單 8-8 所示。

▶ 程式清單 8-8　測試程式

```
@Test
public void testCancelOrder(){
    /*
    參數準備
    */
    AccountDTO accountDTO = new AccountDTO();

    /*
    參數準備
    */
    String orderNbr = "1";
    ResponseEntity responseEntity = new ResponseEntity();

    orderService.doCancelOrder(accountDTO, orderNbr, responseEntity);
}
```

然後在 OrderService 類別中新增了 doCancelOrder 方法，如程式清單 8-9 所示。

（註：為了描述程式的完善步驟，這是剛列出一個方法的樣子。因為 OrderService.java 在 MicroService 那個文件中已經有了介紹，這裡就簡化列出了新增的方法，而沒有列出這個類別的全部內容，包括類別的定義。）

▶ 程式清單 8-9　新增 doCancelOrder 方法

```
/**
 * 取消訂單服務
 * @param accountDTO account實體
 * @param orderNbr訂單號
 * @param responseEntity返回物件
 */
public void doCancelOrder(
        AccountDTO accountDTO,
        String orderNbr,
        ResponseEntity responseEntity
){


}
```

Louis：嗯，差不多就是這個樣子，測試一下看看。

Louis 執行了該測試，顯示為綠色，即表示通過。

Frank「嘲笑」一聲：你什麼都沒寫，當然不會有錯誤。看我的，我們需要給測試方法設定值。

Frank 輸入相關程式，如程式清單 8-10 所示。

▶ 程式清單 8-10　測試程式 1

```
@Test
public void testCancelOrder(){
    /*
    參數準備
    */
    AccountDTO accountDTO = new AccountDTO();
    accountDTO.setAccountId(1);

    /*
    參數準備
    */
    String orderNbr = "1";

    //從訂單資訊表中獲取物件？

    ResponseEntity responseEntity = new ResponseEntity();

    orderService.doCancelOrder(accountDTO, orderNbr, responseEntity);
}
```

Frank：我們需要從資料庫獲取這個 order 物件嗎？

Louis：不，我們暫時還不考慮資料庫的問題，讓我們把重點聚焦在 Service 層，先把 DAO 層 Mock 一下。

Frank：好，那我們把資料 Mock 一下。

測試程式如程式清單 8-11 所示。

▶ 程式清單 8-11　測試程式 2

```
@Test
public void testCancelOrder(){
```

```
    /*
    參數準備
    */
    AccountDTO accountDTO = new AccountDTO();
    accountDTO.setAccountId(1);

    /*
    參數準備
    */
    String orderNbr = "1";

    // Mock物件
    OrderDTO orderDTO = new OrderDTO();
    orderDTO.setBuyerId(1);
    orderDTO.setOrderStatus(0);
    Mockito.when(orderMapper.getOrderByOrderNbr(orderNbr))
           .thenReturn(orderDTO);

    // Mock物件
      Mockito.when(
        orderMapper.updateStatusByOrderNbr(
            Mockito.any(),
            Mockito.anyInt(),
            orderNbr))
        .thenReturn(1);

    ResponseEntity responseEntity = new ResponseEntity();

    orderService.doCancelOrder(accountDTO, orderNbr, responseEntity);

    //更新狀態
    Assert.assertEquals(1000, responseEntity.getRetCode());
}
```

Frank 執行了該測試，果然測試失敗了。

Frank：測試未能通過。

Louis：嗯，因為我還沒在 doCancelOrder 方法裡面寫任何程式。你的這個測試很好，主要邏輯已經很清楚了，下面我來實現。

Louis 搶過鍵盤，開始在 OrderService 中完善 doCancelOrder 方法，如程式清單 8-12 所示。

▶ 程式清單 8-12　完善 doCancelOrder 方法

```
/**
 * 取消訂單
 * @param accountDTO account物件
 * @param orderNbr訂單號
 * @param responseEntity返回物件
 */
public void doCancelOrder(
        AccountDTO accountDTO,
        String orderNbr,
        ResponseEntity responseEntity
){
     /*
    修改位址
    */
    if(orderMapper.updateStatusByOrderNbr(new Date(), 2, orderNbr) != 1){
        responseEntity.setRetCode(4001);
        responseEntity.setRetMsg("error occurred while updating order status
        in db");
        return;
    }

    responseEntity.setRetCode(1000);
```

```
    responseEntity.setRetMsg("order "+orderNbr+" cancelled");
}
```

Louis 再次執行測試，測試成功。

Louis：這就行了。

Frank：我可不這麼想，萬一我傳給你一個不存在的 orderNbr 呢？

Frank 搶過鍵盤，又寫了一個新的測試方法，如程式清單 8-13 所示。

▶ 程式清單 8-13　測試程式 3

```
@Test
public void testCancelOrder_invalidOrderNbr(){
    /*
    準備參數
    */
    AccountDTO accountDTO = new AccountDTO();
    /*
    準備參數
    */
    String orderNbr = "1";

    // Mock物件
    Mockito.when(orderMapper.getOrderByOrderNbr(orderNbr))
            .thenReturn(null);

    ResponseEntity responseEntity = new ResponseEntity();

    orderService.doCancelOrder(accountDTO, orderNbr, responseEntity);
    Assert.assertEquals(3001, responseEntity.getRetCode());
}
```

Frank：看，這下測試又失敗了。

Louis：對，這種情況是有可能的，我把判斷加上。

Louis 拿過鍵盤，開始修改程式，如程式清單 8-14 所示。

▶ 程式清單 8-14　修改 OrderService 類別

```
/**
 * 取消訂單服務
 * @param accountDTO account物件
 * @param orderNbr訂單號
 * @param responseEntity返回物件
 */
public void doCancelOrder(
        AccountDTO accountDTO,
        String orderNbr,
        ResponseEntity responseEntity
){
     /*
    檢查訂單號是否存在
    */
    OrderDTO orderDTO = orderMapper.getOrderByOrderNbr(orderNbr);
    if(orderDTO == null){
        responseEntity.setRetCode(3001);
        responseEntity.setRetMsg("order number is invalid");
        log.error("order number is invalid");
        return;
    }
     /*
    修改狀態
    */
    if(orderMapper.updateStatusByOrderNbr(new Date(), 2, orderNbr) != 1){
        responseEntity.setRetCode(4001);
        responseEntity.setRetMsg("error occurred while updating order status
        in db");
```

```
        return;
    }

    responseEntity.setRetCode(1000);
    responseEntity.setRetMsg("order "+orderNbr+" cancelled");
}
```

Frank：我覺得還有一種異常情況。

Frank 搶過鍵盤，又寫了一個測試方法，如程式清單 8-15 所示。

▶ 程式清單 8-15　測試程式 4

```
@Test
public void testCancelOrder_orderNotBelongToAccount(){
    /*
    參數準備
     */
    AccountDTO accountDTO = new AccountDTO();
    accountDTO.setAccountId(1);
    /*
    參數準備
     */
    String orderNbr = "1";

    // Mock物件
    OrderDTO orderDTO = new OrderDTO();
    orderDTO.setBuyerId(2);
    orderDTO.setOrderStatus(0);
    Mockito.when(orderMapper.getOrderByOrderNbr(orderNbr))
            .thenReturn(orderDTO);

    ResponseEntity responseEntity = new ResponseEntity();
    orderService.doCancelOrder(accountDTO, orderNbr, responseEntity);
```

```
    Assert.assertEquals(3002, responseEntity.getRetCode());
}
```

Louis：你考慮了另一種異常，就是這個訂單並不是這個使用者的，那麼他無權取消，這很有意義。

Louis 接過了鍵盤，繼續完善 doCancelOrder 方法，如程式清單 8-16 所示。

▶ 程式清單 8-16　繼續完善 doCancelOrder 方法

```
/**
 * 取消訂單服務
 * @param accountDTO account物件
 * @param orderNbr訂單號
 * @param responseEntity返回物件
 */
public void doCancelOrder(
        AccountDTO accountDTO,
        String orderNbr,
        ResponseEntity responseEntity
){
     /*
    檢查訂單號是否存在
    */
    OrderDTO orderDTO = orderMapper.getOrderByOrderNbr(orderNbr);
    if(orderDTO == null){
        responseEntity.setRetCode(3001);
        responseEntity.setRetMsg("order number is invalid");
        log.error("order number is invalid");
        return;
    }

    /*
```

```
    檢查訂單號是否屬於該帳號
     */
    if(orderDTO.getBuyerId() != accountDTO.getAccountId()){
        responseEntity.setRetCode(3002);
        responseEntity.setRetMsg("order number is invalid");
        log.error("this order is not belong to this account " + accountDTO.
getAccountName());
        return;
    }

     /*
    修改狀態
    */
    if(orderMapper.updateStatusByOrderNbr(new Date(), 2, orderNbr) != 1){
        responseEntity.setRetCode(4001);
        responseEntity.setRetMsg("error occurred while updating order status
in db");
        return;
    }

    responseEntity.setRetCode(1000);
    responseEntity.setRetMsg("order "+orderNbr+" cancelled");
}
```

Frank：別忘了，還有一個條件，就是已經處於派送狀態的訂單不能取消。

Frank 繼續寫測試方法，如程式清單 8-17 所示。

▶ 程式清單 8-17　測試程式 5

```
public void testCancelOrderInDelivery(){
    /*
    參數準備
```

```
     */
    AccountDTO accountDTO = new AccountDTO();
    accountDTO.setAccountId(1);
    /*
    參數準備
     */
    String orderNbr = "1";

    // Mock物件
    OrderDTO orderDTO = new OrderDTO();
    orderDTO.setBuyerId(1);
    orderDTO.setOrderStatus(1); // order already in delivery
    Mockito.when(orderMapper.getOrderByOrderNbr(Mockito.anyString()))
        .thenReturn(orderDTO);

    ResponseEntity responseEntity = new ResponseEntity();
    orderService.doCancelOrder(accountDTO, orderNbr, responseEntity);
    Assert.assertEquals(3003, responseEntity.getRetCode());
}
```

Louis：對，這是在 Story 中明確提出的場景，我加個判斷。

具體程式如程式清單 8-18 所示。

▶ 程式清單 8-18　增加判斷

```
/**
 * 取消訂單服務
 * @param accountDTO account物件
 * @param orderNbr訂單號
 * @param responseEntity返回物件
 */
public void doCancelOrder(
        AccountDTO accountDTO,
```

```
        String orderNbr,
        ResponseEntity responseEntity
){
      /*
    檢查訂單號是否存在
    */
    OrderDTO orderDTO = orderMapper.getOrderByOrderNbr(orderNbr);
    if(orderDTO == null){
        responseEntity.setRetCode(3001);
        responseEntity.setRetMsg("order number is invalid");
        log.error("order number is invalid");
        return;
    }

    /*
    檢查訂單號是否屬於該帳號
     */
    if(orderDTO.getBuyerId() != accountDTO.getAccountId()){
        responseEntity.setRetCode(3002);
        responseEntity.setRetMsg("order number is invalid");
        log.error("this order is not belong to this account " + accountDTO.
getAccountName());
        return;
    }

    /*
    檢查訂單是否已運送
     */
    if(orderDTO.getOrderStatus() == 1){
        responseEntity.setRetCode(3003);
        responseEntity.setRetMsg("order is in delivery");
        return;
    }
```

```
    /*
    修改狀態
    */
    if(orderMapper.updateStatusByOrderNbr(new Date(), 2, orderNbr) != 1){
        responseEntity.setRetCode(4001);
        responseEntity.setRetMsg("error occurred while updating order status
in db");
        return;
    }

    responseEntity.setRetCode(1000);
    responseEntity.setRetMsg("order "+orderNbr+" cancelled");
}
```

Louis：這些測試都通過了。對於 Service 層，你還有其他能想到的場景嗎？

Frank：我暫時想不出了，不過這不重要，我們還可以從 Controller 層進行考慮。我們先把 BO 的 Story 上定義的 Definition of Done 的 Feature 檔案寫出來吧。

Frank 找來了一台筆記型電腦，將 icoffee-api-test 專案複製下來。

```
git clone git@gitlab.testops.vip:TestOps/icoffee-api-test.git
```

然後，新建了一個 cancel_order.feature 檔案，如程式清單 8-19 所示。

▶ 程式清單 8-19　Feature 檔案

```
Feature: iCoffee-20190721-f01
  取消訂單
  使用者在創建了咖啡訂單後，在訂單派送前可以取消訂單
```

```
  Scenario: 取消未派送的訂單
    When Sign on to icoffee with testops01 and 12345678
    And Create a new order to ShanghaiPudong with:
      |香草拿鐵, 1|
      |馥芮白, 2 |
    And Cancel this order
    Then Cancel order success

  Scenario: 取消已派送的訂單
    When Sign on to icoffee with testops01 and 12345678
    And Create a new order to ShanghaiPudong with:
      |香草拿鐵, 1|
      |馥芮白, 2 |
    And Deliver this order
    And Cancel this order
    Then Cancel order failed
```

Louis 看著 Feature 檔案思索了一會兒，開始在 iCoffee 專案的 Controller 中增加 cancelOrder 方法，如程式清單 8-20 所示。

▶ 程式清單 8-20　增加 cancelOrder 方法

```
/**
 * 獲取訂單細節
 * @param orderNbr訂單號
 * @param request請求物件
 * @return response返回物件
 */
@GetMapping("/{orderNbr}/cancel")
@ResponseBody
public ResponseEntity cancelOrder(
        @PathVariable("orderNbr") String orderNbr,
        HttpServletRequest request
```

```
){
    ResponseEntity responseEntity = new ResponseEntity();
    AccountDTO accountDTO = (AccountDTO) request.getAttribute("accountDTO");
    orderService.doCancelOrder(accountDTO, orderNbr, responseEntity);
    return responseEntity;
}
```

Louis：這樣應該就可以了，你把 Feature 檔案的 StepDefine 類別寫一下，應該沒有多少，之前已經有現成的了。

Frank：是的，也就 Cancel this order 和 Cancel order success/failed 需要定義一下。

具體程式如程式清單 8-21 所示。

▶ 程式清單 8-21　StepDefine 類別

```
@And("Deliver this order")
public void deliver_order() throws IOException {
    String orderNbr = JsonPath.read(
        VariablePool.get("order-new-response"), "$.data.orderNbr"
    );
    EasyRequest easyRequest = new OkHTTPRequest();
    logger.info("deliver order " + orderNbr);
    EasyResponse easyResponse = easyRequest.setUrl(baseUrl + orderBasePath +
"/" + orderNbr + "/deliver")
            .setMethod("GET")
            .addHeader("Access-Token", VariablePool.get("token"))
            .execute();
    logger.info("get response: " + easyResponse.getBody());
    if(easyResponse.getCode() != 200){
        throw new RuntimeException("error sending request to new order");
    }
}
```

```
@Then("Cancel order {word}")
public void cancel_order_assert(String result){
    int retCode = JsonPath.read(VariablePool.get("order-cancel-response"),
"$.retCode");
    if(result.equalsIgnoreCase("success")){
        Assert.assertEquals(retCode, 1000);
    } else if (result.equalsIgnoreCase("fail")){
        Assert.assertNotEquals(retCode, 1000);
    }
}
```

Louis：很好，我們把服務啟動一下，用這個 Feature 檔案測試一下。

Frank 和 Louis 在本地啟動微服務，並執行 Feature 檔案，發現測試完全通過了。

8.5.3 特性分支合入

Frank：我們該提交這個特性分支了。你再確定一下，我們這個 Story 還有沒完成的細節嗎？

Louis：我想過了，沒問題了，合入吧。

```
git commit -am"add cancel order"
git checkout dev-jenkins
git pull
git merge feature-icoffee-20190721-f01
git push
```

Louis 和 Frank 打開瀏覽器並存取 Jenkins 伺服器，看到 CI 任務已經在執行，幾分鐘後，看到任務成功了。

8.5.4 提交測試分支

下午 3 點，Louis 和 Frank 所在的敏捷小組定在這個時間點向測試分支合入。Louis 從 GitLab 的 dev-jenkins 分支上創建了 MR 並向 test-jenkins 提交請求，同時設定審核人為測試小組的負責人。

隨著程式 MR 的提交，Jenkins 的 iCoffee_Build 任務被觸發，剩下的就是等待完成 Pipeline 了。MR 審核如圖 8-9 所示。

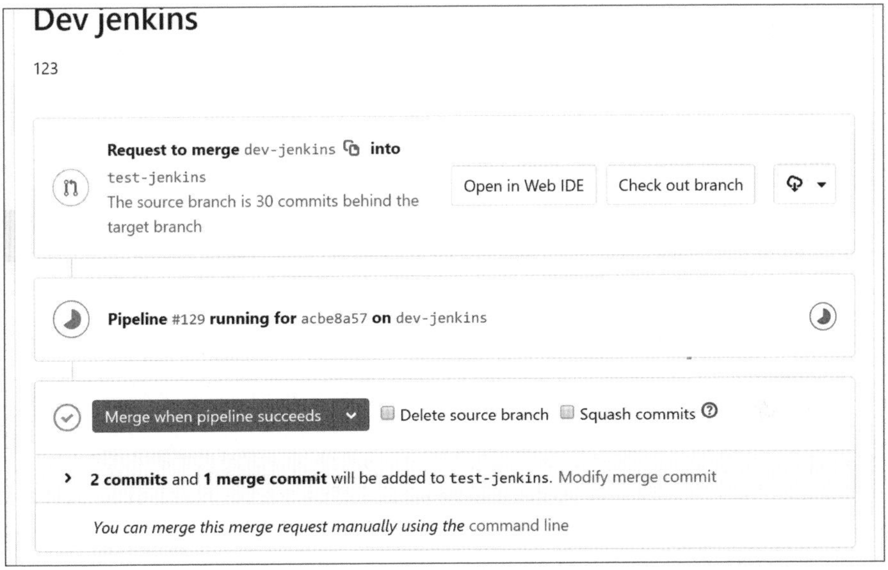

Dev jenkins
123
Request to merge dev-jenkins **into** test-jenkins
The source branch is 30 commits behind the target branch
Open in Web IDE
Check out branch
Pipeline #129 **running for** acbe8a57 **on** dev-jenkins
Merge when pipeline succeeds
Delete source branch
Squash commits
2 commits and **1 merge commit** will be added to test-jenkins. Modify merge commit
You can merge this merge request manually using the command line

圖 8-9

Pipeline 成功後，接著自動觸發了 API 自動化測試。測試成功後，被指定的 MR 負責人收到了通知，顯示目前有一個 MR 等待審核，並且 Pipeline 已經成功了。

Louis：我們這個 Story 基本可以說是完成了，剩下的就是等待 Tomas 來驗收了。趁現在沒事，我們喝杯咖啡去？

Frank：行啊，走。

兩人順利完成了任務，一個 Story 被順利移送到了待驗收的環節。

Chapter

09 容器概述

在整個 DevOps 系統下，容器化是基礎，基於微服務和容器化可以在技術上快速實現環境和高可用性的管理。容器是一種輕量級、可移植、自包含的軟體打包技術，使應用程式幾乎可以在任何地方以相同的方式執行。

本章將主要講解以下 3 部分內容。

(1) 容器技術堆疊介紹：首先，對容器的技術堆疊做了簡介，然後以 Docker 為例，介紹 Docker 使用的底層技術等方面的內容。

(2) 為什麼使用容器技術：主要從容器與虛擬機器技術的比較、容器的優勢和容器帶來的業務價值等幾個方面介紹使用容器技術的原因。

(3) Docker 簡介：主要是以 Docker 為例對上述的部分技術進行展開，介紹 Docker 平台、引擎、架構和使用到的底層技術。

9.1 容器技術堆疊介紹

容器技術堆疊主要包括容器核心技術、容器平台技術和容器支援技術 3 部分。

9.1.1 容器核心技術

容器核心技術是指能讓容器在主機上執行的相關技術，主要有容器規範、容器執行時期、容器管理工具、容器定義工具、容器倉庫和容器作業系統等技術。

（1）容器規範（Specification）。容器廠商很多，生產的容器也很多，如 Docker 公司的 Docker 和 CoreOS 公司的 rkt 等，但沒有統一的規範。於是，在 2015 年 6 月，由 Docker 和其他容器廠商共同成立了 Open Container Initiative（OCI）組織，目的是制訂一個容器的規範，讓不同廠商的映像檔可以在其他廠商的執行時期（Runtime）上執行，從而保證了容器的可攜性。目前主要有兩個規範：Runtime Specification（即 runtime-spec）和 Image Specification（即 image-spec）。

（2）容器執行時期。它為容器映像檔提供執行環境，依賴於作業系統核心。目前容器執行時期有 lxc、runc 和 rkt 等。其中 lxc 是原始的基於 Linux 核心的執行時期；runc 是 Docker 開發的容器執行時期；而 rkt 是 CoreOS 開發的容器執行時期。

（3）容器管理工具。它向下用於與容器執行時期進行互動，向上用於提供容器介面。容器管理工具主要有 lxd、docker engine 和 rkt cli 等。其中 lxd 是 lxc 的管理工具；docker engine 是 runc 的管理工具，主要包含後台處理程序（Daemon）和命令列介面（cli）；rkt cli 是 rkt 的管理工具。

（4）容器定義工具。它用於定義容器的屬性，從而保證容器可以被保存、共用和重建。以 Docker 為例，Docker Image 是 Docker 容器的映像檔，runc（Docker 容器執行時期）依據 Docker Image 創建對應的容器；Dockerfile 是用於創建 Docker Image 的描述檔案。

（5）容器倉庫。它是統一存放、管理容器映像檔的倉庫。Docker Hub 是 Docker 提供的公有容器倉庫；與 Docker Hub 類似，Quay 是另外一個創建、分析和分發容器的公有容器倉庫，主要支持 Docker 和 rkt。除此之外，在企業內部環境，推薦使用者建構私有的容器倉庫。

（6）容器作業系統。目前的作業系統均支援容器執行時期，如 Linux、macOS 和 Windows 等，但這些系統一般比較龐大。容器作業系統是專門訂製執行容器的作業系統，因此體積更小、啟動更快、效率更高。常見的容器作業系統有 CoreOS、Atomic 和 Ubuntu Core 等。

9.1.2 容器平台技術

如果僅在單一主機上執行容器，則使用容器核心技術即可；如果想要大規模叢集在分散式環境中執行容器，則需要使用容器平台技術。容器平台技術主要包括容器編排引擎、容器管理平台和基於容器的 PaaS 平台。

（1）容器編排引擎（Orchestration Engine）。它主要提供容器的管理、排程、叢集定義和服務發現等服務功能，用於動態地創建、遷移和銷毀容器。常用的容器編排引擎有 Kubernetes、Docker Swarm 和 Mesos+Marathon 等，其中 Kubernetes 是 Google 領導開發的開放原始碼容器編排引擎，也是目前主流、應用最多的容器編排引擎之一；Docker Swarm 是 Docker 開發的容器編排引擎；Mesos 是一個通用的叢集資源排程平台，Mesos 與 Marathon 一起提供容器編排引擎功能。Docker 官方已在 DockerCon EU 2017 上宣佈在 Docker 企業版中支持 Kubernetes。

（2）容器管理平台。它是架構在容器編排引擎之上的更為通用的平台，能夠支援多種編排引擎，抽象了編排引擎的底層實現細節，提供給使用者更方便的功能。容器管理平台有 Rancher 和 ContainerShip 等。

（3）基於容器的 PaaS 平台。它為微服務應用的開發人員和公司提供開發、部署和管理應用的平台，讓使用者不必關心底層基礎設施而專注於應用的開發。基於容器的 PaaS 平台有 OpenShift 和 Flynn 等。

9.1.3 容器支援技術

容器支援技術是主要用於建構、監控、管理大規模容器叢集所需要的相關技術，主要有容器網路技術、服務發現、監控、資料管理和記錄檔管理等。

（1）容器網路技術。容器的出現使網路拓撲變得更加動態和複雜，使用者需要專門的解決方案來管理容器與容器之間、容器與其他實體之間的連通性和隔離性。目前，容器網路技術主要有 Docker Network、Flannel、Calico、Canal 和 Weave 等。其中 Docker Network 是 Docker 原生的網路解決方案，Flannel、Calico、Canal 和 Weave 是第三方的開放原始碼解決方案，它們的設計和實現方式不盡相同，各有優勢和特性，需要根據實際情況來選擇。

（2）服務發現。它是在動態變化的環境下，讓用戶端能夠知道如何存取容器提供的服務的機制。服務發現會保存容器叢集中所有服務最新的資訊（如 IP 和通訊埠），並對外提供 API 和服務查詢功能。服務發現工具有 etcd、Consul 和 ZooKeeper 等。

（3）監控。監控對於基礎架構非常重要，而容器的動態特徵對監控提出了更多挑戰。Docker ps/top/stats 是 Docker 原生的命令列監控工具；除命令列以外，Docker 也提供了 stats API，使用者可以透過 HTTP 請求獲取容器的狀態資訊；sysdig、cAdvisor/Heapster 和 Weave Scope 是其他開放原始碼的容器監控方案。

（4）資料管理。要解決容器中的資料儲存、持久化，以及跨主機遷移後資料同步等問題，就需要了解與容器資料管理相關的技術。資料管理方式主要有 data volume 和 volume driver 等。

（5）記錄檔管理。記錄檔為問題排除和事件管理提供了重要依據，主要的技術有 docker logs 和 logspout。其中 docker logs 是 Docker 原生的記錄檔工具；而 logspout 對記錄檔提供了路由功能，它可以收集不同容器的記錄檔並轉發給其他工具進行後處理。

9.2 為什麼使用容器

容器是開發人員和系統管理員用於開發、部署和執行應用的工具，使用容器可以輕鬆部署應用程式，這個過程稱為容器化。

9.2.1 容器與虛擬機器技術

容器與虛擬機器技術都是為應用提供封裝和隔離的技術，容器技術與虛擬機器技術的比較如圖 9-1 所示。

容器在主機作業系統的使用者空間中執行，與作業系統的其他處理程序隔離，這一點顯著區別於虛擬機器。因為多個容器共用主機作業系統核心，所以容器比虛擬機器更輕量。另外，因為啟動容器不需要啟動整個作業系統，所以容器部署和啟動速度更快，負擔更小，也更容易遷移。

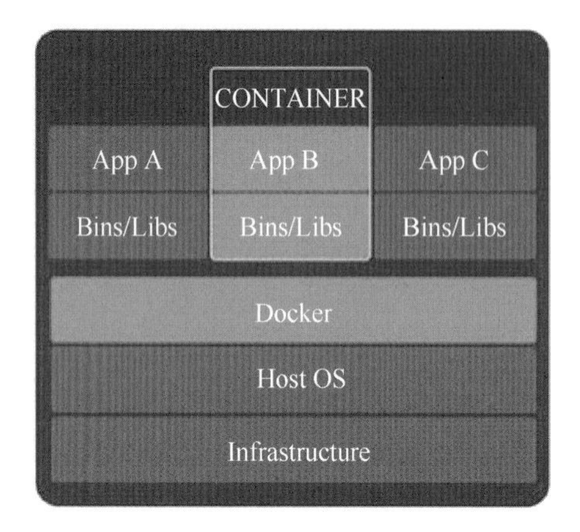

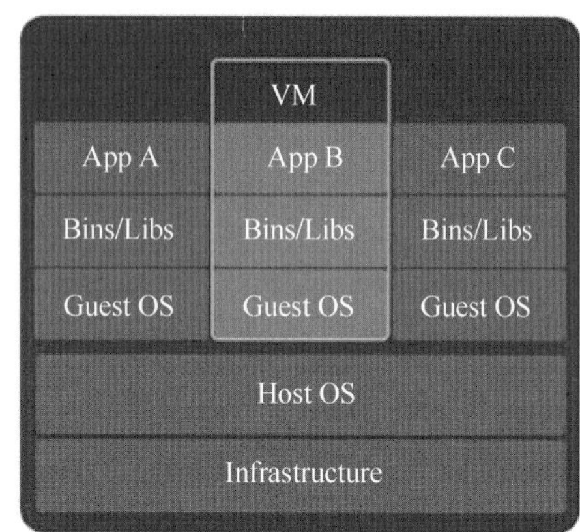

圖 9-1

相比之下，傳統虛擬機器技術（如 VMWare、KVM、Xen）執行了一個完整的「客戶」作業系統，它透過虛擬機器管理程式對主機資源進行虛擬存取。一般來說虛擬機器提供的環境比大多數應用程式需要的資源更多。

9.2.2 容器的優點

使用容器有以下優點。

- 靈活性：即使是很複雜的應用也可以容器化。
- 輕量級：容器利用並共用主機核心。
- 可互換：可以線上部署、更新和升級。
- 易移植：可以在本地建構，然後在本地資料中心、雲端或其他任何地方執行。
- 可擴充：可以增加並自動分發容器備份。
- 可堆疊：可以線上堆疊服務。

9.2.3 容器的業務價值

對於開發人員和運行維護人員，容器可以帶來不同的業務價值。

對於開發人員，容器表示環境隔離和可重複性。開發人員只需要為應用創建一次執行環境，然後打包成容器便可在其他電腦上執行。另外，容器環境與所在的主機環境是隔離的，就像虛擬機器一樣，但更快、更簡單。

對於運行維護人員，只需要設定好標準的執行時期環境，伺服器就可以執行任何容器。這使得運行維護人員的工作變得更高效、更一致和可重複。容器解決了開發、測試、生產環境的不一致性問題。

9.3 Docker 簡介

透過上面對容器技術的介紹可以看到，容器管理工具有較多的選擇，每種工具都是基於一定的規範和約束的，掌握其中的一種即可。本節將以 Docker 為例對上述的部分技術進行展開。Docker 是一個開發、傳輸和執行應用程式的開放平台。使用 Docker，可以將應用程式與基礎架構分離，以便快速交付軟體，也可以像管理應用程式一樣管理基礎架構。利用 Docker 快速分發、測試、部署等一系列優勢，可以大幅度地減少編寫程式到上線執行的延遲。

9.3.1 Docker 平台

Docker 提供了一種在隔離環境下打包和執行應用程式的能力。這種隔離性和安全性允許一台主機上同時執行多個容器。容器非常輕量級，因為它不需要額外的管理負載，直接在主機核心中執行。這表示在相同的硬體環境下可以執行比使用虛擬機器時更多的容器，甚至可以直接在虛擬機器中執行 Docker 容器。

Docker 提供了工具和平台來管理容器的生命週期。

（1）使用容器開發應用程式及其支援元件。

（2）容器成為分發和測試應用程式的單元。

（3）使用編排服務，可以將應用程式部署到本地資料中心、公有雲或混合雲上。

9.3.2 Docker 引擎

Docker 引擎是 C/S 架構的應用程式，主要包含以下幾個元件，如圖 9-2 所示。

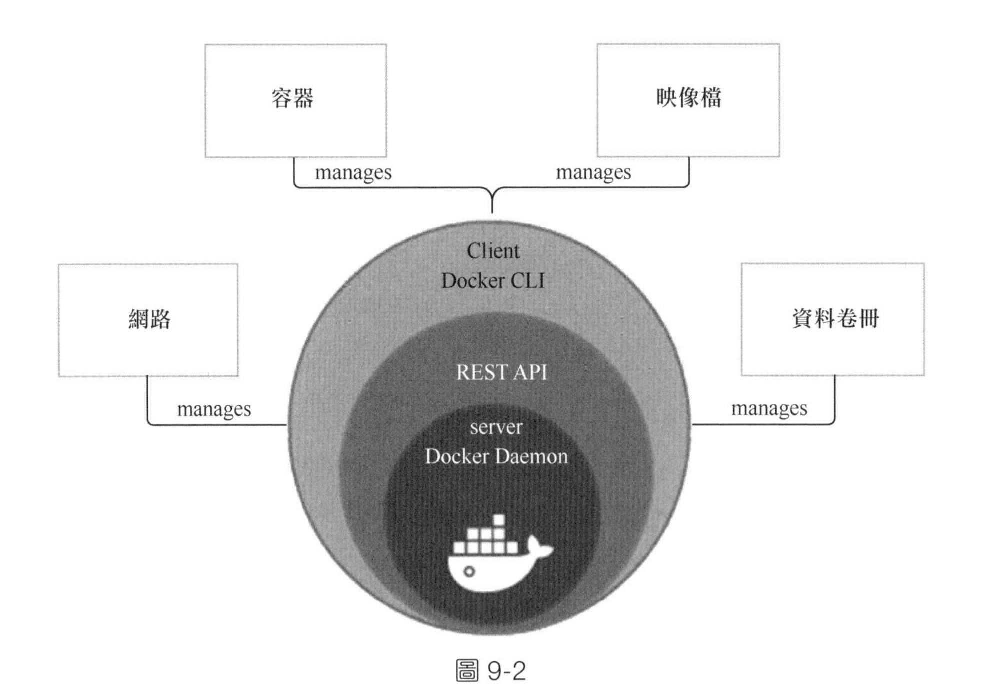

圖 9-2

（1）Docker Daemon：一個長期執行的服務端守護處理程序（dockerd）。它用於創建和管理映像檔、容器、網路和卷冊等一系列 Docker 物件。

（2）REST API：應用程式與守護處理程序互動的介面。

（3）CLI：命令列介面用戶端（docker 命令）。

9.3.3 Docker 架構

Docker 使用 C/S 架構，其中，Docker Daemon 負責建構、執行和分發 Docker 容器，Docker 用戶端透過 REST API、UNIX 通訊端或網路介面等幾種方式向 Docker Daemon 發送請求，兩者既可以在同一台物理主機上，又可以在不同的物理主機上。Docker 的核心元件有服務處理程序（Docker Daemon）、用戶端（Client）、映像檔倉庫（Registry）和物件（Docker Objects），如圖 9-3 所示。

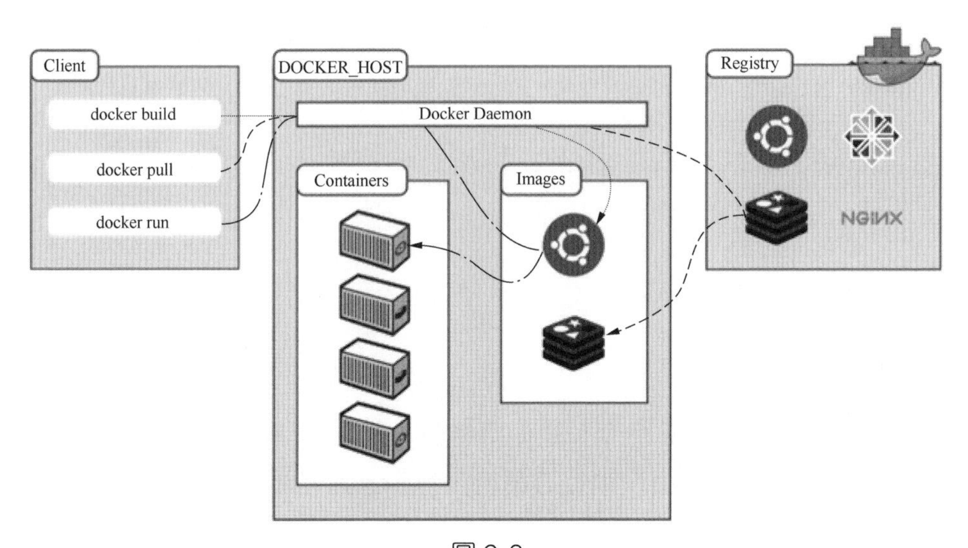

圖 9-3

1. Docker Daemon

Docker Daemon（dockerd 處理程序）以後台服務的方式執行在主機上，負責監聽 Docker API 的請求並管理映像檔、容器、網路和卷冊等 Docker 物件。一個節點上的 Daemon 也可以與其他節點上的 Daemon 進行通訊，以管理 Docker 服務。

注意，對應的設定檔為 /etc/systemd/system/multi-user.target.wants/docker.service。

舉例來說，透過 systemctl status docker.service 命令可以查看當前 Docker Daemon 的狀態，如程式清單 9-1 所示。

▶ 程式清單 9-1　查看 Docker 服務狀態是否正常

```
[root@docker ~]# systemctl status docker.service
• docker.service - Docker Application Container Engine
   Loaded: loaded (/usr/lib/systemd/system/docker.service; enabled; vendor
preset: disabled)
  Drop-In: /usr/lib/systemd/system/docker.service.d
           └─flannel.conf
   Active: *active (running)* since 一 2019-01-07 15:26:58 CST; 4 days ago
     Docs: https://docs.docker.com
 Main PID: 878 (dockerd)
    Tasks: 9
```

2. Docker Client

Docker Client（docker 命令）是使用者與 Docker 互動的主要方式。當使用者使用 docker run 命令執行容器時，用戶端會把命令發送給服務處理程序執行。

舉例來說，透過 docker --version 命令可以查看當前 Docker 的版本資訊，如程式清單 9-2 所示。

▶ 程式清單 9-2　查看 Docker 的版本資訊

```
[root@docker ~]# docker --version
Docker version 18.09.0, build 4d60db4
```

3. Docker Registry

Docker Registry 是存放 Docker 映像檔的倉庫。Registry 分私有和公有兩種：Docker Hub 是預設的公有 Registry，由 Docker 公司維護，上面有數以萬計的映像檔，使用者可以自由下載和使用；出於對速度或安全的考慮，使用者也可以創建自己的私有 Registry。

使用 docker pull 或 docker run 命令，可以從設定的 Registry 下載需要的映像檔；使用 docker push 命令，可以上傳映像檔到設定的 Registry。

4. Docker Objects

使用 Docker，可以創建並使用映像檔、容器、服務、網路和儲存等。

（1）Docker（映像檔）：映像檔是包含一系列創建容器指令的唯讀範本，透過映像檔可以創建容器。生成映像檔的方法有 3 種：①從無到有開始創建映像檔，這種方法不太常用，一般是官方維護的映像檔；②基於其他映像檔創建新的映像檔，這是常用的方法之一，透過 Dockerfile 檔案對映像檔的內容和創建步驟進行描述，很容易實現訂製化；③直接下載並使用官方或第三方創建好的映像檔。

（2）Docker（容器）：容器是一個映像檔的執行實例，不同的容器是相對隔離的。可以透過 API 或 CLI 啟動、停止、移動或刪除容器。可以把容器連接到一個或多個網路上，為容器增加儲存，甚至基於容器當前的狀態生成映像檔。對於應用軟體，可以認為映像檔是軟體生命週期的建構和打包階段，而容器則是啟動和執行階段。

（3）Docker（服務）：服務可以在多個 Docker Daemon 中平滑擴充容器，這些服務處理程序以 Swarm 的模式工作在一起，包含有很多的 manager 和 worker。每一個 Swarm 的成員都是一個 Docker Daemon，它們之間透過 API 進行通訊。透過服務，可以在所有的 worker 節點上實現負載平衡；可以定義一個在任何時間都必須滿足的預期狀態（Desired State），如容器的備份數；可以以單一應用的方式呈現給使用者。

（4）網路：Docker 的網路子系統是以外掛程式模式執行的，預設提供了 bridge、host、overlay、macvlan 和 none 等網路驅動外掛程式。其中 bridge 外掛程式是預設的網路驅動，主要用於應用執行在單機環境且需要通訊的場景；host 外掛程式主要用於單機環境直接使用主機網路的場景；overlay 外掛程式用於叢集環境中多 Docker 處理程序的互相通訊；macvlan 外掛程式允許為容器指定一個 MAC 位址；none 外掛程式是關閉所有網路功能，一般用於測試場景。除上述外掛程式之外，還可以安裝第三方的網路外掛程式，如 flannel、calico 等。

（5）儲存：預設情況下，在容器裡面創建的檔案都會寫到寫入容器層（Writable Container Layer），這樣會存在幾個問題：①資料無法持久化，也很難被容器外其他應用存取；②與容器的寫入層耦合嚴重。因此，可以選擇其他兩種儲存檔案的方式：卷冊和掛載點（Bind Mounts），如果容器執行在 Linux 系統上，那麼可以使用 tmpfs mount 方式；如果執行在 Windows 系統上，那麼可以使用 named pipe 等方式。

9.3.4 Docker 使用的底層技術

Docker 是用 Go 語言編寫的，利用了 Linux 核心的一些功能來實現其功能。Docker 主要的底層技術有命名空間（Namespace）、控制組（Control group）、聯合檔案系統（Union File System，UnionFS）和容器格式（Container format）等。

命名空間：Docker 利用命名空間技術來提供隔離的工作空間。執行容器時，Docker 會為容器創建一系列的命名空間。Docker Engine 在 Linux 系統上使用以下命名空間。

（1）PID（Process ID）命名空間：處理程序隔離。
（2）NET（Networking）命名空間：管理網路介面。
（3）IPC（InterProcess Communication）命名空間：管理對 IPC 資源的存取。
（4）MNT（Mount）命名空間：管理檔案系統掛載點。
（5）UTS（UNIX Timesharing System）命名空間：隔離核心和版本識別符號。

控制組：Linux 系統上的 Docker Engine 還依賴於控制組技術。控制組將應用程式限制為特定的資源集，允許 Docker Engine 將可用的硬體資源分享給容器，並可選擇性地進行限制和約束。舉例來說，可以限制特定容器的可用記憶體大小。

UnionFS：它是一種透過創建層來使其更加輕量和快速的檔案系統。Docker Engine 使用 UnionFS 為容器提供建構區塊，並可以使用多種 UnionFS 變形，包括 AUFS、btrfs、VFS 和 DeviceMapper 等。

容器格式：預設容器格式是 libcontainer。Docker Engine 將命名空間、控制組和 UnionFS 組合成一個稱為容器格式的包裝器。

Chapter

10

安裝 Docker CE

本章將主要介紹以下幾部分內容。

（1）實驗環境介紹：主要介紹 Docker 部分使用的 3 台虛擬機器的基本資訊。

（2）Docker 版本概覽：主要介紹 Docker CE 版本和 Docker EE 版本的差異。

（3）單主機安裝 Docker CE：主要介紹線上環境下使用 YUM 安裝和離線環境下使用 RPM 套件安裝等兩種單主機安裝方案。

（4）多主機安裝 Docker CE：主要介紹線上環境下使用 Docker Machine 工具安裝和離線環境下使用 Ansible 安裝等兩種批次安裝方案。

（5）查閱 Docker 說明文件：主要介紹線上查閱 Docker 文件和離線查閱 Docker 文件兩種方式。

10.1 實驗環境介紹

本書涉及 Docker 的部分一共有 3 台安裝有 CentOS 7.5 作業系統的伺服器（使用 VirtualBox 軟體），根據命令提示符號上的主機名稱即可知道使用的是哪台伺服器。

10.1.1 伺服器資訊

伺服器 0：主機名稱為 docker.example.com/docker-machine.example.com/registry.example.com；IP 位址為 192.168.10.100。

伺服器 1：主機名稱為 docker1.example.com；IP 位址為 192.168.10.101。

伺服器 2：主機名稱為 docker2.example.com；IP 位址為 192.168.10.102。

10.1.2 基本設定

（1）使用 vi 命令修改 3 台測試伺服器的 /etc/hosts 檔案內容，如程式清單 10-1 所示。

▶ 程式清單 10-1　3 台測試伺服器的 /etc/hosts 檔案內容

```
127.0.0.1   localhost localhost.localdomain localhost4 localhost4.localdomain4
::1         localhost localhost.localdomain localhost6 localhost6.localdomain6

192.168.10.100  registry        registry.example.example.com
192.168.10.100  docker-machine  docker-machine.example.com
192.168.10.100  docker          docker.example.com
192.168.10.101  docker1         docker1.example.com
192.168.10.102  docker2         docker2.example.com
```

（2）停用防火牆，如程式清單 10-2 所示。

▶ 程式清單 10-2　停用測試伺服器防火牆

```
systemctl disable firewalld.service
systemctl stop firewalld.service
firewall-cmd --state
not running
```

（3）修改 /etc/selinux/config 檔案，禁用 selinux，如程式清單 10-3 所示。

▶ 程式清單 10-3　禁用測試伺服器 selinux

```
setenforce 0

vi /etc/selinux/config
SELINUX=disabled
SELINUXTYPE=targeted
```

10.2 Docker 版本概覽

目前 Docker 主要有以下兩個版本。

Community Edition（CE）：社區版主要是服務於個人開發者和較小的團隊，用於學習 Docker 和做一些基於容器應用的嘗試。

Enterprise Edition（EE）：企業版主要是服務於企業開發者和專業的網際網路技術團隊，用於建構、分發、執行企業內大規模的關鍵應用。

CE 版本和 EE 版本都包含了容器引擎、編排、網路和安全等功能；除此之外，EE 版本還提供了架構認證、外掛程式、映像檔管理、容器應用管理和映像檔安全掃描等進階功能。基於學習的目的，本書所有的實驗使用的都是 Docker CE 版。

10.3 單主機安裝 Docker CE

本書所有的實驗都是基於 CentOS 7.5 作業系統安裝的 Docker CE v18.09.0。本節主要介紹，線上環境下使用 YUM 安裝和離線環境下使用 RPM 套件安裝等兩種單主機安裝方案。

10.3.1 移除舊版本（推薦全新環境安裝）

舊版本的 Docker 被稱為 docker 或 docker-engine，現在 Docker CE 的安裝套件被稱為 docker-ce。移除之後，/var/lib/docker 目錄下的映像檔、容器、卷冊和網路等物件都會被保留。移除已安裝的軟體套件如程式清單 10-4 所示。

▶ 程式清單 10-4　移除已安裝的軟體套件

```
[root@docker ~]# yum remove docker docker-client docker-client-latest
docker-common docker-latest docker-latest-logrotate docker-logrotate docker-
engine
Loaded plugins: fastestmirror
No Match for argument: docker
No Match for argument: docker-client
No Match for argument: docker-client-latest
No Match for argument: docker-common
No Match for argument: docker-latest
No Match for argument: docker-latest-logrotate
No Match for argument: docker-logrotate
No Match for argument: docker-engine
No Packages marked for removal
```

10.3.2 使用 YUM 安裝 Docker

這是 Docker 官方推薦的方式，使用 YUM 來源很容易進行安裝和升級工作，缺點是只能在線上環境下使用。

（1）設定 Repository。其中 yum-utils 提供了 yum-config-manager 工具，device-mapper- persistent-data 和 lvm 是 devicemapper 儲存驅動需要的套件。使用 yum-config-manager 工具增加 docker-ce 的 YUM 來源。安裝 YUM 工具如程式清單 10-5 所示。

▶ 程式清單 10-5　安裝 YUM 工具

```
[root@docker ~]# yum install -y yum-utils device-mapper-persistent-data lvm
[root@docker ~]#
[root@docker ~]# yum-config-manager --add-repo https://download.docker.com/
linux/centos/docker-ce.repo
```

（2）安裝最新版本的 Docker CE。Docker 安裝之後並沒有啟動。使用 YUM 安裝 docker-ce 如程式清單 10-6 所示。

▶ 程式清單 10-6　使用 YUM 安裝 docker-ce

```
[root@docker ~]# yum install docker-ce
```

（3）啟動並驗證安裝是否正確。

驗證的過程也反映了 Docker 的工作流程，使用 docker run 來啟動 hello-world 映像檔。如果發現本地沒有此映像檔，就到預設的 Docker Hub 下載對應的映像檔並執行。啟動 Docker 服務如程式清單 10-7 所示。

▶ 程式清單 10-7　啟動 Docker 服務

```
[root@docker ~]# systemctl start docker
[root@docker ~]#
[root@docker ~]# docker run hello-world
```

```
Unable to find image 'hello-world:latest' locally
latest: Pulling from library/hello-world
1b930d010525: Pull complete
Digest: sha256:2557e3c07ed1e38f26e389462d03ed943586f744621577a99efb77324b0fe535
Status: Downloaded newer image for hello-world:latest

Hello from Docker!

This message shows that your installation appears to be working correctly.
(這個資訊表示你的安裝是正確的)

To generate this message, Docker took the following steps:
 1. The Docker client contacted the Docker daemon.(Docker用戶端與Docker
    後台處理程序建立了連接)
 2. The Docker daemon pulled the "hello-world" image from the Docker Hub.
    (amd64)(Docker後台處理程序從Docker Hub拉取了"hello-world"映像檔)
 3. The Docker daemon created a new container from that image which runs the
    executable that produces the output you are currently reading.(Docker
    後台處理程序使用剛拉取的"hello-world"映像檔創建了一個新的容器，裡面執行
    的可執行程式輸出了當前的這些內容)
 4. The Docker daemon streamed that output to the Docker client, which sent it
    to your terminal.(Docker後台處理程序把這些輸出發送給了Docker用戶端，即使
    用者的終端)

To try something more ambitious, you can run an Ubuntu container with:
 $ docker run -it ubuntu bash

Share images, automate workflows, and more with a free Docker ID:
 https://hub.docker.com/

For more examples and ideas, visit:
 https://docs.docker.com/get-started/
```

10.3.3 使用 RPM 套件安裝 Docker

在企業內，可能無法透過線上方式安裝軟體，因此應該選擇 RPM 安裝方式。

（1）首先下載 RPM 安裝套件，主要是指定版本的 containerd.io-<version>.rpm、docker-ce-- <version>.rpm、docker-ce-cli--<version>.rpm 和 container-selinux-<version>.rpm（替代 docker-ce- selinux-<version>.rpm）等幾個軟體套件。

（2）安裝 Docker CE 版。首先解壓縮 docker-ce-18.09.0.tar.gz，然後依次安裝依賴和軟體，如程式清單 10-8 所示。

▶ 程式清單 10-8　解壓縮並安裝 docker-ce 安裝軟體套件

```
[root@docker ~]# tar zxvf docker-ce-18.09.0.tar.gz
docker-ce-18.09.0/
docker-ce-18.09.0/docker-ce-18.09.0-3.el7.x86_64.rpm
docker-ce-18.09.0/containerd.io-1.2.0-3.el7.x86_64.rpm
docker-ce-18.09.0/docker-ce-cli-18.09.0-3.el7.x86_64.rpm
docker-ce-18.09.0/container-selinux-2.9-4.el7.noarch.rpm
docker-ce-18.09.0/Dependency/
docker-ce-18.09.0/Dependency/libtool-ltdl-2.4.2-22.el7_3.x86_64.rpm
docker-ce-18.09.0/Dependency/audit-libs-python-2.8.1-3.el7.x86_64.rpm
docker-ce-18.09.0/Dependency/checkpolicy-2.5-6.el7.x86_64.rpm
docker-ce-18.09.0/Dependency/libcgroup-0.41-15.el7.x86_64.rpm
docker-ce-18.09.0/Dependency/libsemanage-python-2.5-11.el7.x86_64.rpm
docker-ce-18.09.0/Dependency/policycoreutils-python-2.5-22.el7.x86_64.rpm
docker-ce-18.09.0/Dependency/python-IPy-0.75-6.el7.noarch.rpm
docker-ce-18.09.0/Dependency/setools-libs-3.3.8-2.el7.x86_64.rpm
docker-ce-18.09.0/Dependency/libseccomp-2.3.1-3.el7.x86_64.rpm
[root@docker ~]#
[root@docker ~]# cd docker-ce-18.09.0
```

```
[root@docker docker-ce-18.09.0]#
[root@docker docker-ce-18.09.0]# rpm -ivh Dependency/*
警告：Dependency/audit-libs-python-2.8.1-3.el7.x86_64.rpm: 頭V3 RSA/SHA256
Signature, 金鑰 ID f4a80eb5: NOKEY
準備中...                           ################################# [100%]
正在升級/安裝...
   1:setools-libs-3.3.8-2.el7        ################################# [ 11%]
   2:python-IPy-0.75-6.el7           ################################# [ 22%]
   3:libsemanage-python-2.5-11.el7   ################################# [ 33%]
   4:libcgroup-0.41-15.el7           ################################# [ 44%]
   5:checkpolicy-2.5-6.el7           ################################# [ 56%]
   6:audit-libs-python-2.8.1-3.el7   ################################# [ 67%]
   7:policycoreutils-python-2.5-22.el7################################# [ 78%]
   8:libtool-ltdl-2.4.2-22.el7_3     ################################# [ 89%]
   9:libseccomp-2.3.1-3.el7          ################################# [100%]
[root@docker docker-ce-18.09.0]# rpm -ivh *.rpm
警告：containerd.io-1.2.0-3.el7.x86_64.rpm: 頭V4 RSA/SHA512 Signature,
金鑰 ID 621e9f35: NOKEY
警告：container-selinux-2.9-4.el7.noarch.rpm: 頭V4 DSA/SHA1 Signature,
金鑰 ID 192a7d7d: NOKEY
準備中...                           ################################# [100%]
正在升級/安裝...
   1:containerd.io-1.2.0-3.el7       ################################# [ 25%]
   2:docker-ce-cli-1:18.09.0-3.el7   ################################# [ 50%]
   3:container-selinux-2:2.9-4.el7   ################################# [ 75%]
setsebool:  SELinux is disabled.
   4:docker-ce-3:18.09.0-3.el7       ################################# [100%]
```

（3）啟動容器並檢查服務狀態，如程式清單 10-9 所示。

▶ 程式清單 10-9　啟動 Docker 服務

```
[root@docker ~]# systemctl start docker.service
[root@docker ~]#
```

```
[root@docker ~]# systemctl status docker.service
● docker.service - Docker Application Container Engine
   Loaded: loaded (/usr/lib/systemd/system/docker.service; disabled;
vendor preset: disabled)
   Active: active (running) since 三 2019-01-23 11:15:00 CST; 19s ago
     Docs: https://docs.docker.com
 Main PID: 1206 (dockerd)
    Tasks: 18
   Memory: 46.9M
   CGroup: /system.slice/docker.service
           ├─1206 /usr/bin/dockerd -H unix://
           └─1214 containerd --config /var/run/docker/containerd/
containerd.toml --log-level info
```

10.3.4 移除 Docker CE

（1）移除 Docker CE 安裝套件，如程式清單 10-10 所示。

▸ 程式清單 10-10　移除 docker-ce

```
[root@docker ~]# yum remove docker-ce
```

（2）主機上的映像檔、容器、卷冊和自訂設定檔不會自動刪除，需要手動刪除，如程式清單 10-11 所示。

▸ 程式清單 10-11　刪除相關的目錄

```
[root@docker ~]# rm -rf /var/lib/docker
```

更多內容可參考 Docker 官方網站。

10.4 多主機安裝 Docker CE

本節主要介紹線上環境下使用 Docker Machine 工具安裝，和離線環境下使用 Ansible 安裝等兩種批次安裝方案。

10.4.1 使用 Docker Machine 批次安裝 Docker 主機

Docker Machine 是可以批次安裝、管理和設定在不同的環境下 Docker 主機的工具。這個主機可以是本地的虛擬機器、物理機，也可以是公有雲中的雲端主機，如正常 Linux 作業系統，VirtualBox、VMWare、Hyper-V 等虛擬化平台，以及 OpenStack、AWS、Azure 等公有雲。

1. 安裝 Docker Machine

（1）透過 curl 命令下載 docker-machine 二進位檔案，並給予許可權到對應目錄中，推薦將 docker-machine 目錄放到 Path 環境變數中，如程式清單 10-12 所示。

▶ 程式清單 10-12　從 Git Hub 上下載 docker-machine 二進位檔案

```
# curl -L https://github.com/docker/machine/releases/download/v0.16.1/docker
-machine-`uname -s`-`uname -m` >/tmp/docker-machine &&
chmod +x /tmp/docker-machine && cp /tmp/docker-machine /usr/local/bin/
docker-machine
```

（2）透過 docker-machine version 命令來驗證是否可執行，如程式清單 10-13 所示。

▶ 程式清單 10-13　查看 docker-machine 版本

```
[root@docker-machine ~]# docker-machine version
```

```
docker-machine version 0.16.1, build cce350d7
[root@docker-machine ~]#
```

2. 安裝 bash 補全指令稿

Docker Machine 資源庫提供了多個 bash 指令稿來增強其特性，如透過 Tab 鍵命令補全、在 Shell 提示符號中顯示活躍的主機等。需要把對應的指令稿增加到 etcbash_completion.d 或 usrlocaletcbash_completion.d 目錄下。

（1）下載對應的指令稿，如程式清單 10-14 所示。

▶ 程式清單 10-14　從 GitHub 上下載 bash 補全指令稿

```
base=https://github.com/docker/machine/tree/master/contrib/completion/bash
for i in docker-machine-prompt.bash docker-machine-wrapper.bash docker-
machine.bash
do
      wget "$base/${i}" -P /etc/bash_completion.d
done
```

（2）在 ~/.bashrc 檔案中增加設定，並使指令稿生效（需要等到 Docker 主機部署好才有效果），如程式清單 10-15 所示。

▶ 程式清單 10-15　修改 docker-machine 主機的 bash 檔案

```
PS1='[\u@\h \W$(__docker_machine_ps1)]\$ '
source /etc/bash_completion.d/docker-machine-prompt.bash
source ~/.bashrc
```

3. 創建 Machine

對 Docker Machine 工具來說，"Machine" 就是執行 Docker Engine 的主機。

（1）實驗環境：3 台 VirtualBox 創建的虛擬機器，CentOS 7.5 作業系統，主機名稱分別為 docker- machine、docker1 和 docker2，IP 位址分別為 192.168.10.100、192.168.10.101、192.168.10.102。

（2）使用 docker-machine ls 命令查看可用的主機清單，如程式清單 10-16 所示。從結果可以看到，目前還沒有創建任何主機。

▶ 程式清單 10-16　查看 docker-machine 管理的主機清單

```
[root@docker-machine ~]# docker-machine ls
NAME   ACTIVE   DRIVER   STATE   URL   SWARM   DOCKER   ERRORS
[root@docker-machine ~]#
```

（3）設定 docker-machine 到 docker1 和 docker2，可以 SSH 免密碼登入（如果伺服器很多，那麼可以考慮使用 Ansible），如程式清單 10-17 所示。

▶ 程式清單 10-17　設定免密碼登入

```
[root@docker-machine ~]# ssh-keygen -t rsa
Generating public/private rsa key pair.
Enter file in which to save the key (/root/.ssh/id_rsa):
Created directory '/root/.ssh'.
Enter passphrase (empty for no passphrase):
Enter same passphrase again:
Your identification has been saved in /root/.ssh/id_rsa.
Your public key has been saved in /root/.ssh/id_rsa.pub.
The key fingerprint is:
SHA256:/dizO5x/NqZuHkeGeisB6O+rfCt74A/mxB3ujfFVsoo root@docker-machine
The key's randomart image is:
+---[RSA 2048]-----+
|                  |
|                  |
|        .         |
```

```
|       . o     .  |
|      . S.o  o +  |
|      .oo .=. *   |
|      .=o+.o=* .  |
|      =oo+*.B++oo|
|       =OEo+BO+o.|
+----[SHA256]-----+
[root@docker-machine ~]# ssh-copy-id -f -i ~/.ssh/id_rsa.pub root@192.168.10.101
/usr/bin/ssh-copy-id: INFO: Source of key(s) to be installed: "/root/.ssh/
id_rsa.pub"
root@192.168.10.101's password:

Number of key(s) added: 1

Now try logging into the machine, with:   "ssh 'root@192.168.10.101'"
and check to make sure that only the key(s) you wanted were added.

[root@docker-machine ~]# ssh root@192.168.10.101 hostname
docker1.htssec.com
[root@docker-machine ~]#
[root@docker-machine ~]# ssh-copy-id -f -i ~/.ssh/id_rsa.pub root@192.168.10.102
/usr/bin/ssh-copy-id: INFO: Source of key(s) to be installed: "/root/.ssh/
id_rsa.pub"
root@192.168.10.102's password:

Number of key(s) added: 1

Now try logging into the machine, with:   "ssh 'root@192.168.10.102'"
and check to make sure that only the key(s) you wanted were added.

[root@docker-machine ~]# ssh root@192.168.10.102 hostname
docker2.example.com
```

（4）使用 Docker Machine 創建主機，如程式清單 10-18 所示。Docker Machine 支持多種驅動，如常用的 generic 是普通的 Linux 伺服器，openstack 是 OpenStack 平台。具體可參閱文件 Machine Driver。這個步驟執行了多個動作，主要有以下動作。

- 透過 SSH 登入遠端主機。
- 安裝最新版本的 Docker。
- 複製證書。
- 遠端設定 Docker Daemon。
- 啟動 Docker。

▶ 程式清單 10-18　使用 docker-machine 創建主機

```
[root@docker-machine ~]# docker-machine create --driver generic --generic-
ip-address=192.168.10.101 docker1
Running pre-create checks...
Creating machine...
(docker1) No SSH key specified. Assuming an existing key at the default
location.
Waiting for machine to be running, this may take a few minutes...
Detecting operating system of created instance...
Waiting for SSH to be available...
Detecting the provisioner...
Provisioning with centos...
Copying certs to the local machine directory...
Copying certs to the remote machine...
Setting Docker configuration on the remote daemon...
Checking connection to Docker...
Docker is up and running!
To see how to connect your Docker Client to the Docker Engine running on
this virtual
machine, run: docker-machine env docker1
```

```
[root@docker-machine ~]#
[root@docker-machine ~]# docker-machine create --driver generic --generic-
ip-address=192.168.10.102 docker2
[root@docker-machine ~]#
```

（5）查看目前平台狀態，兩台伺服器按照預期安裝了 Docker 環境，如程式清單 10-19 所示。

▶ 程式清單 10-19　使用 docker-machine 查看安裝的主機

```
[root@docker-machine ~]# docker-machine ls
NAME      ACTIVE   DRIVER    STATE     URL                        SWARM   DOCKER     ERRORS
docker1   -        generic   Running   tcp://192.168.10.101:2376          v18.09.0
docker2   -        generic   Running   tcp://192.168.10.102:2376          v18.09.0
[root@docker-machine ~]#
```

4. 管理 Machine

（1）查看 docker1 主機的環境變數，如程式清單 10-20 所示。

▶ 程式清單 10-20　查看 docker1 主機的環境變數

```
[root@docker-machine ~]# docker-machine env docker1
export DOCKER_TLS_VERIFY="1"
export DOCKER_HOST="tcp://192.168.10.101:2376"
export DOCKER_CERT_PATH="/root/.docker/machine/machines/docker1"
export DOCKER_MACHINE_NAME="docker1"
# Run this command to configure your shell:
# eval $(docker-machine env docker1)
```

（2）切換到 docker1 主機操作，如程式清單 10-21 所示。

▶ 程式清單 10-21　切換主機操作

```
[root@docker-machine ~]# eval $(docker-machine env docker1)
```

```
[root@docker-machine ~ [docker1]]# docker images
REPOSITORY        TAG          IMAGE ID          CREATED          SIZE
hello-world       latest       fce289e99eb9      3 weeks ago      1.84kB
busybox           latest       3a093384ac30      3 weeks ago      1.2MB
[root@docker-machine ~ [docker1]]# docker run hello-world

Hello from Docker!
This message shows that your installation appears to be working correctly.

To generate this message, Docker took the following steps:
 1. The Docker client contacted the Docker daemon.
 2. The Docker daemon pulled the "hello-world" image from the Docker Hub.
    (amd64)
 3. The Docker daemon created a new container from that image which runs the
    executable that produces the output you are currently reading.
 4. The Docker daemon streamed that output to the Docker client, which sent it
    to your terminal.

To try something more ambitious, you can run an Ubuntu container with:
 $ docker run -it ubuntu bash

Share images, automate workflows, and more with a free Docker ID:
 https://hub.docker.com/

For more examples and ideas, visit:
 https://docs.docker.com/get-started/
```

10.4.2 移除 Docker Machine

（1）首先需要刪除使用 docker-machine 創建的 Docker 主機。

- 刪除單一 Docker 主機：# docker-machine rm <machine-name>。
- 刪除所有 Docker 主機：# docker-machine rm -f $(docker-machine ls -q)。

（2）然後刪除 docker-machine 二進位檔案。

```
# rm $(whereis docker-machine)
```

10.4.3 使用 Ansible 批次安裝 Docker 主機

Docker Machine 需要線上才可以批次安裝、管理和設定不同環境下的 Docker 主機，但是一般企業基於安全方面的考慮是不會讓所有的主機都線上安裝的。此時使用 Ansible 批次安裝 Docker 主機就顯得更實用、更有價值。

1. 安裝 Ansible

因為 Ansible 的安裝過程不是本書的重點，所以略過，更詳細的內容可以參考相關文件。

（1）安裝 EPEL 來源。此 RPM 套件會隨著版本變化而變化。安裝 EPEL 來源，如程式清單 10-22 所示。

▶ 程式清單 10-22　安裝 EPEL 來源

```
[root@docker ~]# yum install http://mirrors.163.com/centos/7/extras/x86_64/
Packages/epel-release-7-11.noarch.rpm
```

（2）使用 YUM 來源安裝 Ansible。其中 ansible.cfg 檔案是 Ansible 的設定檔；hosts 檔案是 Ansible 的主倉庫，用來儲存需要管理的遠端主機的相關資訊。安裝 Ansible 工具，如程式清單 10-23 所示。

▶ 程式清單 10-23　安裝 Ansible 工具

```
[root@docker ~]# yum install -y ansible
[root@docker ~]#
[root@docker ~]# ansible --version
```

```
ansible 2.7.5
  config file = /etc/ansible/ansible.cfg
  configured module search path = [u'/root/.ansible/plugins/modules', u'/
  usr/share/ansible/plugins/modules']
  ansible python module location = /usr/lib/python2.7/site-packages/ansible
  executable location = /usr/bin/ansible
  python version = 2.7.5 (default, Apr 11 2018, 07:36:10) [GCC 4.8.5 20150623
  (Red Hat 4.8.5-28)]

[root@docker ~]# tree /etc/ansible
/etc/ansible
├── ansible.cfg
├── hosts
└── roles
```

2. 編寫 Ansible 設定檔

(1) 修改 /etc/ansible/hosts 檔案，增加需要安裝 Docker 的主機清單，如程式清單 10-24 所示。

▶ 程式清單 10-24　增加 Ansible 控制的主機清單

```
#
# It should live in /etc/ansible/hosts
#
#   - Comments begin with the '#' character
#   - Blank lines are ignored
#   - Groups of hosts are delimited by [header] elements
#   - You can enter hostnames or ip addresses
#   - A hostname/ip can be a member of multiple groups

[docker_hosts]
192.168.10.101
192.168.10.102
```

（2）編寫 playbook。playbook 是透過 YAML 格式進行描述定義的，其功能非常強大且靈活，是 Ansible 進行多主機管理的重要方式之一。此處僅簡單滿足批次部署 Docker 主機的需求，更多豐富的用法可在官網參考 Working With Playbooks。編寫 playbook，如程式清單 10-25 所示。

▶ 程式清單 10-25　編寫安裝 docker-ce 的 playbook

```
[root@docker ~]# less install_docker_by_ansible.ymal

- hosts: docker_hosts
  remote_user: root
  tasks:
    - stat: path=/usr/bin/docker
      register: docker_path_register
    - name: Uninstall Docker CE
      yum: name=docker-ce state=removed
      when: docker_path_register.stat.exists == True
    - name: Extract docker-ce-18.09.0.tar.gz into /root/
      unarchive:
          src: /root/docker-ce-18.09.0.tar.gz
          dest: /root/
          keep_newer: yes
    - name: Install Docker CE Dependency
      yum:
        name:
          - /root/docker-ce-18.09.0/Dependency/audit-libs-python-2.8.1-3.el7.
            x86_64.rpm
          - /root/docker-ce-18.09.0/Dependency/checkpolicy-2.5-6.el7.x86_64.rpm
          - /root/docker-ce-18.09.0/Dependency/libcgroup-0.41-15.el7.x86_64.rpm
          - /root/docker-ce-18.09.0/Dependency/libseccomp-2.3.1-3.el7.x86_64.rpm
          - /root/docker-ce-18.09.0/Dependency/libsemanage-python-2.5-11.el7.
            x86_64.rpm
          - /root/docker-ce-18.09.0/Dependency/libtool-ltdl-2.4.2-22.el7_3.
```

```
          x86_64.rpm
        - /root/docker-ce-18.09.0/Dependency/policycoreutils-python-2.5-22.
          el7.x86_64.rpm
        - /root/docker-ce-18.09.0/Dependency/python-IPy-0.75-6.el7.noarch.rpm
        - /root/docker-ce-18.09.0/Dependency/setools-libs-3.3.8-2.el7.x86_64.rpm
      state: present
  - name: Install Docker CE
    yum:
      name:
        - /root/docker-ce-18.09.0/containerd.io-1.2.0-3.el7.x86_64.rpm
        - /root/docker-ce-18.09.0/container-selinux-2.9-4.el7.noarch.rpm
        - /root/docker-ce-18.09.0/docker-ce-cli-18.09.0-3.el7.x86_64.rpm
        - /root/docker-ce-18.09.0/docker-ce-18.09.0-3.el7.x86_64.rpm
      state: present
  - name: Enable docker.service
    service: name=docker.service enabled=yes
  - name: Start docker.service
    service: name=docker state=started
```

（3）檢查 playbook 語法是否正確，如程式清單 10-26 所示。

▶ 程式清單 10-26 檢查 playbook 是否正確

```
[root@docker ~]# ansible-playbook install_docker_by_ansible.ymal --syntax-check
playbook: install_docker_by_ansible.ymal
```

3. 使用 playbook 批次安裝 Docker 主機

（1）設定 docker1 和 docker2 可以實現 SSH 免密碼登入（SSH 免密碼登入的方式可參考 10.4.1 節）。

（2）執行 playbook，如程式清單 10-27 所示。

▶ 程式清單 10-27　執行 playbook

```
[root@docker ~]# ansible-playbook install_docker_by_ansible.ymal

PLAY [docker_hosts] ******************************************************

TASK [Gathering Facts] ***************************************************
ok: [192.168.10.101]
ok: [192.168.10.102]

TASK [stat] **************************************************************
ok: [192.168.10.101]
ok: [192.168.10.102]

TASK [Uninstall Docker CE] ***********************************************
changed: [192.168.10.102]
changed: [192.168.10.101]

TASK [Extract docker-ce-18.09.0.tar.gz into /root/] **********************
ok: [192.168.10.101]
ok: [192.168.10.102]

TASK [Install Docker CE Dependency] **************************************
ok: [192.168.10.101]
ok: [192.168.10.102]

TASK [Install Docker CE] *************************************************
changed: [192.168.10.101]
changed: [192.168.10.102]

TASK [Enable docker.service] *********************************************
changed: [192.168.10.102]
changed: [192.168.10.101]
```

```
TASK [Start docker.service] *********************************************
changed: [192.168.10.101]
changed: [192.168.10.102]

PLAY RECAP **************************************************************
192.168.10.101              : ok=8    changed=4    unreachable=0    failed=0
192.168.10.102              : ok=8    changed=4    unreachable=0    failed=0
```

（3）驗證 Docker 服務是否正常，如程式清單 10-28 所示。

▶ 程式清單 10-28　檢查 Docker 服務的狀態

```
[root@docker1 ~]# systemctl status docker.service
*** docker.service - Docker Application Container Engine
   Loaded: loaded (/usr/lib/systemd/system/docker.service; enabled; vendor
   preset: disabled)
   Active: *active (running)* since Thu 2019-01-24 14:57:43 CST; 31s ago
     Docs: https://docs.docker.com
 Main PID: 9463 (dockerd)
```

10.5 查閱 Docker 說明文件

在學習和使用 Docker 的過程中，可以參考 Docker 官方的說明文件，這與學習其他技術的方法是一致的。查閱 Docker 說明文件的方式有很多種，這裡主要介紹兩種。

10.5.1 線上查閱文件

這是比較直接的一種方式，可以透過在瀏覽器中輸入 https://docs.docker.com/ 查看 Docker 最新版本的線上文件。

10.5.2 離線查閱文件

目前 Docker 暫時沒有提供打包下載說明文件，然後在本地打開的方法。但是，Docker 很巧妙地提供了說明文件容器，前提是有一個容器環境，然後透過下載映像檔的方式，就可以在離線環境查閱文件了。

（1）執行文件容器。可以下載最新版本的容器，如果需要指定的某個版本，那麼加上版本編號即可。這裡的版本是 18.09，如程式清單 10-29 所示。

▶ 程式清單 10-29　下載並執行 Docker 文件的容器

```
[root@docker ~]# docker run -d -p 4000:4000 docs/docker.github.io:latest
Unable to find image 'docs/docker.github.io:latest' locally
latest: Pulling from docs/docker.github.io
cd784148e348: Pull complete
6e3058b2db8a: Pull complete
7ca4d29669c1: Pull complete
a14cf6997716: Pull complete
a4f4d7dedcb4: Pull complete
af4b35dd4ff5: Pull complete
8599fa021613: Pull complete
aec9923ec4b5: Pull complete
5ff06b3c499c: Pull complete
e4ba32f9de26: Pull complete
ff010e280c38: Pull complete
dd4b4072ceb3: Pull complete
812f4ff263c2: Pull complete
168e0cefc6ca: Pull complete
a4c50f3c6f87: Pull complete
878c255ab5e8: Pull complete
1522e4c56ccd: Pull complete
b7ade3a3c2f9: Pull complete
```

```
451532daa3c7: Pull complete
dd0a3c734fd9: Pull complete
98b3c49d61f1: Pull complete
Digest: sha256:d4992301599c58642b1c5c2048465f804aae8ed23da15e768d919f6ed467991d
Status: Downloaded newer image for docs/docker.github.io:latest
8b4b66bd1c558a10e055130a5ba411276301a49440fe016cbf4a5d19a274f70c
[root@docker ~]#
```

（2）在瀏覽器中輸入位址 http://192.168.10.100:4000，即可在本地查看 Docker 說明文件。基於容器部署存取 Docker 說明文件如圖 10-1 所示。

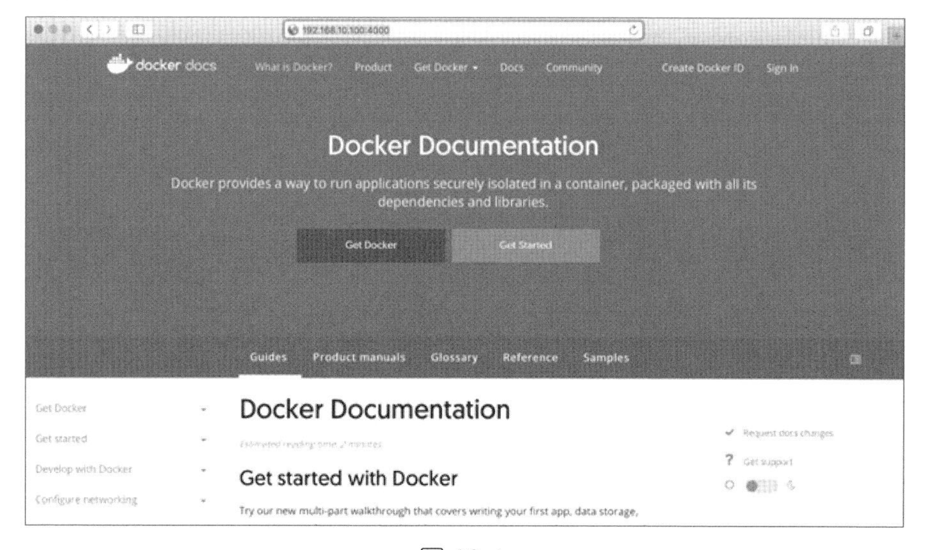

圖 10-1

實驗環境中使用的版本為 v18.09 的說明文件，這個文件可以直接從網路硬碟下載，然後匯入自己的環境。

- 映像檔匯出指令稿：# docker save docs/docker.github.io:latest -o docker_docs:v18.09。
- 映像檔匯入指令稿：# docker load -i docker_docs:v18.09。

Chapter 11

架設私有 Docker Registry

本章主要有以下 3 部分內容。

（1）Docker Hub 簡介：主要介紹 Docker 官方公共倉庫 Docker Hub。

（2）架設私有映像檔倉庫：主要介紹透過 Registry 容器架設一個私有的本地倉庫的方法。

（3）映像檔打標籤的最佳實踐：以 Docker 社區使用的 Tag 方案為例，介紹映像檔打標籤的最佳實踐。

11.1 Docker Hub 簡介

Docker Hub 是由 Docker 官方維護的公共倉庫，並且包含了大量的 Docker 映像檔，大部分的需求可以從 Docker Hub 下載映像檔來實現。

Docker Hub 中的映像檔主要分為以下兩類。

（1）Docker 官方提供映像檔（OFFICIAL=YES），一般是基礎映像檔，並由 Docker 負責創建、驗證、支援和提供。這類映像檔通常由映像檔名和 tag 組成（<image>:<tag>），如 centos:latest 等。

（2）第三方提供映像檔，一般由 Docker 等使用者負責創建並維護。這類映像檔會帶有用戶名字首（<user>/<image>:<tag>），如 royalwzy/mysql:latest。

可以使用 docker 命令對映像檔進行管理和維護，如尋找映像檔（docker search）、拉取映像檔（docker pull）、對映像檔打標籤（docker tag）和上傳映像檔（docker push）等。

11.2 架設私有映像檔倉庫

企業內使用公共倉庫可能會有很多局限性，如網路存取限制、私有映像檔不能讓外部存取、安全原因等。此時可以透過 Registry 工具架設一個私有的本地倉庫，Registry 也是基於容器執行的。

（1）創建本地目錄 /var/lib/registry，並執行 Registry 容器，如程式清單 11-1 所示。預設倉庫會放在容器中，透過指定 -v 參數將映像檔檔案存放在主機本地目錄中。

▶ 程式清單 11-1　創建 Registry 使用的目錄，並執行 Registry 服務

```
[root@registry ~]# mkdir -p /var/lib/registry
[root@registry ~]#
[root@registry ~]# docker run -d -p 5000:5000 --restart=always -v /var/lib/
registry:/var/lib/registry --name registry registry
e0251f3d9324e6d00cf9dc8a2e743a0341ff1513363ee975ea1e9188f971a9c7
[root@registry ~]#
[root@registry ~]# docker ps
```

```
CONTAINER ID   IMAGE      COMMAND     CREATED     STATUS     PORTS     NAMES
e0251f3d9324   registry   "/entrypoint.sh /etc…"   4 seconds ago  Up4 seconds
0.0.0.0:5000->5000/tcp    registry
```

（2）查看私有倉庫，新架設完成時沒有映像檔，後續把自己的映像檔推送進去，如程式清單 11-2 所示。

▶ 程式清單 11-2　測試 Registry 服務是否正常

```
[root@registry ~]# curl registry.example.com:5000/v2/_catalog
{"repositories":[]}
[root@registry ~]#
```

（3）對映像檔打標籤，指向私有 Registry，如程式清單 11-3 所示。對應語法為 docker tag IMAGE [:TAG] [REGISTRY_HOST[:REGISTRY_PORT]/]REPOSITORY[:TAG]。

▶ 程式清單 11-3　對映像檔打標籤

```
[root@registry ~]# docker tag busybox:latest registry.example.com:5000/hello
-world:latest
[root@registry ~]# docker tag busybox:latest registry.example.com:5000/
busybox:latest
[root@registry ~]# docker tag httpd:latest registry.example.com:5000/
httpd:latest
[root@registry ~]# docker images
REPOSITORY                              TAG      IMAGE ID       CREATED      SIZE
busybox                                 latest   3a093384ac30   2 weeks ago 1.2MB
registry.example.com:5000/busybox       latest   3a093384ac30   2 weeks ago 1.2MB
httpd                                   latest   ef1dc54703e2   2 weeks ago 132MB
registry.example.com:5000/httpd         latest   ef1dc54703e2   2 weeks ago 132MB
registry                                latest   9c1f09fe9a86   3 weeks ago 33.3MB
hello-world                             latest   4ab4c602aa5e   4 months ago 1.84kB
registry.example.com:5000/hello-world   latest   4ab4c602aa5e   4 months ago 1.84kB
```

(4) 把映像檔上傳到私有 Registry 中，如程式清單 11-4 所示。如果上傳映像檔時顯示出錯 http: server gave HTTP response to HTTPS client，那麼可以透過在檔案 etcdocker/daemon.json 中增加 { "insecure-registries":["registry.example.com:5000"] } 設定解決。

▶ 程式清單 11-4　上傳映像檔

```
[root@registry ~]# docker push registry.example.com:5000/busybox:latest
The push refers to repository [registry.example.com:5000/busybox]
Get https://registry.example.com:5000/v2/: http: server gave HTTP response
to HTTPS client
[root@registry ~]#
[root@registry ~]# echo '{ "insecure-registries":["registry.example.
com:5000"] }' > /etc/docker/daemon.json
[root@registry ~]# systemctl restart docker
[root@registry ~]#
[root@registry ~]# docker push registry.example.com:5000/busybox:latest
The push refers to repository [registry.example.com:5000/busybox]
683f499823be: Pushed
latest: digest: sha256:bbb143159af9eabdf45511fd5aab4fd2475d4c0e7fd4a5e154b98
e838488e510
size: 527
[root@registry ~]# docker push registry.example.com:5000/httpd:latest
The push refers to repository [registry.example.com:5000/httpd]
64446057e402: Pushed
13a694db88ed: Pushed
3fc0ec65884c: Pushed
30d0b099e805: Pushed
7b4e562e58dc: Pushed
latest: digest: sha256:246fed9aa9be7aaba1e04d9146be7a3776c9a40b5cfb3242d3427
f79edee37db
size: 1367
[root@ registry ~]# docker push registry.example.com:5000/hello-world
```

```
The push refers to repository [registry.example.com:5000/hello-world]
af0b15c8625b: Pushed
latest: digest: sha256:92c7f9c92844bbbb5d0a101b22f7c2a7949e40f8ea90c8b3bc396
879d95e899a size: 524
```

（5）刪除本地映像檔，如程式清單 11-5 所示。

▶ 程式清單 11-5　刪除本地映像檔

```
[root@registry ~]# docker rmi busybox:latest
Untagged: busybox:latest
Untagged: busybox@sha256:7964ad52e396a6e045c39b5a44438424ac52e12e4d5a25d9489
5f2058cb863a0
[root@registry ~]# docker rmi httpd:latest
Untagged: httpd:latest
Untagged: httpd@sha256:a613d8f1dbb35b18cdf5a756d2ea0e621aee1c25a6321b4a05e64
14fdd3c1ac1
[root@registry ~]# docker rmi hello-world
Untagged: hello-world:latest
Untagged: hello-world@sha256:2557e3c07ed1e38f26e389462d03ed943586f744621577
a99efb77324b0fe535
[root@registry ~]# docker images
REPOSITORY                              TAG      IMAGE ID       CREATED        SIZE
registry.example.com:5000/busybox       latest   3a093384ac30   2 weeks ago    1.2MB
registry.example.com:5000/httpd         latest   ef1dc54703e2   2 weeks ago    132MB
registry                                latest   9c1f09fe9a86   3 weeks ago    33.3MB
registry.example.com:5000/hello-world   latest   4ab4c602aa5e   4 months ago   1.84kB
```

（6）查看私有倉庫中的映像檔，可以看到 busybox、hello-world 和 httpd 這 3 個映像檔已經可以在私有倉庫中使用，如程式清單 11-6 所示。

▶ 程式清單 11-6　查看私有倉庫中的映像檔

```
[root@registry ~]# curl registry.example.com:5000/v2/_catalog
```

```
{"repositories":["busybox","hello-world","httpd"]}
[root@registry ~]#
```

（7）下載映像檔。

使用 docker1 主機下載 busybox 映像檔，如程式清單 11-7 所示。

▶ 程式清單 11-7　下載 busybox 映像檔

```
[root@docker1 ~]# docker pull registry.example.com:5000/busybox
Using default tag: latest
latest: Pulling from busybox
57c14dd66db0: Pull complete
Digest: sha256:bbb143159af9eabdf45511fd5aab4fd2475d4c0e7fd4a5e154b98e838488e510
Status: Downloaded newer image for registry.example.com:5000/busybox:latest
```

使用 docker2 主機執行 hello-world 映像檔，如程式清單 11-8 所示。

▶ 程式清單 11-8　執行 hello-world 映像檔

```
[root@docker2 ~]# docker run registry.example.example.com:5000/hello-world
Unable to find image 'registry.example.com:5000/hello-world:latest' locally
latest: Pulling from hello-world
1b930d010525: Pull complete
Digest: sha256:92c7f9c92844bbbb5d0a101b22f7c2a7949e40f8ea90c8b3bc396879d95e899a
Status: Downloaded newer image for registry.example.example.example.example.
com:5000/
hello-world:latest

Hello from Docker!
This message shows that your installation appears to be working correctly.

To generate this message, Docker took the following steps:
 1. The Docker client contacted the Docker daemon.
 2. The Docker daemon pulled the "hello-world" image from the Docker Hub.
    (amd64)
```

```
 3. The Docker daemon created a new container from that image which runs the
    executable that produces the output you are currently reading.
 4. The Docker daemon streamed that output to the Docker client, which sent it
    to your terminal.

To try something more ambitious, you can run an Ubuntu container with:
 $ docker run -it ubuntu bash

Share images, automate workflows, and more with a free Docker ID:
 https://hub.docker.com/

For more examples and ideas, visit:
 https://docs.docker.com/get-started/
```

11.3 映像檔打標籤的最佳實踐

一個映像檔的名字由 Repository 和 Tag 兩部分組成。Repository 用於表示映像檔名字；Tag 可以是任意字串，通常用於描述映像檔的版本資訊。如果創建 / 下載映像檔時不指定 Tag，則會使用預設值 latest。latest 並沒有特殊的含義，Docker Hub 上約定使用 latest 作為 Repository 的最新、最穩定版本。

一個好的版本命名方案可以讓使用者清楚地知道當前使用的是哪個映像檔，同時還可以保持足夠的靈活性。以 Docker 社區使用的 Tag 方案為例，介紹一下映像檔打標籤的最佳實踐。

（1）映像檔 myimage 目前的版本為 18.4.1。因為每個 Repository 可以有多個 Tag，而多個 Tag 可以對應同一個映像檔，我們可以給此映像檔打上標識此版本的標籤 myimage:18.4.1，另外再增加 3 個輔助標籤 myimage:18.4、myimage:18、myimage:latest 指向 myimage:18.4.1。

（2）待 myimage 發佈 18.4.2 版後，給新的 myimage 打上標識此版本的標籤 myimage:18.4.2，同時把 3 個輔助標籤 myimage:18.4、myimage:18、myimage:latest 重新指向 myimage:18.4.2。

（3）之後等待 19.1.1 版發佈，需要給此映像檔打上標識此版本的標籤 myimage:19.1.1，增加兩個輔助標籤 myimage:19.1、myimage:19，另外還需要把 myimage:latest 重新指向 myimage:19.1.1。

整體來說，這種打標籤的原則是：<image>:M 總指向 M.×.× 這個分支中的最新映像檔；<image>:M.N 總指向 M.N.× 這個分支中的最新映像檔；<image>:latest 總指向所有版本中的最新映像檔。

對測試環境來說，為了方便快速架設，可以將其製作為 Docker 映像檔，然後存放在私服中，當需要使用時，快速透過編排的方式切換，從而實現分鐘等級的測試環境建構和切換，提高測試效率。

Chapter 12

Kubernetes 概述

Kubernetes 是一個輕量級的可擴充的開放原始碼分散式排程平台，用於管理容器化的應用和服務。在 Kubernetes 中，會將相關容器組合成一個邏輯單元，便於管理和監控。透過 Kubernetes 能夠方便地完成應用的自動化部署、擴充、縮容、升級、降級等一系列的運行維護工作。Kubernetes 的優勢主要有以下幾點。

（1）自動化裝箱：在不犧牲可用性的條件下，基於容器對資源的要求和約束自動部署容器。同時，為了提高使用率和節省更多資源，將關鍵和最佳工作量結合在一起。

（2）自愈能力：當容器失敗時，會對容器進行重新啟動；當所部署的節點（Node）發生故障時，會對容器進行重新部署和重新排程；當容器未通過監控檢查時，會關閉此容器，直到容器正常執行，才會對外提供服務。

（3）水平擴充和縮容：可以基於 CPU 的使用率，透過簡單的命令、圖形介面對應用進行擴充和縮容。

（4）服務發現和負載平衡：開發者不需要使用額外的服務發現機制，就能夠基於 Kubernetes 進行服務發現和負載平衡。

（5）自動發佈和回覆：Kubernetes 能夠程式化地發佈應用和相關的設定。如果發佈有問題，那麼 Kubernetes 能夠回覆發生的變更。

（6）保密和設定管理：在不需要重新建構映像檔的情況下，可以部署和更新保密和應用設定。

（7）儲存編排：自動掛接儲存系統。這些儲存系統可以來自本地、公共雲提供商（例如 GCP 和 AWS 等）、網路儲存（例如 NFS、iSCSI、Gluster、Ceph、Cinder 和 Floker 等）等。

12.1 Kubernetes 架構簡介

Kubernetes 屬於主從分散式架構，主要由 Master 節點和 Worker 節點組成，它還包括用戶端命令列工具 Kubectl 和其他外掛程式。Kubernetes 架構如圖 12-1 所示。

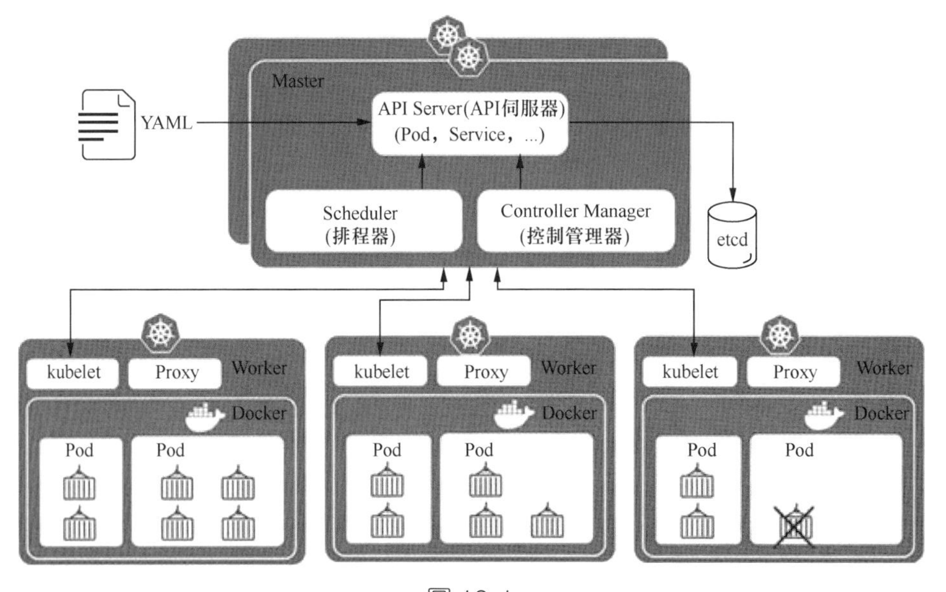

圖 12-1

12.1.1 Master 節點

Master 節點提供了叢集的控制平面，主要用於叢集的全域決策、檢測和回應叢集事件，如排程 Pod、檢測 Pod 備份數量等。生產環境中，建議至少執行 3 個 Master 節點來實現高可用。Master 節點上的主要程式有 kube-apiserver、etcd、kube-scheduler、kube-controller-manager 和 cloud-controller-manager。

（1）kube-apiserver：Kubernetes 最重要的元件之一，用於提供 Kubernetes API，可以認為是 Kubernetes 控制平面的前端程式，也是叢集的閘道。它主要用來處理用戶端發送的請求，並把相關結果狀態儲存、更新到 etcd 資料庫中。kube-apiserver 可以平滑水平擴充，透過負載平衡對外服務，方便大規模叢集擴充。

（2）etcd：它是主流的高可用一致性 key-value 資料庫，也是 Kubernetes 預設的後端資料庫，主要用來儲存叢集中的所有資料、共用設定和服務發現。生產環境中建議部署高可用的 etcd 叢集環境，並根據架構要求，選擇是否與 kube-apiserver 元件耦合部署。

（3）kube-scheduler：Kubernetes 的排程器，根據排程策略為新創建的 Pod 選擇一個合適的節點部署並執行（kubelet 是 Pod 是否能夠執行在特定節點上的最終裁決者）。Pod 的排程過程分為兩步，先使用預選策略，後使用優選策略。參與排程決策的因素主要有資源需求，硬體、軟體、策略的約束，親和力和反親和力規範，資料存放位置，負載影響和最後期限等。

- 預選節點：遍歷叢集中所有的節點，按照具體的預選策略篩選出符合要求的節點列表。如果沒有節點符合預選策略規則，那麼該 Pod 就會被暫停，直到叢集中出現符合要求的節點。

- 優選節點：在預選節點列表的基礎上，按照優選策略為待選的節點進行評分和排序，從中獲取最佳節點。

（4）kube-controller-manager：從邏輯上來說，每個控制器都是一個獨立的處理程序，但是為了降低複雜性，它們都被編譯到一個二進位程式並且在單一處理程序中執行。主要的控制器有 Node Controller、Replication Controller、Endpoints Controller、Service Account & Token Controllers 等。

- Node Controller：負責節點故障時的發現與回應。
- Replication Controller：負責為系統中的每個備份控制器物件維護正確的 Pod 備份數量。
- Endpoints Controller：負責填充端點物件（即連接 Service 和 Pod）。
- Service Account & Token Controllers：為新的命名空間創建預設帳戶和 API 存取權杖。

（5）cloud-controller-manager：雲端管理控制器是從 kube-controller-manager 實現的 Go 語言介面程式，用於實現任何雲端服務的連線。

12.1.2 Worker 節點

Worker 節點主要用於維護執行的 Pod 並提供 Kubernetes 執行時期環境。該節點上的主要程式有：kubelet、kube-proxy 和容器執行時期。

（1）kubelet：叢集中每個節點上都執行的代理程式，它確保容器都以 Pod 的形式執行。kubelet 預設使用 cAdvisor 進行資源監控，負責管理 Pod、容器、映像檔、資料卷冊等，實現叢集對節點的管理，並將容器的執行狀態匯報給 kube-apiserver。kubelet 使用各種機制提供的一組 PodSpecs，並確保 PodSpecs 中描述的容器執行且「健康」，它不管理不是由 Kubernetes 創建的容器。

（2）kube-proxy：在 Kubernetes 中，kube-proxy 負責為 Pod 創建代理服務，透過 iptables 規則啟動存取至服務 IP，並重新導向到後端應用，從而實現服務到 Pod 的路由和轉發，以及高可用的應用負載平衡解決方案（服務發現主要透過 DNS 實現）。

（3）容器執行時期：負責下載映像檔和執行容器。Kubernetes 本身不提供容器執行時期，但是支援多種執行時期（Docker、rkt、runc）和任何 OCI 執行時期規範實現。

12.1.3 外掛程式

外掛程式是實現叢集功能的 Pod 和 Service，是對 Kubernetes 核心功能的擴充，例如提供網路和網路策略等能力。安裝和使用外掛程式可以參閱文件 Installing Addons。常用的外掛程式主要有網路、服務發現、視覺化、監控和記錄檔收集等。

（1）Calico：它是一個安全的三層網路和網路策略提供者。

（2）Flannel：它是一個覆蓋網路的網路提供者。

（3）DNS：Kubernetes 對其他外掛程式無嚴格要求，但是所有叢集都應該部署 DNS 外掛程式，因為很多應用依賴它。由 Kubernetes 啟動的容器會自動指向叢集中的 DNS 伺服器。CoreDNS 是使用較多的 DNS 服務元件之一。

（4）Ingress：提供基於 HTTP 的路由轉發機制。

（5）Dashboard：儀表板是 Kubernetes 叢集的基於 Web 的通用介面。它允許使用者管理和解決叢集中執行的應用程式和叢集本身。

（6）Container Resource Monitoring：容器資源監視器用於記錄容器基於時間序列的度量，並提供瀏覽該資料的介面。

（7）Cluster-level Logging：負責將容器記錄檔保存到中央記錄檔資料庫，並提供查詢 / 瀏覽的介面。

12.2 Kubernetes 的高可用叢集方案介紹

按照 etcd 資料庫是否部署在 Master 節點，Kubernetes 的高可用叢集方案分為以下兩種。

（1）堆疊 etcd 拓撲（Stacked etcd topology）：etcd 資料庫部署在 Master 節點上，即 etcd 資料庫與 Master 節點控制平面的 kube-apiserver、kube-scheduler、kube-controller-manager 元件混合部署。

（2）外部 etcd 拓撲（External etcd topology）：etcd 資料庫獨立部署，即 etcd 資料庫執行在獨立的伺服器上。

12.2.1 堆疊 etcd 拓撲

在堆疊 etcd 拓撲下，每個 Master 節點上都執行了 kube-apiserver、kube-scheduler、kube- controller-manager 實例和 etcd 成員，這個 etcd 成員只與本地的 kube-apiserver 進行通訊，而 kube-apiserver 是以負載平衡的方式曝露給 Worker 節點的。堆疊 etcd 拓撲如圖 12-2 所示。

這種拓撲的優點是部署和管理都很簡單；缺點是一旦 Master 節點故障，etcd 資料庫和 kube-apiserver 都不可用。可以透過增加多個 Master 節點來避開這種風險。

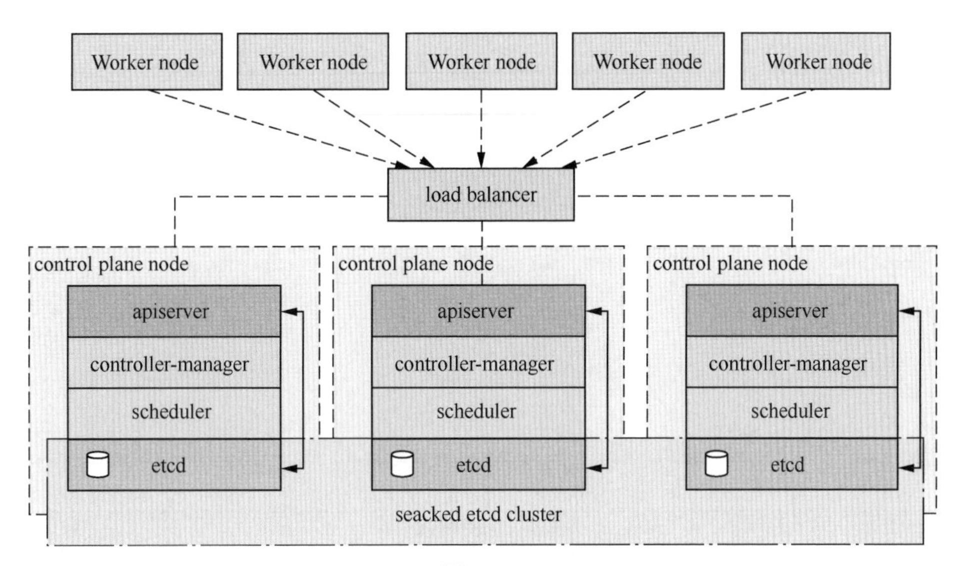

圖 12-2

這是使用 kubeadm 部署的預設方案，當執行 kubeadm init 和 kubeadm join --experimental- control-plane 命令時，會在 Master 節點自動創建 etcd 成員。

12.2.2 外部 etcd 拓撲

在外部 etcd 拓撲下，每個 Master 節點上都執行了 kube-apiserver、kube-scheduler、kube- controller-manager 實例，而 kube-apiserver 是以負載平衡的方式曝露給 Worker 節點的。etcd 叢集是部署在獨立的多個伺服器上的，每個 Master 節點上的 kube-apiserver 分別與 etcd 叢集進行通訊。外部 etcd 拓撲如圖 12-3 所示。

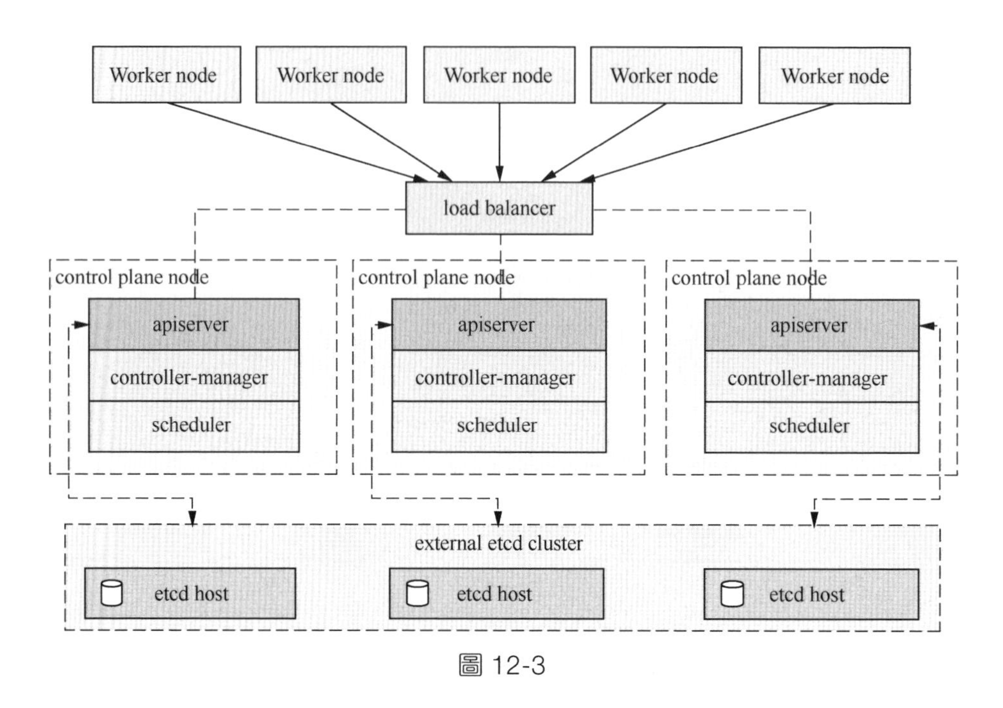

圖 12-3

這種拓撲解耦了控制平面和 etcd 資料庫，它的優點是 Master 節點或 etcd 節點故障對叢集幾乎無影響；缺點是需要更多的伺服器來支援此架構。

Chapter

13

使用 kubeadm 架設 Kubernetes v1.13.2 單主節點叢集

Kubernetes 是一個典型的分散式應用。對初學者來說，其安裝部署一直是比較困難的一件事，需要參考大量的文件並且維護一系列的指令稿。舉例來說，需要為二進位開機檔案編寫對應的設定檔、啟動指令稿和授權檔案等。雖然可以使用 Ansible 等自動化運行維護工具來運行維護，但是維護不同版本之間的差異、不斷更新部署指令稿等工作依然繁雜，且 Ansible 工具本身也有一定的複雜度。

kubeadm 工具是用於簡單部署 Kubernetes 叢集的，此工具使用兩行指令便可以完成自動設定必要的服務、設定安全認證、擴充叢集節點等一系列複雜的操作。目前該工具的缺點是只能部署單主機節點叢集，部署高可用叢集還沒有穩定的版本，暫時無法直接用於生產環境。

使用 kubeadm 部署 Kubernetes 充分利用了容器的優勢，即把可以容器化的元件都以容器的方式執行。需要手動部署 kubeadm、kubelet 和 kubectl 這 3 個二進位檔案，其他如 kube-apiserver、kube-scheduler、kube-controller-manager、kube-proxy、etcd 和 coredns 等元件均以容器的方式執行。kubelet 是 Kubernetes 操作容器執行時期（如 Docker）的

核心元件，它需要直接操作主機設定容器網路、管理容器資料卷冊。如果把 kubelet 容器化並以 host 網路模式執行，則可以共用主機的網路堆疊，並進行設定，但是目前無法以容器的方式直接操作主機的檔案系統。

13.1 實驗環境介紹

本次實驗一共有 3 台裝有 CentOS 7.5 作業系統的伺服器（使用 VirtualBox 軟體），根據命令提示符號上的主機名稱即可知道使用的是哪台伺服器。

13.1.1 伺服器資訊

伺服器相關資訊如下。

（1）伺服器 0：主機名稱為 k8s-m.example.com；IP 位址為 192.168.10.110。
（2）伺服器 1：主機名稱為 k8s-w1.example.com；IP 位址為 192.168.10.111。
（3）伺服器 2：主機名稱為 k8s-w2.example.com；IP 位址為 192.168.10.112。

13.1.2 基本的設定

（1）設定 3 台測試伺服器的 hosts 檔案內容，如程式清單 13-1 所示。

▶ 程式清單 13-1　3 台測試伺服器的 hosts 檔案內容

```
127.0.0.1   localhost localhost.localdomain localhost4 localhost4.localdomain4
::1         localhost localhost.localdomain localhost6 localhost6.localdomain6

192.168.10.110  k8s-m   k8s-m.example.com
```

```
192.168.10.111   k8s-w1   k8s-w1.example.com
192.168.10.112   k8s-w2   k8s-w2.example.com
```

（2）停用防火牆，如程式清單 13-2 所示。

▶ 程式清單 13-2　停用測試伺服器的防火牆

```
# systemctl disable firewalld.service
# systemctl stop firewalld.service
# firewall-cmd --state
not running
```

（3）禁用 selinux，如程式清單 13-3 所示。

▶ 程式清單 13-3　禁用測試伺服器的 selinux

```
# setenforce 0
# vi /etc/selinux/config
SELINUX=disabled
SELINUXTYPE=targeted
```

（4）設定 k8s-m 到 k8s-w1 和 k8s-w2 的 SSH 互信，如程式清單 13-4 所示。

▶ 程式清單 13-4　設定 3 個節點 SSH 互信

```
[root@k8s-m ~]# ssh-keygen -t rsa
Generating public/private rsa key pair.
Enter file in which to save the key (/root/.ssh/id_rsa):
Created directory '/root/.ssh'.
Enter passphrase (empty for no passphrase):
Enter same passphrase again:
Your identification has been saved in /root/.ssh/id_rsa.
Your public key has been saved in /root/.ssh/id_rsa.pub.
The key fingerprint is:
```

```
SHA256:bUjE9pBNOFMb470qF/1MH9E74USk//k1ofkUcuAWxP8 root@k8s-m
The key's randomart image is:
+---[RSA 2048]----+
|        ..*= ...o |
|        .O..=..o .|
|        ..=o .+.+.|
|        . o....*.+|
|         S + o+.X.|
|          . o.+=.E|
|         . o  oo++|
|          o    o +|
|                ..|
+----[SHA256]-----+
[root@k8s-m ~]# ssh-copy-id -f -i ~/.ssh/id_rsa.pub root@192.168.10.111
/usr/bin/ssh-copy-id: INFO: Source of key(s) to be installed: "/root/.ssh/
id_rsa.pub"
The authenticity of host '192.168.10.111 (192.168.10.111)' can't be
established.
ECDSA key fingerprint is SHA256:kX+RWnVfnaPJSxE/WfmsHi1bEiHE0Xiop6nW0s3mNWY.
ECDSA key fingerprint is MD5:02:0e:23:09:fe:01:c8:8f:8a:12:91:78:2c:74:0c:44.
Are you sure you want to continue connecting (yes/no)? yes
root@192.168.10.111's password:

Number of key(s) added: 1

Now try logging into the machine, with:   "ssh 'root@192.168.10.111'"
and check to make sure that only the key(s) you wanted were added.

[root@k8s-m ~]# ssh root@192.168.10.111 hostname
k8s-w1
[root@k8s-m ~]# ssh-copy-id -f -i ~/.ssh/id_rsa.pub root@192.168.10.112
/usr/bin/ssh-copy-id: INFO: Source of key(s) to be installed: "/root/.ssh/
id_rsa.pub"
```

```
The authenticity of host '192.168.10.112 (192.168.10.112)' can't be established.
ECDSA key fingerprint is SHA256:kX+RWnVfnaPJSxE/WfmsHi1bEiHE0Xiop6nW0s3mNWY.
ECDSA key fingerprint is MD5:02:0e:23:09:fe:01:c8:8f:8a:12:91:78:2c:74:0c:44.
Are you sure you want to continue connecting (yes/no)? yes
root@192.168.10.112's password:

Number of key(s) added: 1

Now try logging into the machine, with:   "ssh 'root@192.168.10.112'"
and check to make sure that only the key(s) you wanted were added.

[root@k8s-m ~]# ssh root@192.168.10.112 hostname
k8s-w2
```

13.2 安裝 Docker CE

分別在 k8s-m、k8s-w1 和 k8s-w2 節點以 RPM 套件方式安裝 Docker CE v18.09.0。這裡以 k8s-m 節點的安裝為例。當叢集節點較多時，考慮使用 Ansible 進行安裝。

13.2.1 解壓縮安裝套件

將下載好的軟體安裝套件（docker-ce-18.09.0.tar.gz）使用 tar 命令進行解壓縮，如程式清單 13-5 所示。

▸ 程式清單 13-5　解壓縮軟體安裝套件

```
[root@k8s-m ~]# tar zxvf docker-ce-18.09.0.tar.gz
docker-ce-18.09.0/
docker-ce-18.09.0/docker-ce-18.09.0-3.el7.x86_64.rpm
```

```
docker-ce-18.09.0/containerd.io-1.2.0-3.el7.x86_64.rpm
docker-ce-18.09.0/docker-ce-cli-18.09.0-3.el7.x86_64.rpm
docker-ce-18.09.0/container-selinux-2.9-4.el7.noarch.rpm
docker-ce-18.09.0/Dependency/
docker-ce-18.09.0/Dependency/libtool-ltdl-2.4.2-22.el7_3.x86_64.rpm
docker-ce-18.09.0/Dependency/audit-libs-python-2.8.1-3.el7.x86_64.rpm
docker-ce-18.09.0/Dependency/checkpolicy-2.5-6.el7.x86_64.rpm
docker-ce-18.09.0/Dependency/libcgroup-0.41-15.el7.x86_64.rpm
docker-ce-18.09.0/Dependency/libsemanage-python-2.5-11.el7.x86_64.rpm
docker-ce-18.09.0/Dependency/policycoreutils-python-2.5-22.el7.x86_64.rpm
docker-ce-18.09.0/Dependency/python-IPy-0.75-6.el7.noarch.rpm
docker-ce-18.09.0/Dependency/setools-libs-3.3.8-2.el7.x86_64.rpm
docker-ce-18.09.0/Dependency/libseccomp-2.3.1-3.el7.x86_64.rpm
```

13.2.2 RPM 套件方式安裝 Docker CE

使用 rpm 命令對解壓縮目錄下的 RPM 套件進行安裝，如程式清單 13-6 所示。

▶ 程式清單 13-6　RPM 套件方式安裝 Docker CE

```
[root@k8s-m ~]# rpm -Uvh docker-ce-18.09.0/Dependency/*.rpm
警告：docker-ce-18.09.0/Dependency/audit-libs-python-2.8.1-3.el7.x86_64.rpm:
頭V3 RSA/ SHA256 Signature, 金鑰 ID f4a80eb5: NOKEY
準備中...                        ################################# [100%]
正在升級/安裝...
   1:setools-libs-3.3.8-2.el7          ################################# [ 11%]
   2:python-IPy-0.75-6.el7             ################################# [ 22%]
   3:libsemanage-python-2.5-11.el7     ################################# [ 33%]
   4:libcgroup-0.41-15.el7             ################################# [ 44%]
   5:checkpolicy-2.5-6.el7             ################################# [ 56%]
   6:audit-libs-python-2.8.1-3.el7     ################################# [ 67%]
   7:policycoreutils-python-2.5-22.el7################################# [ 78%]
```

```
   8:libtool-ltdl-2.4.2-22.el7_3      ################################# [ 89%]
   9:libseccomp-2.3.1-3.el7           ################################# [100%]
[root@k8s-m ~]# rpm -Uvh docker-ce-18.09.0/*.rpm
警告：docker-ce-18.09.0/containerd.io-1.2.0-3.el7.x86_64.rpm: 頭V4 RSA/SHA512
Signature,
金鑰 ID 621e9f35: NOKEY
警告：docker-ce-18.09.0/container-selinux-2.9-4.el7.noarch.rpm: 頭V4 DSA/SHA1
Signature,
金鑰 ID 192a7d7d: NOKEY
準備中...                             ################################# [100%]
正在升級/安裝...
   1:containerd.io-1.2.0-3.el7        ################################# [ 25%]
   2:docker-ce-cli-1:18.09.0-3.el7    ################################# [ 50%]
   3:container-selinux-2:2.9-4.el7    ################################# [ 75%]
setsebool:  SELinux is disabled.
   4:docker-ce-3:18.09.0-3.el7        ################################# [100%]
[root@k8s-m ~]#
```

13.2.3 啟動服務，並檢查服務狀態

在 Docker 安裝完成後，進行 Docker 服務的啟動檢查和驗證，如程式清單 13-7 所示。

▶ 程式清單 13-7　啟動 Docker 服務並檢查服務狀態

```
[root@k8s-m ~]# systemctl enable docker.service
Created symlink from /etc/systemd/system/multi-user.target.wants/docker.
service to /usr/lib/systemd/system/docker.service.
[root@k8s-m ~]# systemctl start docker.service
[root@k8s-m ~]# systemctl status docker.service
* • * docker.service - Docker Application Container Engine
   Loaded: loaded (/usr/lib/systemd/system/docker.service; enabled; vendor
   preset: disabled)
```

```
   Active: *active (running)* since 五 2019-02-01 16:48:54 CST; 12s ago
     Docs: https://docs.docker.com
 Main PID: 1645 (dockerd)
    Tasks: 22
   Memory: 48.9M
   CGroup: /system.slice/docker.service
           ├─1645 /usr/bin/dockerd -H unix://
           └─1659 containerd --config /var/run/docker/containerd/
containerd.toml --log-level info
```

13.3 安裝 Kubernetes 元件

分別在 k8s-m、k8s-w1 和 k8s-w2 節點安裝 Kubernetes v1.13.2 元件。

13.3.1 解壓縮安裝套件

獲取 Kubernetes 安裝套件（kubernetes-v1.13.2.tar.gz），使用 tar 命令進行解壓縮，如程式清單 13-8 所示。

▶ 程式清單 13-8　解壓縮 Kubernetes 軟體套件

```
[root@k8s-m ~]# tar zxvf kubernetes-v1.13.2.tar.gz
kubernetes-v1.13.2/
kubernetes-v1.13.2/kubernetes-cni-0.6.0-0.x86_64.rpm
kubernetes-v1.13.2/kubectl-1.13.2-0.x86_64.rpm
kubernetes-v1.13.2/cri-tools-1.12.0-0.x86_64.rpm
kubernetes-v1.13.2/kubeadm-1.13.2-0.x86_64.rpm
kubernetes-v1.13.2/kubelet-1.13.2-0.x86_64.rpm
kubernetes-v1.13.2/kube-flannel.yml
kubernetes-v1.13.2/socat-1.7.3.2-2.el7.x86_64.rpm
```

13.3.2 安裝 kubeadm、kubectl、kubelet 軟體套件

使用 rpm 命令對解壓縮後的軟體套件進行安裝，如程式清單 13-9 所示。

▶ 程式清單 13-9　安裝 Kubernetes 軟體套件

```
[root@k8s-m ~]# rpm -Uvh kubernetes-v1.13.2/*.rpm
警告：kubernetes-v1.13.2/cri-tools-1.12.0-0.x86_64.rpm: 頭V4 RSA/SHA512
Signature, 金鑰 ID
3e1ba8d5: NOKEY
警告：kubernetes-v1.13.2/socat-1.7.3.2-2.el7.x86_64.rpm: 頭V3 RSA/SHA256
Signature, 金鑰 ID
f4a80eb5: NOKEY
準備中...                          ################################# [100%]
正在升級/安裝...
   1:socat-1.7.3.2-2.el7           ################################# [ 17%]
   2:kubernetes-cni-0.6.0-0        ################################# [ 33%]
   3:kubelet-1.13.2-0              ################################# [ 50%]
   4:kubectl-1.13.2-0              ################################# [ 67%]
   5:cri-tools-1.12.0-0            ################################# [ 83%]
   6:kubeadm-1.13.2-0              ################################# [100%]
[root@k8s-m ~]#
```

13.3.3 準備 Docker 映像檔

使用 kubeadm 安裝時，需要線上下載映像檔，這是因為一般情況下使用環境不具備聯網條件，即使能聯網，也無法使用網路存取 k8s.gcr.io 映像檔倉庫，提前準備好需要的映像檔會讓安裝的過程更順利。

（1）下載 Kubernetes 元件映像檔。想要提前知道需要準備哪些映像檔，可以透過執行 kubeadm config images list 命令查看（聯網環境下可能會看到需要更新版本的映像檔），如程式清單 13-10 所示。

▶ 程式清單 13-10　確認需要的映像檔

```
[root@k8s-m ~]# kubeadm config images list
k8s.gcr.io/kube-apiserver:v1.13.2
k8s.gcr.io/kube-controller-manager:v1.13.2
k8s.gcr.io/kube-scheduler:v1.13.2
k8s.gcr.io/kube-proxy:v1.13.2
k8s.gcr.io/pause:3.1
k8s.gcr.io/etcd:3.2.24
k8s.gcr.io/coredns:1.2.6
[root@k8s-m ~]#
```

（2）下載網路外掛程式元件。這裡以 Flannel 為例，查看 kube-flannel.yml 檔案中需要的映像檔名稱，提前手動下載即可。

準備好了相關的映像檔，直接匯入 k8s-m 節點即可，如程式清單 13-11 所示。

▶ 程式清單 13-11　匯入準備好的容器映像檔

```
[root@k8s-m ~]# tar zxvf docker-images.tar.gz
docker-images/
docker-images/docker_docs:v18.09
docker-images/registry:2.0
docker-images/busybox
docker-images/hello-world
docker-images/kube-apiserver:v1.13.2
docker-images/kube-controller-manager:v1.13.2
docker-images/kube-scheduler:v1.13.2
docker-images/kube-proxy:v1.13.2
docker-images/pause:3.1
docker-images/etcd:3.2.24
docker-images/coredns:1.2.6
docker-images/flannel:v0.10.0-amd64
```

```
docker-images/flannel:v0.10.0-arm64
[root@k8s-m ~]#
[root@k8s-m ~]# docker load -i docker-images/kube-apiserver:v1.13.2
[root@k8s-m ~]# docker load -i docker-images/kube-controller-manager:v1.13.2
[root@k8s-m ~]# docker load -i docker-images/kube-scheduler:v1.13.2
[root@k8s-m ~]# docker load -i docker-images/kube-proxy:v1.13.2
[root@k8s-m ~]# docker load -i docker-images/pause:3.1
[root@k8s-m ~]# docker load -i docker-images/etcd:3.2.24
[root@k8s-m ~]# docker load -i docker-images/coredns:1.2.6
[root@k8s-m ~]# docker load -i docker-images/flannel:v0.10.0-amd64
[root@k8s-m ~]#
[root@k8s-m ~]# docker images
REPOSITORY                         TAG            IMAGE ID      CREATED        SIZE
k8s.gcr.io/kube-proxy              v1.13.2        01cfa56edcfc  3 weeks   ago 80.3MB
k8s.gcr.io/kube-apiserver          v1.13.2        177db4b8e93a  3 weeks   ago 181MB
k8s.gcr.io/kube-controller-manager v1.13.2        b9027a78d94c  3 weeks   ago 146MB
k8s.gcr.io/kube-scheduler          v1.13.2        3193be46e0b3  3 weeks   ago 79.6MB
k8s.gcr.io/coredns                 1.2.6          f59dcacceff4  2 months ago 40MB
k8s.gcr.io/etcd                    3.2.24         3cab8e1b9802  4 months ago 220MB
quay.io/coreos/flannel             v0.10.0-amd64  f0fad859c909 12 months ago 44.6MB
k8s.gcr.io/pause                   3.1            da86e6ba6ca1 13 months ago 742kB
[root@k8s-m ~]#
```

13.4 初始化主節點

13.4.1 設定主節點相關設定

首先設定 net.bridge.bridge-nf-call-iptables=1，表示二層的橋接器在轉發送封包時也會被 iptables 的 Forward 規則所過濾（預設 iptables 不對 bridge 的資料進行處理）；然後設定 net.ipv4.ip_forward=1，即打開 IPV4

轉發功能；同時為了提高效率，要禁用 swap 功能；使用 pod-network-cidr 參數指定 Pod 的網路範圍。這裡我們以 Flannel 網路為例，如程式清單 13-12 所示。

▶ 程式清單 13-12　設定主節點的相關設定

```
[root@k8s-m ~]# sysctl net.bridge.bridge-nf-call-iptables=1
net.bridge.bridge-nf-call-iptables = 1
[root@k8s-m ~]# sysctl -w net.ipv4.ip_forward=1
net.ipv4.ip_forward = 1
[root@k8s-m ~]# swapoff -a
[root@k8s-m ~]# kubeadm init --kubernetes-version=v1.13.2 --pod-network-
cidr=10.244.0.0/16
[init] Using Kubernetes version: v1.13.2
[preflight] Running pre-flight checks
    [WARNING SystemVerification]: this Docker version is not on the list of
    validated
    versions: 18.09.0. Latest validated version: 18.06
[preflight] Pulling images required for setting up a Kubernetes cluster
[preflight] This might take a minute or two, depending on the speed of your
internet connection
[preflight] You can also perform this action in beforehand using 'kubeadm
config images pull'
[kubelet-start] Writing kubelet environment file with flags to file "/var/
lib/kubelet/kubeadm-flags.env"
[kubelet-start] Writing kubelet configuration to file "/var/lib/kubelet/
config.yml"
[kubelet-start] Activating the kubelet service
[certs] Using certificateDir folder "/etc/kubernetes/pki"
[certs] Generating "etcd/ca" certificate and key
[certs] Generating "etcd/healthcheck-client" certificate and key
[certs] Generating "apiserver-etcd-client" certificate and key
[certs] Generating "etcd/server" certificate and key
```

```
[certs] etcd/server serving cert is signed for DNS names [k8s-m localhost] and IPs
[192.168.10.110 127.0.0.1 ::1]
[certs] Generating "etcd/peer" certificate and key
[certs] etcd/peer serving cert is signed for DNS names [k8s-m localhost] and IPs
[192.168.10.110 127.0.0.1 ::1]
[certs] Generating "ca" certificate and key
[certs] Generating "apiserver" certificate and key
[certs] apiserver serving cert is signed for DNS names [k8s-m kubernetes
kubernetes.default
kubernetes.default.svc kubernetes.default.svc.cluster.local] and IPs
[10.96.0.1 192.168.10.110]
[certs] Generating "apiserver-kubelet-client" certificate and key
[certs] Generating "front-proxy-ca" certificate and key
[certs] Generating "front-proxy-client" certificate and key
[certs] Generating "sa" key and public key
[kubeconfig] Using kubeconfig folder "/etc/kubernetes"
[kubeconfig] Writing "admin.conf" kubeconfig file
[kubeconfig] Writing "kubelet.conf" kubeconfig file
[kubeconfig] Writing "controller-manager.conf" kubeconfig file
[kubeconfig] Writing "scheduler.conf" kubeconfig file
[control-plane] Using manifest folder "/etc/kubernetes/manifests"
[control-plane] Creating static Pod manifest for "kube-apiserver"
[control-plane] Creating static Pod manifest for "kube-controller-manager"
[control-plane] Creating static Pod manifest for "kube-scheduler"
[etcd] Creating static Pod manifest for local etcd in "/etc/kubernetes/manifests"
[wait-control-plane] Waiting for the kubelet to boot up the control plane as
static Pods
from directory "/etc/kubernetes/manifests". This can take up to 4m0s
[apiclient] All control plane components are healthy after 20.504968 seconds
[uploadconfig] storing the configuration used in ConfigMap "kubeadm-config" in the
"kube-system" Namespace
[kubelet] Creating a ConfigMap "kubelet-config-1.13" in namespace kube-
system with the configuration for the kubelets in the cluster
```

```
[patchnode] Uploading the CRI Socket information "/var/run/dockershim.sock"
to the Node API object "k8s-m" as an annotation
[mark-control-plane] Marking the node k8s-m as control-plane by adding the
label "node-role.kubernetes.io/master=''"
[mark-control-plane] Marking the node k8s-m as control-plane by adding the
taints [node-role.kubernetes.io/master:NoSchedule]
[bootstrap-token] Using token: 6ibo9k.knrpgcl8g74qgul5
[bootstrap-token] Configuring bootstrap tokens, cluster-info ConfigMap, RBAC
Roles
[bootstraptoken] configured RBAC rules to allow Node Bootstrap tokens to
post CSRs in order for nodes to get long term certificate credentials
[bootstraptoken] configured RBAC rules to allow the csrapprover controller
automatically approve CSRs from a Node Bootstrap Token
[bootstraptoken] configured RBAC rules to allow certificate rotation for all
node client certificates in the cluster
[bootstraptoken] creating the "cluster-info" ConfigMap in the "kube-public"
namespace
[addons] Applied essential addon: CoreDNS
[addons] Applied essential addon: kube-proxy

Your Kubernetes master has initialized successfully!

To start using your cluster, you need to run the following as a regular user:

  mkdir -p $HOME/.kube
  sudo cp -i /etc/kubernetes/admin.conf $HOME/.kube/config
  sudo chown $(id -u):$(id -g) $HOME/.kube/config

You should now deploy a pod network to the cluster.
Run "kubectl apply -f [podnetwork].yml" with one of the options listed at:
  https://kubernetes.io/docs/concepts/cluster-administration/addons/
```

```
You can now join any number of machines by running the following on each node
as root:

  kubeadm join 192.168.10.110:6443 --token 6ibo9k.knrpgcl8g74qqul5
--discovery-token-ca-cert-hash sha256:89f9a2cbb0b55ca55ba81091b49549e00e40b3
4ff736265f413c9f3b78c2d0d5

[root@k8s-m ~]#
```

13.4.2 初始化的過程

初始化過程如下。

（1）kubeadm 執行初始化前的檢查（Preflight Checks）。
（2）啟動 kubelet 元件。
（3）生成 Kubernetes 對外提供服務所需要的各種證書和對應的目錄。
（4）生成其他元件，用於存取 kube-apiserver 的設定檔。
（5）創建控制平面需要的靜態 Pod 設定檔。
（6）生成 Master 節點的 ConfigMap，並保存到 etcd 中，用於 kubelet 與主節點的通訊。
（7）安裝 Master 元件，並從 gcr 下載元件的映像檔。這一步可能會花一些時間，建議提前準備好相關的映像檔。
（8）安裝附加群元件 CoreDNS 和 kube-proxy。
（9）Kubernetes Master 初始化成功。
（10）提示普通使用者使用叢集的方式。
（11）提示如何安裝 Pod 網路。
（12）提示如何註冊叢集節點。

13.5 安裝 Pod 網路外掛程式

13.5.1 檢查 Pod 的狀態

在安裝 Pod 網路外掛程式前，需要檢查 Pod 的狀態，如程式清單 13-13 所示。檢查發現，除 CoreDNS 以外，其他均正常執行，這是因為 CoreDNS 依賴於 Pod 網路，若 Pad 網路不正常，則兩者之間無法通訊。

▶ 程式清單 13-13　檢查 Pod 的狀態

```
[root@k8s-m ~]# export KUBECONFIG=/etc/kubernetes/admin.conf
[root@k8s-m ~]# kubectl get pods --all-namespaces
NAMESPACE     NAME                             READY STATUS    RESTARTS   AGE
kube-system   coredns-86c58d9df4-59pjv         0/1   Pending   0          2m48s
kube-system   coredns-86c58d9df4-vhjsx         0/1   Pending   0          2m48s
kube-system   etcd-k8s-m                       1/1   Running   0          2m1s
kube-system   kube-apiserver-k8s-m             1/1   Running   0          107s
kube-system   kube-controller-manager-k8s-m    1/1   Running   0          112s
kube-system   kube-proxy-w7nbz                 1/1   Running   0          2m48s
kube-system   kube-scheduler-k8s-m             1/1   Running   0          2m3s
[root@k8s-m ~]#
```

13.5.2 安裝外掛程式

Pod 網路外掛程式主要用於 Pod 之間的網路通訊，應該先於其他應用部署。kubeadm 支援以容器網路介面（Container Network Interface，CNI）為基礎的網路，目前可選的第三方網路外掛程式有 Flannel、Calico、Canal、JuniperContrail 等。根據選擇的網路外掛程式不同，預設分配的子網也不同，可以使用 --pod-network-cidr 參數來覆蓋。這裡以 Flannel 網路為例說明。

(1) 首先在 GitHub 下載需要的 kube-flannel.yml 檔案（https://github.com/coreos/flannel/tree/ master/Documentation/kube-flannel.yml），如程式清單 13-14 所示。

▶ 程式清單 13-14　下載並安裝 Flannel 外掛程式

```
[root@k8s-m ~]# kubectl apply -f kubernetes-v1.13.2/kube-flannel.yml
clusterrole.rbac.authorization.k8s.io/flannel created
clusterrolebinding.rbac.authorization.k8s.io/flannel created
serviceaccount/flannel created
configmap/kube-flannel-cfg created
daemonset.extensions/kube-flannel-ds-amd64 created
daemonset.extensions/kube-flannel-ds-arm64 created
daemonset.extensions/kube-flannel-ds-arm created
daemonset.extensions/kube-flannel-ds-ppc64le created
daemonset.extensions/kube-flannel-ds-s390x created
[root@k8s-m ~]#
```

(2) 再次檢查 Pod 的狀態，系統元件都已經正常執行，如程式清單 13-15 所示。

▶ 程式清單 13-15　檢查 Pod 的狀態

```
[root@k8s-m ~]# kubectl get pods --all-namespaces
NAMESPACE     NAME                               READY   STATUS    RESTARTS  AGE
kube-system   coredns-86c58d9df4-59pjv           1/1     Running   0         4m40s
kube-system   coredns-86c58d9df4-vhjsx           1/1     Running   0         4m40s
kube-system   etcd-k8s-m                         1/1     Running   0         3m53s
kube-system   kube-apiserver-k8s-m               1/1     Running   0         3m39s
kube-system   kube-controller-manager-k8s-m      1/1     Running   0         3m44s
kube-system   kube-flannel-ds-amd64-m8bxv        1/1     Running   0         46s
kube-system   kube-proxy-w7nbz                   1/1     Running   0         4m40s
kube-system   kube-scheduler-k8s-m               1/1     Running   0         3m55s
```

（3）檢查叢集中的節點狀態，如程式清單 13-16 所示。至此，主節點的設定已經完成。

▶ 程式清單 13-16　查看主節點的狀態

```
[root@k8s-m ~]# kubectl get nodes
NAME     STATUS   ROLES    AGE     VERSION
k8s-m    Ready    master   5m28s   v1.13.2
```

13.6 註冊新節點到叢集

此次試驗註冊 k8s-w1 和 k8s-w2 兩個節點，這裡以 k8s-w1 為例說明。

13.6.1 匯入所需映像檔

將所需映像檔匯入 Worker 節點，如程式清單 13-17 所示。

▶ 程式清單 13-17　將所需映像檔匯入 Worker 節點

```
[root@k8s-w1 ~]# docker load -i docker-images/kube-proxy:v1.13.2
5fe6d025ca50: Loading layer [==================================>] 43.87MB/43.87MB
e5a609b37e16: Loading layer [==================================>] 3.403MB/3.403MB
3155f3c58fe7: Loading layer [==================================>] 34.84MB/34.84MB
Loaded image: k8s.gcr.io/kube-proxy:v1.13.2
[root@k8s-w1 ~]# docker load -i docker-images/flannel:v0.10.0-amd64
cd7100a72410: Loading layer [==================================>] 4.403MB/4.403MB
3b6c03b8ad66: Loading layer [==================================>] 4.385MB/4.385MB
93b0fa7f0802: Loading layer [==================================>] 158.2kB/158.2kB
4165b2148f36: Loading layer [==================================>] 36.33MB/36.33MB
b883fd48bb96: Loading layer [==================================>]  5.12kB/5.12kB
```

```
Loaded image: quay.io/coreos/flannel:v0.10.0-amd64
[root@k8s-w1 ~]# docker load -i docker-images/pause:3.1
e17133b79956: Loading layer [==================================================>] 744.4kB/744.4kB
Loaded image: k8s.gcr.io/pause:3.1
```

13.6.2 設定新節點

預設 kubelet 是不能使用 swap 的，可以在開機啟動時禁用 swap；或修改 /etc/systemd/ system/kubelet.service 檔案，以允許使用 swap 的方式啟動，如程式清單 13-18 所示。

▸ 程式清單 13-18　調整 Worker 節點的設定

```
[root@k8s-w1 ~]# systemctl enable kubelet.service
Created symlink from /etc/systemd/system/multi-user.target.wants/kubelet.
service to /
etc/systemd/system/kubelet.service.
[root@k8s-w1 ~]# sysctl net.bridge.bridge-nf-call-iptables=1
net.bridge.bridge-nf-call-iptables = 1
[root@k8s-w1 ~]# swapoff -a
[root@k8s-w1 ~]#

[root@k8s-m ~]# vi /etc/systemd/system/kubelet.service.d/10-kubeadm.conf
[Service]
ExecStart=/usr/bin/kubelet --fail-swap-on=false $KUBELET_KUBECONFIG_ARGS
$KUBELET_CONFIG_ARGS $KUBELET_KUBEADM_ARGS $KUBELET_EXTRA_ARGS
```

13.6.3 註冊新節點

接著我們開始新節點的註冊，如程式清單 13-19 所示。

▶ 程式清單 13-19　註冊新節點

```
[root@k8s-w1 ~]# kubeadm join 192.168.10.110:6443 --token 6ibo9k.
knrpgcl8g74qgul5 --discovery-token-ca-cert-hash sha256:89f9a2cbb0b55ca55ba81
091b49549e00e40b34ff736265f413c9f3b78c2d0d5
[preflight] Running pre-flight checks
    [WARNING SystemVerification]: this Docker version is not on the list of
    validated
    versions: 18.09.0. Latest validated version: 18.06
[discovery] Trying to connect to API Server "192.168.10.110:6443"
[discovery] Created cluster-info discovery client, requesting info from
"https://192.168.10.110:6443"
[discovery] Requesting info from "https://192.168.10.110:6443" again to
validate TLS against the pinned public key
[discovery] Cluster info signature and contents are valid and TLS
certificate validates
against pinned roots, will use API Server "192.168.10.110:6443"
[discovery] Successfully established connection with API Server
"192.168.10.110:6443"
[join] Reading configuration from the cluster...
[join] FYI: You can look at this config file with 'kubectl -n kube-system
get cm kubeadm-config -oyaml'
[kubelet] Downloading configuration for the kubelet from the "kubelet-
config-1.13" ConfigMap in the kube-system namespace
[kubelet-start] Writing kubelet configuration to file "/var/lib/kubelet/
config.yaml"
[kubelet-start] Writing kubelet environment file with flags to file "/var/
lib/kubelet/kubeadm-flags.env"
[kubelet-start] Activating the kubelet service
[tlsbootstrap] Waiting for the kubelet to perform the TLS Bootstrap...
[patchnode] Uploading the CRI Socket information "/var/run/dockershim.sock"
to the Node
API object "k8s-w1" as an annotation
```

```
This node has joined the cluster:
* Certificate signing request was sent to apiserver and a response was received.
* The Kubelet was informed of the new secure connection details.

Run 'kubectl get nodes' on the master to see this node join the cluster.
```

13.6.4 檢查 Pod 和節點的狀態

（1）檢查 Pod 的狀態，如程式清單 13-20 所示。

▶ 程式清單 13-20　檢查 Master 節點系統元件的狀態

```
[root@k8s-m ~]# kubectl get pods --all-namespaces
NAMESPACE     NAME                              READY   STATUS    RESTARTS   AGE
kube-system   coredns-86c58d9df4-59pjv           1/1     Running   0          7m
kube-system   coredns-86c58d9df4-vhjsx           1/1     Running   0          7m
kube-system   etcd-k8s-m                         1/1     Running   0          7m
kube-system   kube-apiserver-k8s-m               1/1     Running   0          7m
kube-system   kube-controller-manager-k8s-m      1/1     Running   0          7m
kube-system   kube-flannel-ds-amd64-bb7t5        1/1     Running   0          7m
kube-system   kube-flannel-ds-amd64-fhcz5        1/1     Running   0          8m
kube-system   kube-flannel-ds-amd64-m8bxv        1/1     Running   0          8m
kube-system   kube-proxy-6tsp6                   1/1     Running   0          8m
kube-system   kube-proxy-v4scj                   1/1     Running   0          7m
kube-system   kube-proxy-w7nbz                   1/1     Running   0          8m
kube-system   kube-scheduler-k8s-m               1/1     Running   0          8m
```

（2）檢查節點的狀態，如程式清單 13-21 所示。

▶ 程式清單 13-21　檢查節點的狀態

```
[root@k8s-m ~]# kubectl get nodes
NAME     STATUS   ROLES   AGE   VERSION
```

```
k8s-m    Ready    master   8m   v1.13.2
k8s-w1   Ready    <none>   8m   v1.13.2
k8s-w2   Ready    <none>   7m   v1.13.2
```

13.7 安裝視覺化圖形介面（可選）

如果想要使用圖形化介面管理 Kubernetes 叢集，那麼可以安裝 Kubernetes Dashboard。

Kubernetes Dashboard v1.10.1 可以相容 Kubernetes v1.10 之前的版本，無法相容 v1.13 版本，安裝前需要先確認已安裝軟體的版本資訊。

（1）下載映像檔 k8s.gcr.io/kubernetes-dashboard-amd64:v1.10.1（參閱前面準備映像檔的方法），並匯入映像檔，如程式清單 13-22 所示。

▶ 程式清單 13-22　匯入圖形介面外掛程式的映像檔

```
[root@k8s-m ~]# docker load -i docker-images/kubernetes-dashboard-amd64:v1.10.1
fbdfe08b001c: Loading layer [==================================================>]
122.3MB/122.3MB
Loaded image: k8s.gcr.io/kubernetes-dashboard-amd64:v1.10.1
[root@k8s-m ~]#
```

（2）下載 kubernetes-dashboard.yml 檔案，安裝 Kubernetes Dashboard，如程式清單 13-23 所示。

▶ 程式清單 13-23　根據 yml 檔案創建相關的物件

```
[root@k8s-m ~]# kubectl create -f kubernetes-v1.13.2/kubernetes-dashboard.yml
secret/kubernetes-dashboard-certs created
serviceaccount/kubernetes-dashboard created
role.rbac.authorization.k8s.io/kubernetes-dashboard-minimal created
```

```
rolebinding.rbac.authorization.k8s.io/kubernetes-dashboard-minimal created
deployment.apps/kubernetes-dashboard created
service/kubernetes-dashboard created
[root@k8s-m ~]#
```

（3）透過 kubectl 命令查看元件的 IP 位址，如程式清單 13-24 所示（見圖 13-1）。

▶ 程式清單 13-24　查看圖形介面元件的 IP 位址

```
[root@k8s-m ~]# kubectl get pods -n kube-system -o wide
```

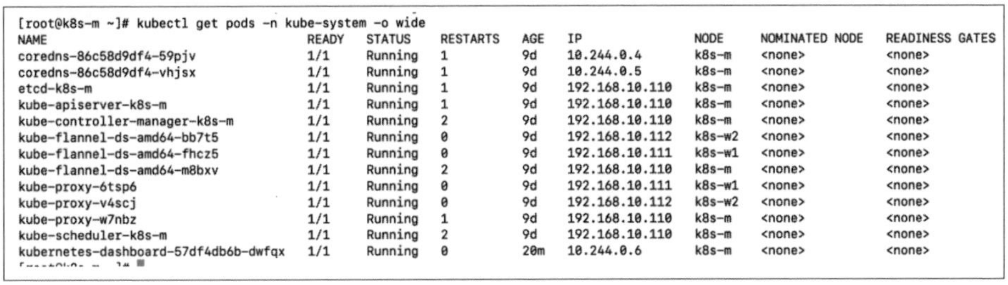

```
[root@k8s-m ~]# kubectl get pods -n kube-system -o wide
NAME                                   READY   STATUS    RESTARTS   AGE   IP               NODE     NOMINATED NODE   READINESS GATES
coredns-86c58d9df4-59pjv               1/1     Running   1          9d    10.244.0.4       k8s-m    <none>           <none>
coredns-86c58d9df4-vhjsx               1/1     Running   1          9d    10.244.0.5       k8s-m    <none>           <none>
etcd-k8s-m                             1/1     Running   1          9d    192.168.10.110   k8s-m    <none>           <none>
kube-apiserver-k8s-m                   1/1     Running   1          9d    192.168.10.110   k8s-m    <none>           <none>
kube-controller-manager-k8s-m          1/1     Running   2          9d    192.168.10.110   k8s-m    <none>           <none>
kube-flannel-ds-amd64-bb7t5            1/1     Running   0          9d    192.168.10.112   k8s-w2   <none>           <none>
kube-flannel-ds-amd64-fhcz5            1/1     Running   0          9d    192.168.10.111   k8s-w1   <none>           <none>
kube-flannel-ds-amd64-m8bxv            1/1     Running   2          9d    192.168.10.110   k8s-m    <none>           <none>
kube-proxy-6tsp6                       1/1     Running   0          9d    192.168.10.111   k8s-w1   <none>           <none>
kube-proxy-v4scj                       1/1     Running   0          9d    192.168.10.112   k8s-w2   <none>           <none>
kube-proxy-w7nbz                       1/1     Running   1          9d    192.168.10.110   k8s-m    <none>           <none>
kube-scheduler-k8s-m                   1/1     Running   2          9d    192.168.10.110   k8s-m    <none>           <none>
kubernetes-dashboard-57df4db6b-dwfqx   1/1     Running   0          20m   10.244.0.6       k8s-m    <none>           <none>
```

圖 13-1

（4）執行圖形化介面。在瀏覽器中輸入 http://10.244.0.6:9090/ 即可。

Chapter

14 初探巨量資料

14.1 無處不在的巨量資料

隨著電腦和網際網路技術的廣泛應用，人類社會產生的資料量呈爆炸式增長。隨著巨量資料技術的不斷發展，人們擷取、儲存和處理資料的能力突飛猛進，資料應用和資料智慧也已經滲透進我們生活的各方面。

本書第 3 章中提及的連鎖咖啡店，也在巨量資料的浪潮中實施了一輪技術升級和智慧化演進。

咖啡店故事續篇

一個午後，咖啡店自動點餐機的鈴聲響起。

AI 客服：您好，這裡是 xxx 咖啡店，請問有什麼能夠為您提供服務？

顧　客：我想點一杯咖啡。

AI 客服：好的，我們確認一下，請問來電號碼 139xxx12345 是您本人的號碼嗎？

顧　客：是的。

AI 客服：陳先生，您好！根據您以往的口味習慣，為您推薦大杯榛果拿鐵熱咖啡、加 1 份奶、半份糖，您看這樣可以嗎？

顧　客：為什麼不是全糖？

AI 客服：陳先生，根據您過往的口味評價可以看出，您對甜度比較敏感，全糖口感偏甜，所以建議您考慮只加半份糖。

顧　客：好的。

AI 客服：陳先生，您是否考慮搭配健康小食？本店今天藍莓瑪芬有半價優惠，您是否要嘗試一下？

顧　客：不用了，就這樣吧。

AI 客服：好的，陳先生。大杯榛果拿鐵售價為 35 元，您是我店的金卡會員，您帳戶積分餘額為 320，另有一張 5.8 折優惠券將於本月底到期。小 I 建議您先使用 5.8 折優惠券，用券後本次消費僅需要支付 20.3 元，並可新獲得 20 積分。您看這樣可以嗎？

顧　客：好的。

AI 客服：陳先生，您的信用卡已連結我店，我將為您直接扣款，稍後您將收到簡訊通知。

顧　客：好的。什麼時候送到？

AI 客服：小 I 已將訂單發送到後台製作，在您之前還有 3 位客戶正在等待中。小 I 已聯繫離本店最近的「外賣小哥」為您送單，並已規劃好送單路線，預計 15 ～ 18 分鐘內咖啡將送到您的手中，請您注意電話通知。歡迎您的來電，祝您生活愉快！

咖啡店故事續篇中出現的智慧型機器問答場景，以當下巨量資料和人工智慧技術的發展水準已經可以實現。這其中可能涉及的技術包括：透過大規模的使用者行為資料、訂單資料、商品資料等資訊，對顧客進行人物誌分析和購物車分析，生成使用者口味標籤、下單偏好等個性化標籤；再依據業務場景，將人工接單員從煩瑣的交易中解放出來，利用機器人流程自動化（Robotic Process Automation，PRA）和自然語言處理

（Natural Language Processing，NLP）技術，當顧客再訪時，根據客戶身份和客戶意圖辨識，對顧客進行個性化點單和連結推薦服務；下單完成後，透過外賣訂單管理系統，實現後廚端選單分配和送餐指派，並將交通實況和行車進行連結分析來規劃配送路徑，最後在預計時間內送餐到客。

曾幾何時，只有在科幻片中才會出現的場景，現在已悄無聲息地走進我們的日常生活，是不是令人有些驚喜和興奮呢？對於有志於敏捷測試的讀者而言，巨量資料業務場景的測試也是需要關注的技術範圍。接下來，我們將要穿透業務場景的層層迷霧，去洞悉這一切背後的技術原理和品質控制方法。

14.2 巨量資料特徵

在 14.1 節提到的咖啡店的故事中，我們提到了一些技術。事實上，無論是 NLP、人物誌、資料採擷，還是機器學習、深度學習，支撐這些技術的是資料。正如《巨量資料時代》的作者麥爾荀伯格 Viktor Mayer-Schönberger 所說：「世界的本質就是資料，巨量資料將開啟一次重大的時代轉型。」

在巨量資料以前的時代，人們受制於資料的測量記錄、傳輸儲存、加工處理等環節的技術發展水準，在分析、解決問題過程中，更多依賴於定性分析而非定量分析。進入 21 世紀後，科技的發展日益迅速，物聯網、巨量資料、雲端運算等一系列新技術不斷湧現並日臻成熟，曾經的資料技術困難、痛點被逐一突破。長久以來，人類對於「測量、記錄和分析世界的渴望」終於獲得釋放，這份渴望是巨量資料發展的核心動力。一個定量分析的時代悄然而至，各行各業的底層邏輯將與巨量資料技術充分融合，並可能被改寫。

對軟體測試人員來說，我們有幸見證了這個數位化時代的形成與發展，並且努力為這個時代的前端技術品質保駕護航，這無疑是激動人心的；與此同時，新的時代的規則和定律也在不斷發掘和摸索，這表示我們在工作中沒有太多的成法成則可供參考。因此，我們更需要秉持沉靜與理性的態度，去探究喧囂浪潮下的技術本原。

首先，需要弄清楚什麼是巨量資料。

麥肯錫曾經對巨量資料做過這樣一段定義，翻譯成中文大意是：「巨量資料指的是大小超出正常的資料庫工具獲取、儲存、管理和分析能力的資料集。但它同時強調，並不是說一定要超過特定 TB 值的資料集才能算是巨量資料。」這個定義非常強調資料集的規模，正如巨量資料這個名詞，「大」是巨量資料的重要特徵，卻不是巨量資料有別於普通資料的全部特徵。

網際網路資料中心（IDC）定義了巨量資料的 4 個特徵，即巨量的資料規模（Volume）、快速的資料流轉和動態的資料系統（Velocity）、多樣的資料類型（Variety）、巨大的資料價值（Value）。這 4 個特徵（簡稱 "4V"）是巨量資料重要的特徵。

"4V" 的定義已深入人心，那麼，這與測試人員有什麼關係呢？

下文將從這 4 個特徵入手，在說明各個特徵含義的同時，特別注意這個定義對我們測試人員的啟發。

14.2.1 資料量

巨量的資料規模是巨量資料最顯著的外在特徵，那麼究竟巨量資料需要處理的資料規模有多大呢？我們用 B 來表示一個位元組，以 2^{10} 作為進率表示單位，可以得到以下一組資料規模計量單位：

B → KB → MB → GB → TB → PB → EB → ZB → YB → BB → Geopbyte

PB 是巨量資料與傳統資料階層的臨界點，也就是說，TB 及以下的資料規模，傳統資料倉儲尚且可以計算加工，但是一旦到達 PB 這樣的資料等級，即使是配備了小型主機的傳統資料庫，也會存在計算性能的問題，甚至無法計算。而且小型主機的投入成本相對較高，在創新創業蓬勃發展的當下，越來越多的中小公司在預計資料規模為 TB 等級時，便已經採納巨量資料解決方案。正如約瑟 · 赫勒斯坦所說：「我們正在步入資訊革命的時代，這個時代絕大部分資料由軟體記錄檔、相機、麥克風、RFID 等機器標記，這些資料的增長遵循莫爾定律」，因此，我們需要為未來做好準備。

我們在面對非結構化資料的超大規模增長、10 倍～ 1000 倍於傳統資料倉儲的資料規模時，要針對巨量資料的測試進行設計，不能僅滿足於資料計算邏輯的驗證，還要關注大規模資料本身的問題。在分析業務功能需求的同時，需要關注服務部署到生產系統後的資料規模，這裡需要注意，資料規模除新增資料的絕對數量以外，產生資料的時間長度也是重要的衡量依據。一般來說，資料規模可以從這幾個方面考慮：峰值場景的資料規模、每日新增的資料規模、業務計畫執行的時間跨度及是否需要保存全量歷史資料等。

預估資料量並構造好對應的資料集後，對於離線計算場景，需要關注資料的計算總時長，以及消耗的 CPU、記憶體、網路頻寬等資源，考慮擬部署的生產環境能否承載這樣的計算消耗；對於即時計算場景，還需要關注資料峰值狀態下的資料處理吞吐量、佇列是否產生資料堆積等。

14.2.2 速度

資料的速度指的是資料創建、累積、接收和處理的速度。隨著資訊技術的發展，越來越多的商業領域需要資訊即時或準即時快速回應，透過連線分析處理或「流式」處理得出快速、即時的資料結論。傳統的基於批次式分析處理的資料倉儲已不能滿足需要，新型的各種即時計算框架（如 Storm、Samza、Flink 等）開始走上資料分析的舞台。

對於測試人員而言，吞吐量與資料時效性是即時計算中值得關注的性能指標。他們需要考慮在資料產生的峰值狀態下，資料的延遲是否在指定的閾值內；如果資料偶有延誤且可被接受，是否可以快速地恢復到正常水準；上下游資料佇列是否有資料積壓；對於多分區場景，是否每個分區的吞吐量基本保持一致等。

14.2.3 多樣性

資料的多樣性代表了資料的混雜程度。傳統資料倉儲主要面對的是上游業務系統產生的操作性資料；但在巨量資料時代下，大量異質的非結構化、半結構化資料激增，涵蓋了各式各樣的資料形式，如文字、圖型、語音、視訊、地理資訊、網際網路資料（包含點擊流、記錄檔、互動資訊）、裝置資料（包含感測器、可程式化控制器、射頻裝置、資訊管理系統、遙測技術等產生的測量模擬訊號及其中繼資料）等。這些資料規模巨大且形態雜蕪，很多類型的資料無結構模式或模式不明顯，需要透過交換分析技術處理才可以進一步為人所用，如語義分析技術、圖文轉換技術、模式辨識技術、地理資訊技術等。

在這些豐富多樣的資料的生成過程中，伴隨大量場景雜訊和更為複雜的傳輸方式，因此與傳統資料倉儲只擷取資訊系統應用程式相比，巨量資料的資料來源品質顯著不足，常見的資料品質問題：資料殘缺、資料雜訊、資料錯誤、結構異常、資料重複、資料不一致等。因此，巨量資料前置處理環節顯得尤為重要，只有經過缺失補足、雜訊過濾、錯誤糾偏、異常剔除、重複消除、不一致轉化等一系列資料清洗工作，資料才可以真正進入分析處理環節。正因為如此，對資料測試也提出了新的要求，儘管提高資料來源的資料生成品質和提升資料傳輸過程的品質是行之有效的方法，但限於當前技術水準、專案經濟效益和業務特定場景等多方面因素，大多數時候資料來源品質是不可控的。因此，只有加強巨量資料前置處理環節的品質控制，提升對上游「髒」資料和異常資料結構的容錯能力才是專案的可行之路。此外，資料的取出、轉換、載入（Extract、Transform、Load，ETL）過程中也容易產生資料品質問題，該環節的資料血緣依賴、穩固性和一致性測試也尤為重要。

事實上，價值是 4V 概念中最晚被提出的，最早關於巨量資料特徵的描述僅限於上文中的 3V，如圖 14-1 所示。

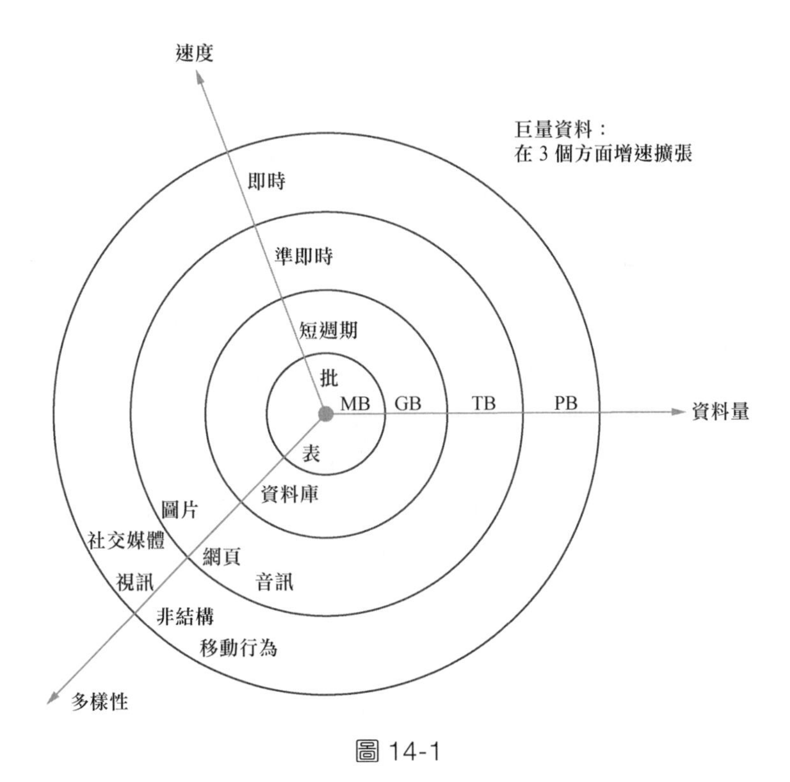

圖 14-1

14.2.4 價值

2015 年後，巨量資料產業逐步趨於理性，越來越多的人在反思：巨量資料分析會有回報嗎？答案是肯定的。巨量資料是許多企業最重要的資產之一，良好的巨量資料分析處理能力，可令企業獲得更深邃的資料洞察能力，使企業在市場競爭過程中脫穎而出。然而，採擷巨量資料價值的過程好似沙裡淘金，「為了一丁點金子，需要保存全部的沙子」，正是從巨量資訊中採擷珍貴卻極為稀疏的有價值的資訊的具體寫照。

價值密度低是巨量資料的典型特徵之一。如何從大量不相關資訊中取出有用點，以期能對未來趨勢和模式進行可預測分析，是每個企業夢寐以求的事情。這裡需要綜合應用一系列的資料分析技術，甚至囊括了近年來的分析方法和技術，包括 SQL 結構化查詢分析、描述性統計學分析、預測性統計分析、資料採擷技術、模擬模擬技術、最佳化方法、深度學習技術、強化學習技術、自然語言處理技術等。

測試人員雖不需要對巨量資料各類生態圈技術堆疊都精通，但對正常的演算法原理和模型框架應當掌握，否則無以回應需要列出品質保障方案或品質評估結論的測試需求。舉例來說，模型離線與線上特徵是否一致？多模型版本如何疊代？如何精確回溯模型？如何評價測試集的訓練效果？如何評價模型的泛化效果？如何在客群或市場特徵快速變化下應對驗證？因此，無縫整合各種分析技術是巨量資料產業的從業門檻，也是有志於在巨量資料測試領域大展拳腳的測試人員不斷提升的內在動力。

14.3 Hadoop 生態系統

面對巨量資料的生成、處理、分析和儲存，巨量資料技術顯得尤為重要。在巨量資料技術中，Apache Hadoop 開放原始碼平台透過提供一個可靠的共用儲存和分析系統，使得 TB 級以上資料規模的儲存和計算有了可行性和便利性，進而掀起了整個資料產業的變革。可以說，當下的巨量資料時代正是伴隨著 Hadoop 的推廣和應用而拉開序幕的。

14.3.1 Hadoop 技術概覽

Hadoop 系統包含兩個關鍵要素：Hadoop 分散式檔案系統和 MapReduce。

1. Hadoop 分散式檔案系統

Hadoop 分散式檔案系統（Hadoop Distributed File System，HDFS）為 Hadoop 叢集提供了一套支援共用硬碟的檔案儲存系統，當資料寫入叢集時，HDFS 將資料分成許多片段，分別儲存在叢集的不同伺服器上。當使用者需要使用資料時，實際上是從不同伺服器中讀取資料並予以處理，各個伺服器獨立平行實現這樣的操作，可大幅提升資料的獲取能力。不過，隨著硬體伺服器數量的提升，系統中個別硬體出現故障的頻率也會大幅提升。為了避免資料的遺失，常見的做法就是複製出多個備份（Replica）。一般來說，資料在叢集中至少保留 3 個備份，一旦系統發生故障，導致某個備份不可用，HDFS 透過其他備份繼續創建出新的備份，確保資料儲存的高可用性。

2. MapReduce

由於 HDFS 已經實現了將資料以片段模式分別儲存在不同的伺服器上，因此簡單的分析工作可以在儲存資料的各個伺服器上就近平行計算。然而，大部分分析工作並不會如此簡單，需要以某種方式結合其他伺服器上的資料、整合不同來源的資料進行分析，保證分析工作的正確性極具挑戰。於是，MapReduce 程式設計模型因時而生，該模型抽象出硬體讀寫問題，將任務劃分為 Map 和 Reduce 這兩個階段，每個階段的計算任務轉化為操作由鍵值對（Key-Value）組成的資料集，透過 Map 階段將資料片段平行分析並返回局部計算結果，最後透過 Reduce 階段整理計算為一個完整的結果。在下文中，將對 MapReduce 進行更詳細的介紹。

簡而言之，HDFS 和 MapReduce 的工作機制，使得 Hadoop 可以以較低的成本為資料儲存和分析提供可擴充的、可靠的、可容錯的資料服務，是 Hadoop 生態系統的核心價值，其技術原理如圖 14-2 所示。

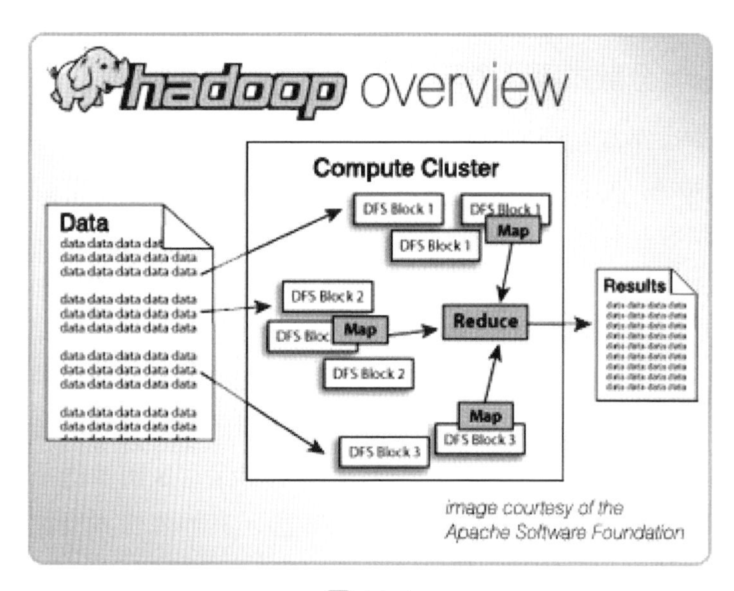

圖 14-2

事實上，隨著巨量資料技術的發展，今天的 Hadoop 平台不僅有 HDFS 和 MapReduce，還有一系列「各有所長」且相互作用的功能元件。這些元件通常是為了解決巨量資料領域所涉及的特定需求而設計的，與

HDFS、YARN（MapReduce 2.0）共同組成了豐富多彩的 Hadoop 生態系統。下面，透過 Apache Hadoop 系統架構來認識這些核心模組，如圖 14-3 所示。

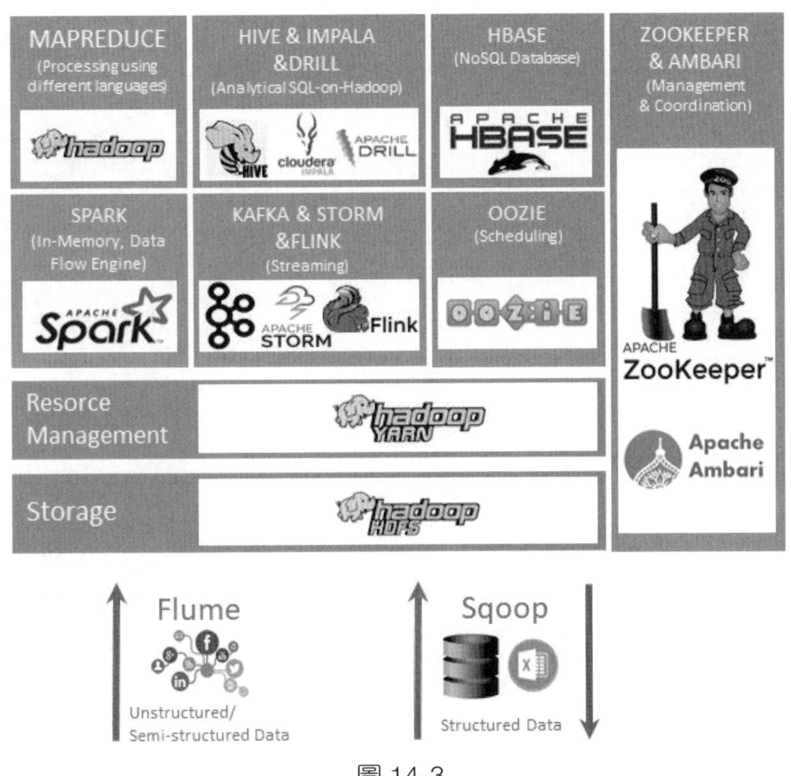

圖 14-3

14.3.2 HDFS

即使是 Apache Hadoop 發展到今天，HDFS 仍然是 Hadoop 生態系統的支柱元件，適應於結構化、非結構化、半結構化等不同形態的巨量資料的儲存。HDFS 有兩類節點——NameNode 和 DataNode，借此形成了管理者 - 工作者執行模式，如圖 14-4 所示。

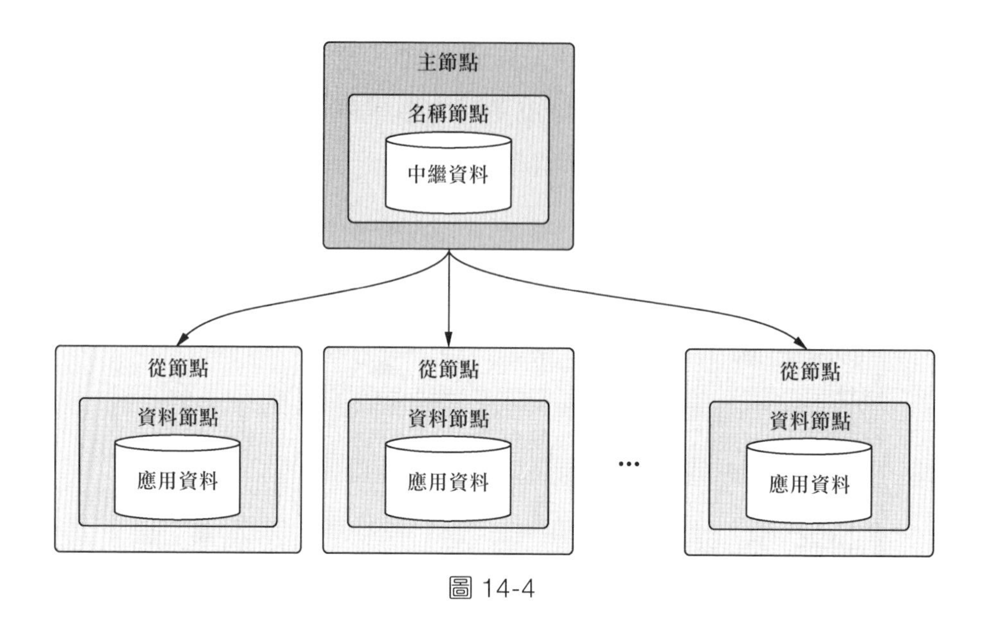

圖 14-4

1. NameNode

NameNode（NN）是主節點，用於管理檔案命名空間，維護著檔案系統樹及樹內的所有檔案和目錄，它以命名空間映像檔檔案和編輯記錄檔的形式儲存在磁碟上。由於並不儲存實際資料，因此 NameNode 只需要少量儲存資源，但對運算資源的要求較高。

2. DataNode

DataNode（DN）是工作節點，其根據需要儲存並檢索資料區塊，受檔案系統介面或 NameNode 排程，並定期向 NameNode 發送儲存區塊列表。由於 DataNode 是真正儲存使用者資料的區域，需要大量的儲存資源，因此 HDFS 允許 DataNode 大規模擴充。單節點 DataNode 並不需要極高的性能，這也是 Hadoop 解決方案具有高性價比的原因之一。

14.3.3 YARN

隨著巨量資料叢集規模的不斷擴大，早期的 MapReduce 系統開始面臨擴充性瓶頸，為了解決這一問題，另一種資源協調者（Yet Another Resource Negotiator，YARN）作為 MapReduce 2.0 被正式提出，其成了後來 Hadoop 生態系統中重要的分配資源和排程任務的管理器。YARN 將 MapReduce 1.0 中的 JobTracker 劃分為兩個獨立的守護處理程序——管理叢集資源的 ResourceManager（RM）和管理任務生命週期的 ApplicationMaster（AM），透過智慧實體拆解來提升擴充能力，同時也提高資源管理的效率。YARN 的任務排程原理，如圖 14-5 所示。

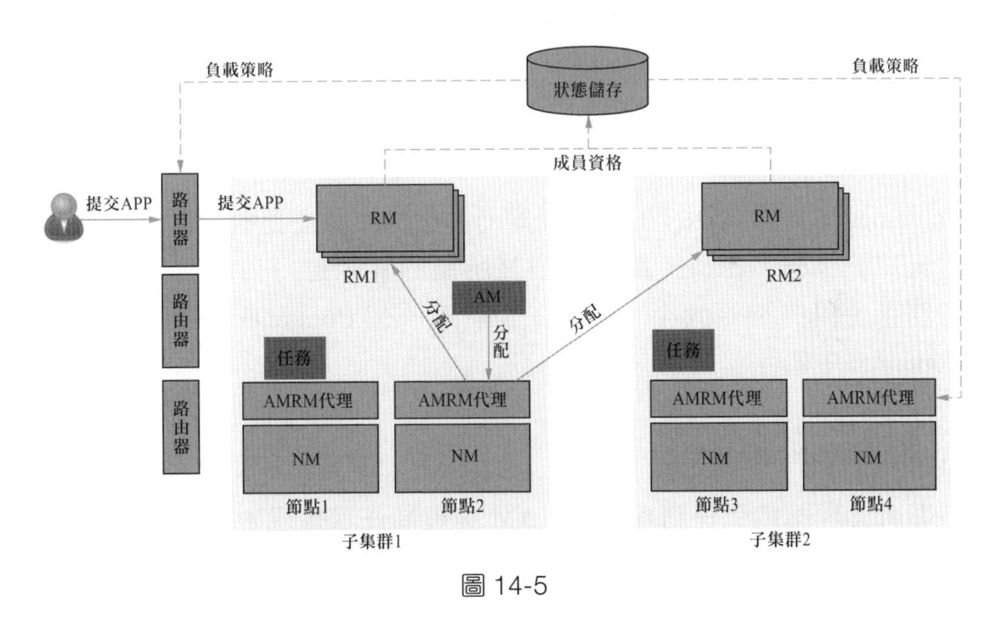

圖 14-5

1. ResourceManager

RM 是全域性的資源管理器，負責管理整個叢集所有應用程式的運算資源的分配與排程。RM 用於接收用戶端（Client）的處理請求，並將請求傳遞給對應的 NodeManager（NM），實際處理過程將在 NM 中進行。

2. Scheduler

任務排程器（Scheduler）根據應用程式的資源需求，執行排程演算法並實現資源設定。YARN 中常見的排程器有先進先出排程器（FIFO Scheduler）、容量排程器（Capacity Scheduler）和公平排程器（Fair Scheduler）。

3. NodeManager

NM 被安裝在各個 DataNode 節點上，用於管理單一節點上的資源管理和任務執行。NM 管理抽象容器（Container），扮演 RM 和 AM 之間雙向溝通的角色，定期向 RM 匯報該節點的資源使用情況和各 Container 的執行狀態，接受並處理 AM 的作業啟動、停止等請求。

4. Container

Container 是針對 YARN 的資源隔離而提出的抽象任務執行環境框架，透過將記憶體、磁碟、網路等任務所需的資源進行封裝，限定每個任務可使用的資源大小。每個任務對應一個 Container，且只能在該 Container 中執行。

5. ApplicationMaster

當應用管理器接受任務提交時，AM 負責為任務實現對應的排程和協調，如向 RM 申請資源、為任務的進一步分配、與 NM 通訊、啟動或停止任務、任務監控與容錯等。每個任務都有獨立的 AM，不同的 AM 可以分佈在不同的節點上以獨立執行。

14.3.4 Spark

儘管 MapReduce 是一種很不錯的分散式運算框架，適用於巨量資料批次處理，但其大量的磁碟讀寫操作使其無法應對即時資料分析任務。Apache Spark 作為記憶體資料流程式計算引擎，適用於即時場景的分散式運算環境，因此 Hadoop 的批次處理能力與 Spark 即時分析能力的結合使用，已經成為當前巨量資料產業應用的標準技術框架。

由函數式語言 Scala 編寫的 Spark，在運用記憶體計算和其他最佳化作用下，處理大規模資料集的速度比傳統的 MapReduce 可快大約 100 倍。從嚴格意義上來講，Spark 是一種微批次處理框架，而非真正的即時計算，在微秒級回應領域需要使用一些額外的手段支持，因此真即時場景更多是採用 Storm、Kylin、Samza 等其他計算框架。然而，Spark 的出現已經大幅提升了資料分析的回應效率，豐富了即時巨量資料應用場景，因此它仍然是當前較常用的（準）即時框架。

此外，Spark 還提供了豐富的進階函數庫，支援 Scala、Java、Python、R 等資料分析語言，透過標準函數庫可實現對複雜資料工作流的無縫整合。同時，Spark 也支援與各種服務整合，以增強其功能，如 MLlib、GraphX、SQL + 資料框、串流服務等。Spark 的系統結構如圖 14-6 所示。

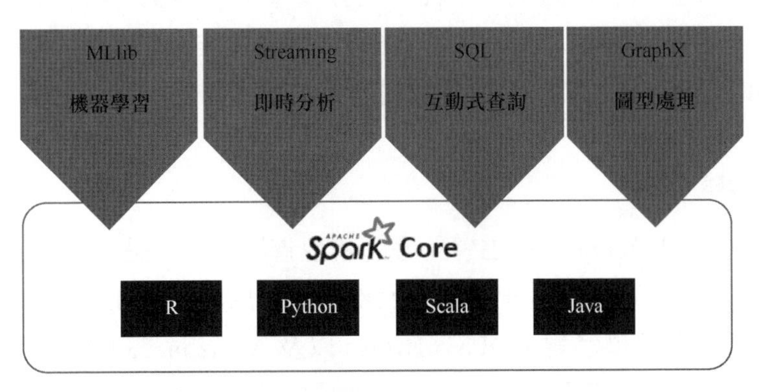

圖 14-6

14.3.5 SQL 解決方案

儘管 MapReduce 和 Spark 的計算框架非常優秀，但是許多傳統資料倉儲和商業智慧領域的工程師只精通 SQL，對 Java、Scala 等語言的掌握相對薄弱。因此，要想使得這些工程師可以快速上手分析資料，基於 Hadoop 的 SQL 元件尤為重要。SQL 元件包括 Hive、Impala、Spark SQL 和 Drill 等。

1. Hive

Apache Hive 設計的目的是建構一個基於 HDFS 的分散式資料倉儲，用於管理和組織大規模資料。Hive 對資料操作採用了一種非常類似於 SQL 語法的查詢語言 HQL，從命名上不難發現取自 Hive+SQL。執行任務時，Hive 可以自動將 SQL 轉化為 MapReduce 任務，並提交給 Hadoop 叢集執行，以生成所需資料。

隨著計算架構的升級，Hive 逐步進化為一個通用的、可伸縮的資料處理平台，既可以服務於大規模資料批次處理，又可以用於互動式查詢秒級即時處理。Hive 除支持傳統的基於 MapReduce 的任務以外，還支持 Hive on Tez、Hive LLAP、Hive on Spark 等計算框架，極大提升了計算性能和查詢互動體驗。Hive 支援所有基礎的 SQL 資料類型，也支援部分複雜資料類型，使用者可以根據需要訂製自訂使用者函數（User Defined Function，UDF），進一步提高資料加工處理能力。

2. Impala

Impala 是由 Cloudera 公司主導開發的新型查詢系統，是一個用於處理儲存在 Hadoop 叢集中的大量資料的大規模平行處理（MMP）架構的 SQL 查詢引擎，它提供了對 HDFS、HBase 以及 Amazon S3 中 PB 級數據的高性能和低延遲的存取方法，可以達到類似於 RDBMS 的查詢效果。

儘管 Hive 也提供了 SQL 語義，但是在 Hadoop 2.x 中，Hive 底層預設使用的是 MapReduce 引擎，屬於批次處理過程，難以滿足查詢互動性的要求。Impala 可以直接讀取資料在記憶體中的計算，無須轉化為 MapReduce，大大提升了執行性能，可以滿足對 PB 級數據進行互動式的查詢和分析的要求。此外，Impala 支援資料多樣，支援 Hive 中繼資料，可對 Hive 資料直接做加工處理；也支持資料的當地語系化，很多資料可以在本地進行分析。同時，Impala 還支援 JDBC、ODBC 遠端存取，去除了距離帶來的不便，極佳地提高了使用效率。

3. Spark SQL

Spark SQL 是 Spark 生態系統裡用於處理結構化巨量資料的模組，其前身是柏克萊實驗室的 Shark 專案。它的設計初衷和 Impala 類似，也是針對熟悉 RDBMS 但又不瞭解 MapReduce 的技術人員，提供比 Hive 性能更高的資料查詢工具。同樣，Spark SQL 也相容 Hive 的 HQL 解析、邏輯執行計畫翻譯、執行計畫最佳化等邏輯，我們可以近似認為它僅將物理執行計畫從 MapReduce 引擎替換成了 Spark 引擎。Spark SQL 輔以記憶體列式儲存，縮減了大量中間磁碟落地過程造成的 I/O 負擔，修改了記憶體管理、物理計畫、執行這 3 個模組，並使之能執行在 Spark 引擎上，從而使得 SQL 查詢的速度提升 10 ～ 100 倍。

在互動方面，Spark SQL 支持包括 SQL 和 Dataset API 在內的集中方式。目前，Spark 2.X 已支援 4 種程式語言，即 Scala、Java、Python 和 R 語言，在這些程式語言內部呼叫並執行 SQL，其查詢結果將作為一個 Dataset 或 DataFrame 返回。這裡的 Dataset 是分散式的資料集，DataFrame 是按命名列方式組織的 Dataset。Spark SQL 也支持 Spark Shell、PySpark Shell 或 SparkR Shell 命令列，可以透過 JDBC、ODBC 與 SQL 介面進行互動。當進行計算時，Spark SQL 使用相同的執行引擎，而不依賴於使用哪種 API 或語言，這種統一表示開發人員可以很容易地在不同的 API 之間來回切換，且 API 提供了表達指定轉換最自然的方式。

在資料來源方面，Spark SQL 支持將多種外部資料來源的資料轉化為 DataFrame，並像操作 RDD 或將其註冊為臨時表那樣來處理和分析這些資料。當前支持的資料來源有 JSON、文字檔、RDD、關聯式資料庫、Hive 和 Parquet 等。

4. Drill

Apache Drill 也是一個低延遲的分散式巨量資料（涵蓋結構化、半結構化以及巢狀結構數據）互動式查詢引擎，使用 ANSI SQL 相容語法，支援本地檔案、HDFS、HBase、MongoDB 等後端儲存，支持 Parquet、JSON、CSV、TSV、PSV 等資料格式。受 Google Dremel 的啟發，Drill 可以滿足上千節點的 PB 等級資料進行互動式商業智慧分析。Drill 的主要目標是提供可伸縮性，透過使用一個查詢來組合各種資料儲存，高效率地處理 PB 和 EB 等級的資料。儘管 Drill 通常也被視為 Hive 的替代者之一，但由於其增、刪、改的操作能力遠遜於 Impala 和 Spark SQL，在生產實踐中採納該元件的企業並不多，因此簡單了解即可。

14.3.6 對串流資料的處理

雖然 SQL on Hadoop 在大規模資料處理上比傳統關聯式資料庫表現出明顯的優勢，但是這仍是一種離線計算技術。隨著資料量的增加，離線計算會越來越慢，難以滿足在某些場景下的即時性要求。流式（Streaming）計算提供了另一種巨量資料的計算範式，與批次處理計算慢慢累積資料不同，流式計算將大量資料平攤到每個時間點上，連續地進行小量傳輸，資料持續流動，計算完之後就捨棄，因而流式計算具有低延遲、無邊界、源頭觸發、連續計算等特點。

1. Kafka

Kafka 是領英（LinkedIn）公司開發並開放原始碼的分散式串流訊息機制，具有高吞吐量、低延遲、跨語言、分散式、多分區、快速持久化、水平擴充、可容錯等特點。它作為記錄檔串流平台和訊息管道平台，具備良好的訊息循序存取和巨量資料堆積能力。目前 Kafka 是巨量資料領域很受歡迎的訊息佇列，絕大多數的串流計算平台選擇其作為即時資料管道。

Kafka 每秒可處理數十萬筆訊息，延遲可在毫秒級，生產者（Producer）將訊息發佈到指定的主題（Topic），每個 Topic 可分為多個分區（Partition）；消費者（Consumer）訂閱 Topic 消費資訊，多個消費者執行緒可以組成一個組（Group），各個分區中的每個訊息只能被消費者組（Consumer Group）中的消費者消費。此外，Kafka 可以透過 Connectors 與資料庫（DB）進行連接，也可以透過 Stream Processors（串流處理器）與應用程式（APPs）連通。Kafka 的生產者 - 消費者模型如圖 14-7 所示。

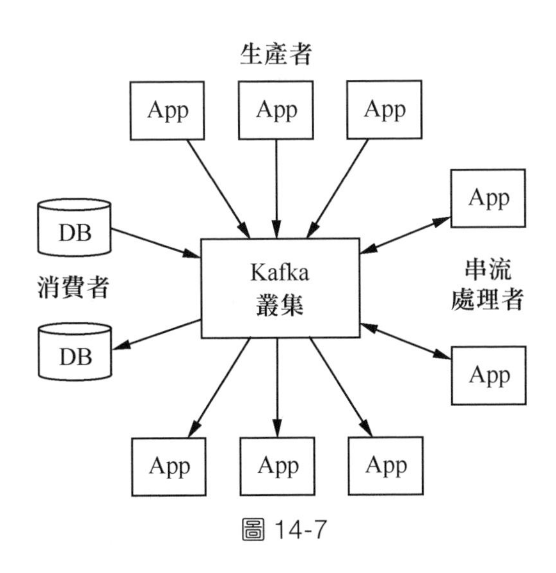

圖 14-7

2. Storm

行銷分析公司 BackType 開發了即時計算系統 Storm，後來 BackType 被 Twitter 公司收購，Storm 最終被開放原始碼成 Apache 頂級專案，其在容錯和水平可擴充方面優勢顯著，使得該分散式串流計算框架一度成為串流資料處理的標準。

與 Hadoop 叢集類似，Apache Storm 叢集中也分主節點和工作節點。主節點執行一個名為 "Nimbus" 的守護處理程序，它類似於 Hadoop 的 "JobTracker"，負責在叢集中分發程式、分配任務和監視故障。每個工作節點執行一個名為 "Supervisor" 的守護處理程序，監聽分配給它的節點的任務，並根據需要啟動或停止 Nimbus 分配給它的處理程序。Nimbus 和 Supervisor 之間的所有協調都是透過 ZooKeeper 叢集來完成的。此外，Nimbus 守護處理程序和管理守護處理程序是快速失敗（fail-fast）和無狀態的；所有叢集狀態都保存在 ZooKeeper 或本地磁碟上。Storm 叢集架構如圖 14-8 所示。

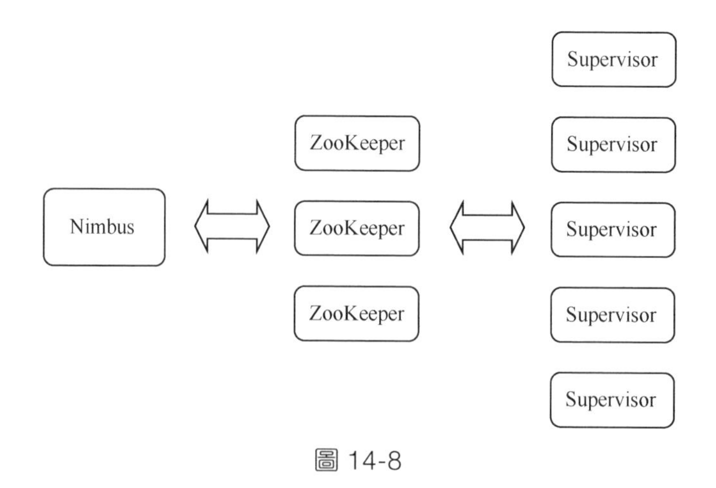

圖 14-8

每個工作處理程序執行一個名為拓撲（Topology）的有向無環圖（DAG）。該圖從名為 "Spout" 的資料來源獲得流式資料，並將資料傳輸

到名為 "Bolt" 的計算單元中加工處理，Bolt 也可生成一些新的串流以供下一步 Bolt 處理。上文所述 Topology 的流轉換過程如圖 14-9 所示。

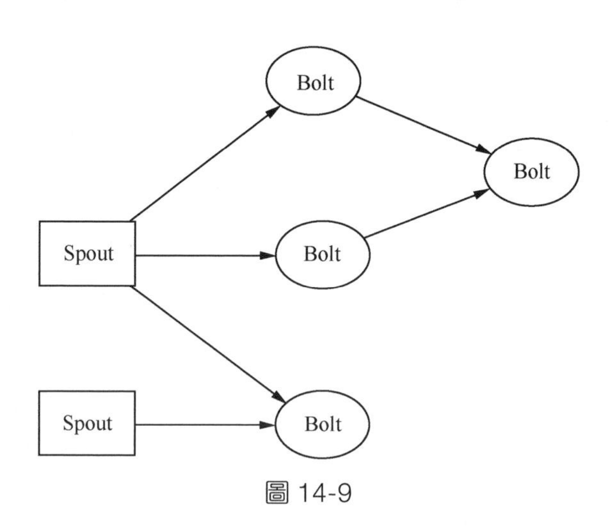

圖 14-9

儘管 Storm 框架與 Hadoop 框架表面上相似，但兩者在即時和批次處理方面的屬性不同，這恰好形成互補。二者的屬性差異比較如表 14-1 所示。

表 14-1

屬性	Storm	Hadoop
執行模型	單筆流式處理	批次處理
狀態管理	無狀態 / Trident 狀態管理	有狀態
延遲特性	毫秒級	分鐘級
主節點	Nimbus	JobTracker
工作節點	Supervisor	TaskTracker
執行機制	永久執行 Topology（除非手工結束）	隨 MapReduce 任務的結束而結束
故障處理	如果 Nimbus、Supervisor「死」機，那麼重新啟動後從停止的地方繼續	如果 JobTracker「死」機，那麼所有正在執行的作業將全部遺失

3. Flink

Apache Flink 是公認的新一代開放原始碼巨量資料計算框架和分散式處理引擎，用於在無邊界和有邊界資料流上進行有狀態的計算。Flink 是 Apache 軟體基金會和 GitHub 社區最為活躍的專案之一，2019 年 1 月，阿里巴巴即時計算團隊宣佈將經過「雙 11」歷練和集團內部業務打磨的 Blink 引擎進行開放原始碼並向 Apache Flink 貢獻程式，並在此後的一年中，持續推進 Flink 與 Blink 的整合。

與 Spark Streaming 基於微批的思維不同，在 Flink 的觀點中，任何類型的資料都可以形成一種事件串流，Flink 的「串流批統一」是以串流資料處理作為資料處理的手段，批次處理只是串流資料的特例而已。對於 Flink 而言，資料流可以劃分為「有界串流」和「無界串流」兩類。

（1）有界串流（bounded stream）：既定義了串流的開始，又定義了串流的結束，因此有界串流可以在獲取所有資料後再進行計算。因為有界串流中所有資料可以被排序，所以並不需要有序消費。有界串流的處理，其實就是傳統意義上的批次處理。

（2）無界串流（unbounded stream）：定義了串流的開始，但沒有定義串流的結束，因此會無休止地產生資料。無界串流的資料必須持續處理，即資料被提取後需要立刻處理，不能等到所有資料都到達再處理，因為輸入是無限的，在任何時候輸入都不會完成。處理無界資料通常要求以特定順序提取事件，例如事件發生的順序，以便能夠推斷結果的完整性。

關於有界串流和無界串流的示意圖，如圖 14-10 所示。

Apache Flink 擅長處理無界和有界資料集。有界串流由一些專為固定大小資料集特殊設計的演算法和資料結構處理，有出色的性能。而精確的時間控制和狀態化，使得 Flink 的執行時期（runtime）能夠執行任何處理無界串流的應用。

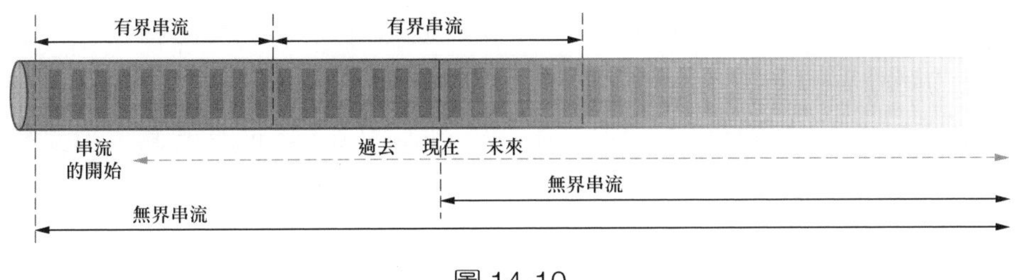

圖 14-10

狀態（State）是 Flink 有別於 Spark Streaming 和 Storm 的重要特徵。對於串流計算而言，只有在每一個單獨的事件上進行轉換操作的應用才不需要狀態，換言之，每一個具有一定複雜度的串流處理應用都是有可變狀態（Variable State）的。任何執行基本業務邏輯的串流處理應用都需要在一定時間內儲存所接收的事件或中間結果，以供後續的某個時間點（例如收到下一個事件或經過一段特定時間）存取並進行後續處理。Flink 提供了許多狀態管理的特性支援，包括多種狀態基礎類型、外掛程式化的 State Backend、Exactly-once 語義計算、超巨量資料量（TB 級）狀態、可彈性伸縮的狀態應用等。Flink 的狀態，管理機制如圖 14-11 所示。

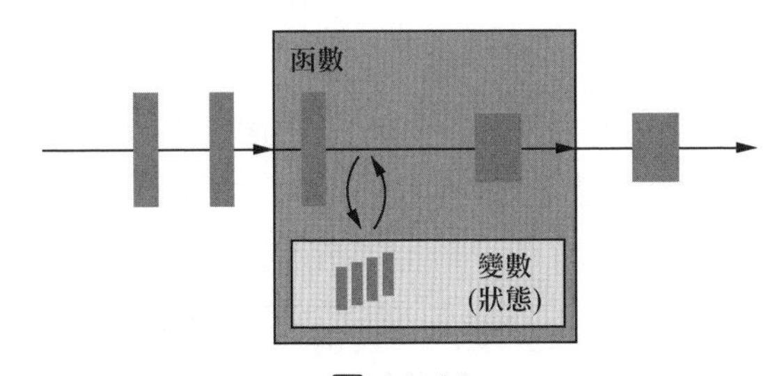

圖 14-11

時間控制也是 Flink 串流處理的另一個重要的組成部分。因為事件總是在特定時間點發生，所以大多數的事件串流擁有事件本身所固有的時間語義。進一步來說，許多常見的串流計算基於時間語義，例如視窗聚合、階段計算、模式檢測和基於時間的 join。串流處理的重要方面是應用程式如何衡量時間，Flink 優於許多其他即時計算引擎在於它提供了豐富的時間語義支援，不僅可以區分事件時間（Event Time）、攝取時間（Ingestion Time）和視窗處理時間（Window Processing Time），還支援 Watermark 和延遲資料處理，如圖 14-12 所示。

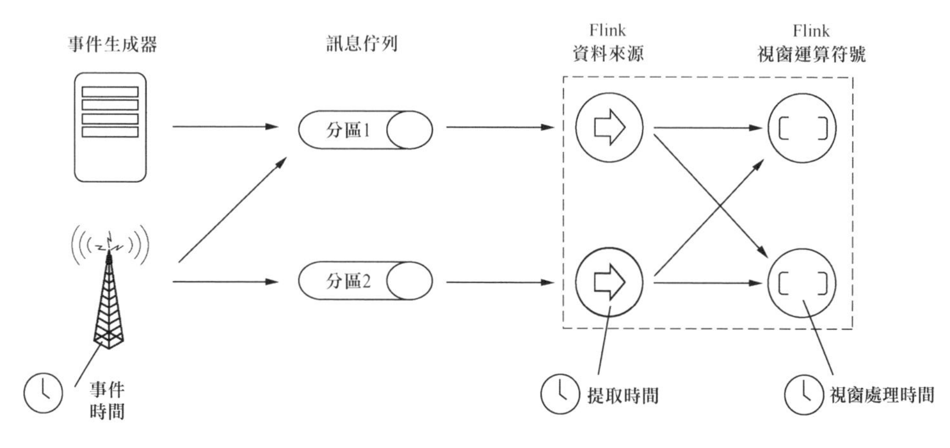

圖 14-12

Flink 針對開發者，根據抽象程度不同，提供了 3 種不同層次的 API。每一種 API 在簡潔性和表達力上具有不同的偏重，並且針對不同的應用場景。越接近 SQL 層，API 的表達能力越弱，抽象能力越強；越接近底層功能層（ProcessFunction 層），API 的表達能力越強，可以進行多種靈活方便的操作，但抽象能力越弱，如圖 14-13 所示。

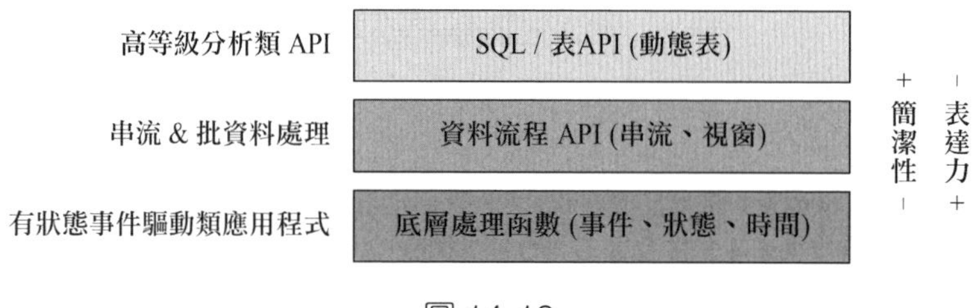

圖 14-13

與 Spark Streaming 和 Storm 類似，Flink 執行時期也包含以下兩類處理程序，分散式執行環境如圖 14-14 所示。

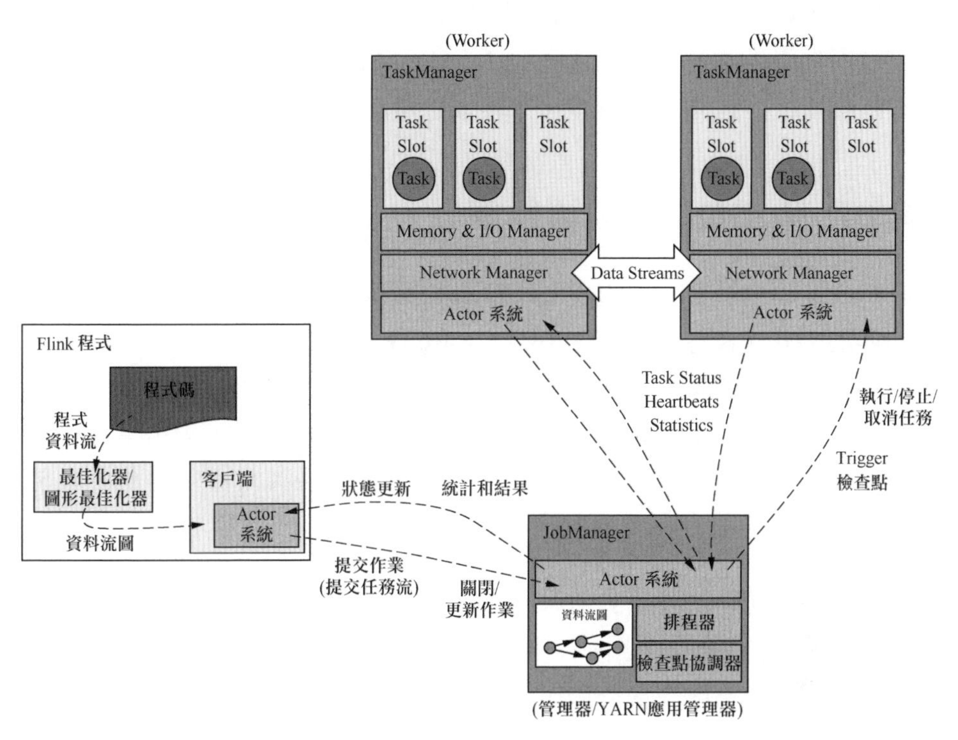

圖 14-14

（1）JobManager：即管理器，用於協調分散式運算，負責排程任務、協調檢查點、協調故障恢復等。每個 Job 至少有一個 JobManager。高可用部署下會有多個 JobManager，其中一個作為 leader，其餘處於休眠狀態。

（2）TaskManager：執行資料流程中的 Task，並且快取和交換資料流程，每個 Job 至少有一個 TaskManager。

同理，JobManager 和 TaskManager 有多種啟動方式：直接在伺服器上啟動（稱為 Standalone Cluster），在容器或資源管理框架中啟動（如 YARN 或 Mesos）。雖然用戶端不是執行時期和作業即時執行的一部分，但它被用作準備和提交資料流程到 JobManager。提交完成之後，用戶端可以斷開連接，也可以保持連接來接收進度報告。

14.3.7 NoSQL 類型資料庫

Apache HBase 是建立在 HDFS 上的即時資料庫，是一個分散式、可伸縮的非關聯式（NoSQL）資料庫。HBase 保證了對巨量資料進行隨機即時的讀 / 寫存取效率，在物理叢集上可託管超大類型資料儲存表（如數十億行 × 數百萬列）。Hbase 以 Google 的 BigTable（一種用於處理大類型資料集的分散式儲存系統）為原型，為分散式資料提供了一個簡單的介面，允許進行增量處理。

作為 NoSQL 類型資料庫的典型代表，HBase 是一個基於列式而非行式的儲存，因其 Key-Value 核心儲存結構，非常適合儲存稀疏性資料。HBase 提供了豐富的存取介面，如 Native Java API、HBase Shell、Thrift Java API、REST 閘道、Avro 等，Hive 和 Pig 也可以透過 MapReduce 存取 HBase，並將該資訊儲存在其 HDFS 中，以保證其可靠性和持久性。

圖 14-15 描述了 Hadoop 生態系統中的各層元件間的關係，其中 HBase 位於 NoSQL 儲存層，HDFS 為 HBase 提供了高可靠的底層儲存支援，ZooKeeper 為 HBase 提供了穩定協調服務和故障切換機制。

鑑於 HBase 的快速存取特性，使得針對 OLAP 的巨量資料分析類型資料倉儲 Apache Kylin 將 Hbase 作為為其預設資料庫，其中 Kylin Cube 的維度作為 HBase 的 RowKey，指標作為列簇，以支持基於 HBase 儲存的 SQL 查詢的預計算服務。

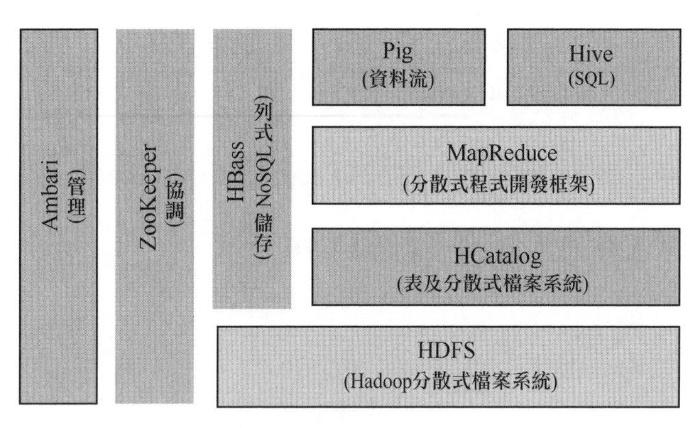

圖 14-15

14.3.8 任務排程

對於離線計算任務而言，需要定時喚起並執行任務，Linux Crontab 雖然可以用於定時任務的喚起，卻無法管理整個任務工作流，而 Apache Oozie 正是這樣一個為了管理 Apache Hadoop 作業而設計的基於伺服器的工作流引擎。

Oozie 框架包含以下 3 個功能層次。

（1）工作流（Workflow）：被定義為有向無環圖中的控制流節點（Control Flow Node）和操作節點（Action Node）的集合。其中，控制流節點定義了工作流的開始和結束（開始、結束和失敗節點），以及控制工作流執行路徑的機制（decision、fork 和 join 節點）；操作節點則是工作流觸發計算 / 處理任務執行的機制。Oozie 支援不同類型的操作，包括 Hadoop MapReduce、Hadoop HDFS、Sqoop、Hive、Spark、Distcp、SSH、Email，以及特定作業（如 Java 程式和 Shell 指令稿）等。Oozie 工作流可以參數化，如在工作流定義中使用 ${inputDir} 之類的變數。

（2）協調器（Coordinator）：用於定時觸發 Workflow 作業，當資料可用或就緒時，Oozie 在 Workflow 中定義的工作流將被觸發且循序執行。在提交工作流時，必須提供參數的作業值。如果正確地被參數化（即使用不同的輸出目錄），那麼相同的工作流作業可以併發進行。

（3）綁定作業（Bundle Job）：用於綁定多個 Coordinator。

典型的 Oozie 工作流示意圖，如圖 14-16 所示。

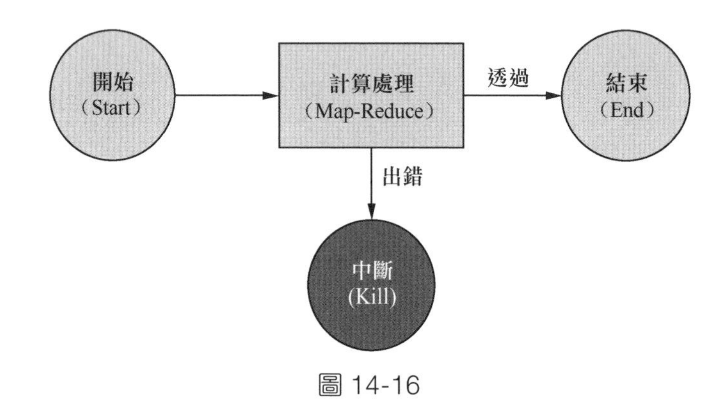

圖 14-16

14.3.9 協調和管理

前面介紹的 Hadoop 生態系統的元件，主要是儲存和計算引擎。事實上，作為分散式環境的 Hadoop 生態系統，需要解決很多分散式系統協調和管理的問題，如分散式應用中共用狀態的管理問題、叢集設定管理監控問題等。為此，一些以協調和管理為目的的元件成為 Hadoop 生態系統不可或缺的部分。

1. ZooKeeper

Apache ZooKeeper 是一款致力於開發和維護可實現高度可靠的分散式協調的開放原始碼服務元件。具體來說，ZooKeeper 可用於維護設定資訊、命名，提供分散式同步和群組服務的集中式服務，並對各種服務進行協調。在使用 ZooKeeper 之前，Hadoop 生態系統中不同服務之間的協調非常困難且耗時。先前的服務在同步資料互動方面存在很多問題，例如通用設定，即使設定了服務，服務設定的更改也會使其變得複雜且難以處理。而分組和命名也是一個耗時的工作。協調服務也是一大難題，極易出現競爭條件和「死」鎖等錯誤。因此，ZooKeeper 的設計就是為了減輕分散式應用程式從頭實現協調服務的責任。

ZooKeeper 遵循用戶端 - 服務端架構，其中服務端是提供服務的節點，而用戶端是使用服務的節點。ZooKeeper 架構如圖 14-17 所示。

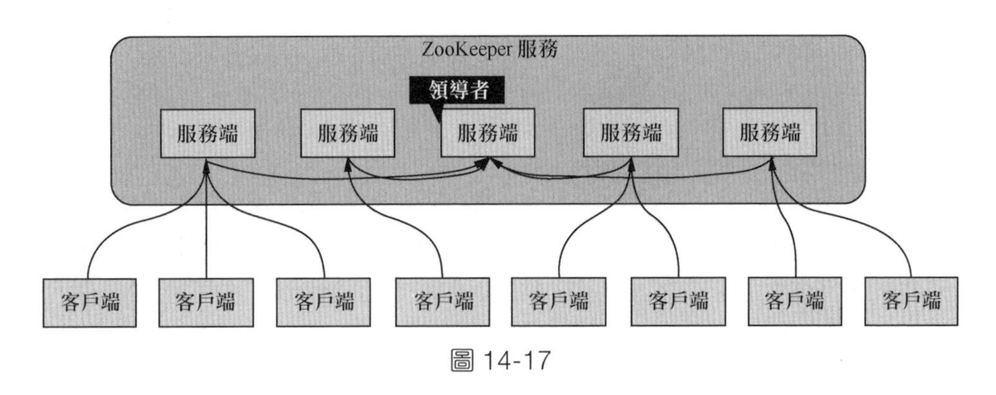

圖 14-17

（1）用戶端（Client）：使用分散式應用程式叢集從用戶端節點存取資訊。用戶端向伺服器發送一筆訊息，讓伺服器知道用戶端處於執行狀態，如果連接的伺服器沒有回應，用戶端會自動將訊息重新發送到另一個伺服器。

（2）服務端（Server）：服務端將向用戶端發出確認資訊，以通知用戶端伺服器仍在執行；並向用戶端提供所有服務。

（3）領導者（Leader）：作為協定的一部分，來自用戶端的所有寫入請求都轉發到稱為領導者的單一伺服器。其餘的 ZooKeeper 伺服器稱為跟隨者（Follower），它們接收領導者發送的訊息建議並同意訊息傳遞。訊息傳遞層負責替換出現故障的領導者，並將跟隨者與領導者同步。

2. Ambari

Apache Ambari 是一個旨在使 Hadoop 生態系統更易於管理的輔助工具，可用於設定、管理和監控 Apache Hadoop 叢集元件。Ambari 透過其 REST API，提供了一個直觀、好用的整合化管理 Web UI，以簡化 Hadoop 的管理。

Ambari 的出現使得系統管理員可以完成以下工作。

（1）設定 Hadoop 叢集：Ambari 提供了用於在任意數量的主機上安裝 Hadoop 服務的分步精靈；提供了處理叢集的 Hadoop 服務設定。

（2）管理 Hadoop 叢集：Ambari 提供了用於在整個叢集中啟動、停止和重新設定 Hadoop 服務的集中管理。

（3）監控 Hadoop 叢集：Ambari 提供了一個儀表板，用於監視 Hadoop 叢集的執行狀況和狀態；利用 Ambari Metrics System 收集指標；利用 Ambari Alert Framework 發出系統警示，並在需要注意時發起通知（如節點故障、剩餘磁碟空間不足等）。

此外，Ambari 還可以使應用程式開發人員透過呼叫 Ambari REST API，將 Hadoop 的設定、管理和監視功能方便快捷地整合到自己的應用程式中。

14.3.10 ETL 工具

對於一個完整的巨量資料系統而言，還應考慮巨量資料平台與外界的資料交換，因此 ETL 工具也不可或缺。這裡按照離線計算和即時計算，介紹兩種常用的 ETL 工具。

1. Sqoop

Apache Sqoop 是一種運用於 Apache Hadoop 和結構化資料儲存（如關聯式資料庫進行資料儲存時）之間高效傳輸批次資料的工具。由於目前使用 Hadoop 技術的資料來源或資料目標使用方往往還是傳統的關聯式資料庫，因此 Sqoop 作為連接關聯式資料庫和 Hadoop 的橋樑出現，主要實現匯入匯出功能。

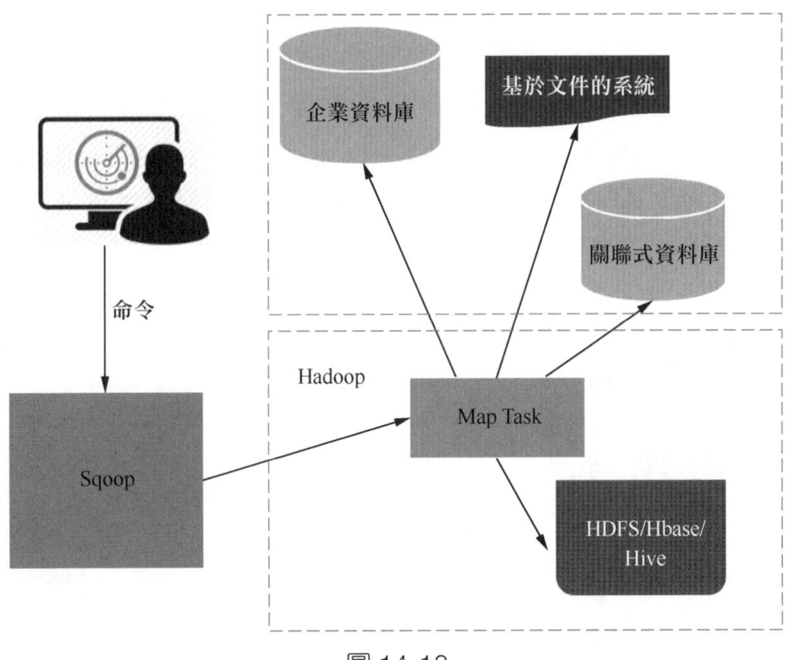

圖 14-18

Sqoop 架構如圖 14-18 所示。Sqoop 可以從 RDBMS 或企業資料倉儲向 HDFS 匯入和匯出結構化資料，反之亦然。當我們提交 Sqoop 命令時，其主要任務被分為子任務，這些子任務由內部的各個 Map Task 處理，每個 Map 將部分資料匯入 Hadoop 生態系統，透過分 Map 處理，最終在所有 Map 任務（Task）都執行完畢後，所有資料將匯入 Hadoop 生態的儲存系統。匯出也是類似的方式，當我們提交作業時，任務被映射到

Map Task 中，該任務從 HDFS 中獲取資料區塊，這些區塊被匯出到結構化資料目的地，結合所有這些匯出的資料區塊，將在資料匯出目的地接收整個資料。

目前 Sqoop 支持的資料連接包括 FTP/SFTP 連接、JDBC 連接（由此支持各種常見 RDBMS）、HDBS 連接、Kafka 連接、Kite 連接等。

2. Flume

現在，讓我們介紹另一種資料提取工具，即 Flume。Flume 和 Sqoop 之間的主要區別在於：Flume 僅將非結構化資料或半結構化資料流程式提取到 HDFS 中。因此，Flume 的主要應用場景在於幫助我們從網路流量、社交媒體、電子郵件、記錄檔等資料來源中獲取線上流資料，如圖 14-19 所示。

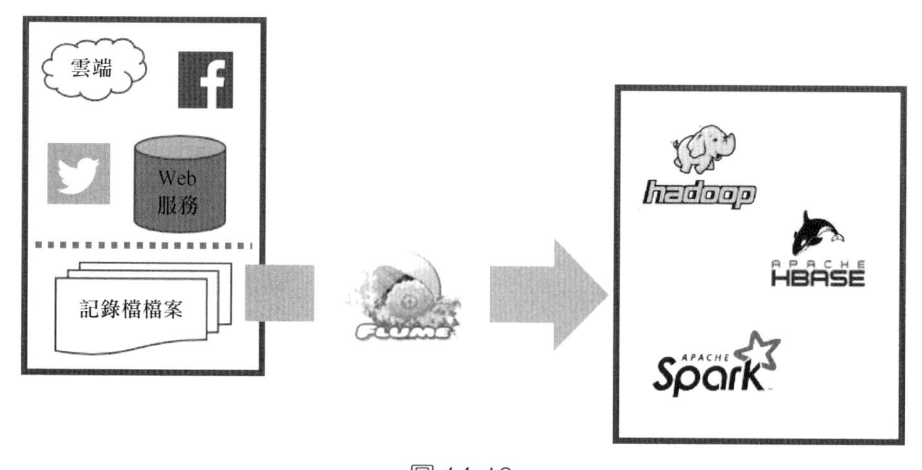

圖 14-19

Flume Agent 可將來源端串流資料從各種資料來源提取到目標端（如 HDFS），該 Agent 包含以下 3 個組成部分。Flume 基礎架構如圖 14-20 所示。

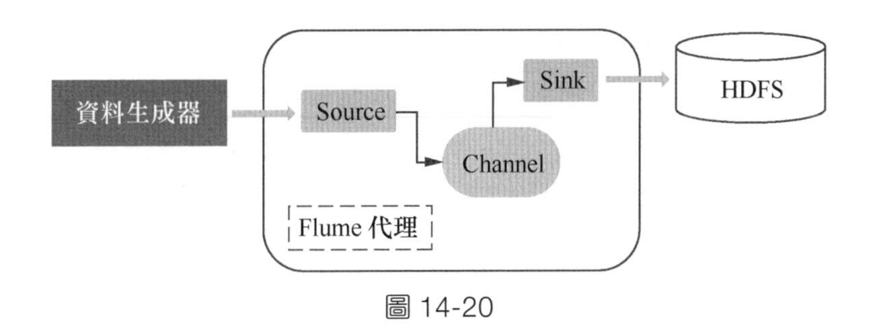

圖 14-20

（1）來源（Source）：接收來自傳入串流的資料，並將資料儲存在通道中。

（2）通道（Channel）：充當本機存放區或主儲存，是來源端資料和永久資料之間的臨時儲存通道。

（3）接收器（Sink）：從通道收集資料，並將資料永久提交或寫入目標端（如 HDFS）。

14.3.11 寫給測試人員的話

上述元件並不是 Hadoop 生態系統的全部元件，只是近些年來企業使用較多的選型。其實，在每種功能類型中，存在其他的技術選型。舉例來說，在任務排程方面，除 Oozie 以外，Apache Airflow 的使用也十分廣泛；在巨量資料儲存方面，在 HDFS with Parquet 和 HBase 的性能中間地帶，Apache Kudu 的使用也日益頻繁，該元件極佳地平衡了 OLAP 和 OLTP 的需求，使得儲存方案更通用可行。總之，上述 Hadoop 生態系統元件僅是簡單介紹，在實際專案應用場景中，我們應根據需要選用合適的元件和開發工具。

讀到此處，也許很多測試人員心生疑惑，為何作者不惜筆墨介紹巨量資料 Hadoop 生態系統的各種類型的元件。畢竟，除巨量資料架構師需要掌握每種元件的原理以外，對普通開發人員，因其所在團隊的技術分工，每個人也只需要精通一種或幾種元件。然而，對於測試人員來說，很多時候承載的任務分工不似開發人員那麼精細，所涉及的測試任務往往有可能涵蓋各種可能的 Hadoop 元件，因此，在測試過程中，測試人員對待測應用程式及其執行環境有一定的技術瞭解就顯得尤為必要了。

那麼，對測試人員來說，關於巨量資料平台的各個技術堆疊，需要掌握到何種程度呢？從原則上來講，技術學習不厭其精，但考慮到 Hadoop 生態系統是一個高速發展的技術生態系統，Apache 社區的更新速度也很快，若要完全掌握各元件並不現實，因此，對測試人員來說，能夠對每種元件的功能、原理、特徵、適用性等有初步的認識，能夠按照安裝部署手冊獨立安裝部署這些元件，能夠掌握測試常用的介面操作，即可滿足測試巨量資料平台的基礎技能要求。擁有了這種技術瞭解，測試人員則可以對架構特性做一些簡單的預判，如 Spark Streaming 雖然算是常用的即時處理引擎，但其本質是進行微批次處理的，因此，對於延遲時間低容忍的業務場景（如微秒級延遲時間要求），Spark Streaming 是不適用的。這些在測試人員參與技術選型、架構評審、執行 POC 測試時是非常有益的。

上述內容只涉及每種元件基礎的概念介紹，若想進行更深入的了解，可查閱 Apache 官網相關文件。

Chapter

15 巨量資料測試探索

15.1 從使用者故事開始

在 14.1 節中，我們虛擬了一個咖啡店自助回應和服務下單的故事，這個故事中的使用者可感知部分，只是資料團隊平日工作的「冰山一角」。也就是說，巨量資料團隊的核心工作是打造一個承前啟後的、企業內部通用的資料中台，至於使用者可感知的業務前台，它只是充分使用了資料中台向上提供的服務。

為了讓讀者更清晰地瞭解資料中台的概念，下面列出一個典型的巨量資料整體解決方案架構，從中我們可以了解資料中台的定位與技術內涵，如圖 15-1 所示。

由此可見，巨量資料團隊通常接收到的需求是中台化的，是為上層業務應用提供共通性化、有一定擴充性的服務，並非針對終端使用者。從使用者故事的角度來看，也可以認為是針對一類專業的「使用者」。

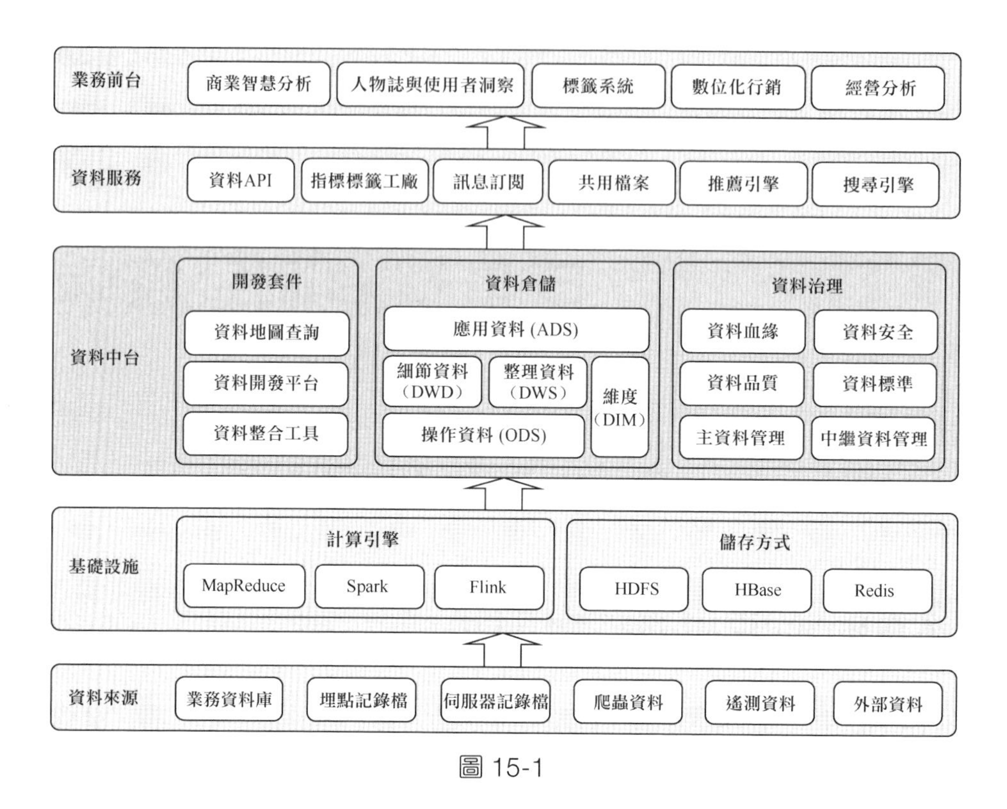

圖 15-1

在第 3 章中已經介紹了如何描述一個使用者故事，下文以咖啡店的故事為例，透過一個典型的巨量資料場景使用者故事，探索如何開展巨量資料測試，如表 15-1 所示。

表 15-1

標題	人物誌——口味偏好
描述	在資料中台的人物誌模組，需要為業務前台提供使用者口味的巨量資料指標標籤資料（Hive 表），便於產品經理在規劃推薦系統時訓練推薦模型。 【AC】 按月分別統計使用者瀏覽和下單商品的口味指標； 實現基於「指數加權移動平均法」的使用者月度口味偏好標籤

標題	人物誌──口味偏好
	【DOD】 完成發佈規劃要求的所有資料指標和標籤； 已透過重點資料邏輯驗證； Workflow 計算時間不超過 30min； 已修復資料的邏輯缺陷問題和嚴重的性能問題
優先順序	Must
預估工時	50 人時

15.2 巨量資料系統設計

想要實現 15.1 節中關於「人物誌──口味偏好」的使用者故事，就需要建構巨量資料系統。根據 14.3 節中關於 Hadoop 生態系統的介紹，我們可以選用 HDFS、YARN、Hive、Sqoop、Flume 等元件來建構系統，其技術架構如圖 15-2 所示。

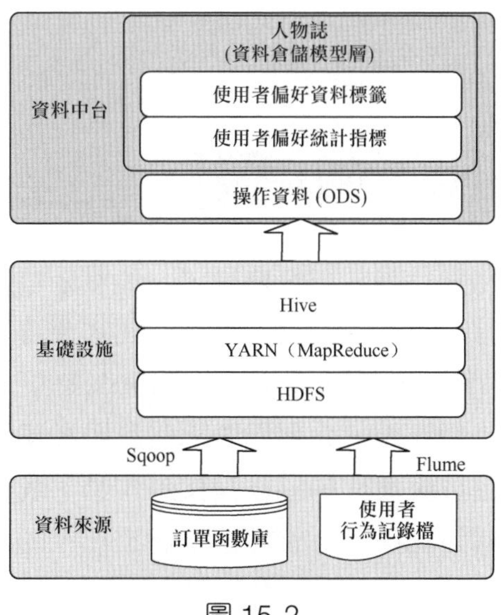

圖 15-2

在上述人物誌實現架構圖中，涉及兩類資料來源：訂單庫和使用者行為記錄檔。一般而言，訂單等涉及的多狀態業務資料儲存在 SQL 類型資料庫（如 Oracle、SQL Server）中，並且用作人物誌的計算不需要太強的即時性，通常採用 T-1 日（T-1 日，是把擷取日看作 T 日，資料日是 T-1 日）的擷取方式，因此可以用 Sqoop 作為擷取工具。而使用者行為記錄檔通常是以埋點 log 或系統 log 的純文字、半結構化形式存在，這部分資料是流式生成的，可以批擷取，也可以流式擷取。在本故事中，我們選用 Flume 作為擷取工具即時擷取，並以 Appending 方式寫入 HDFS。在企業真實的場景中，Flume 可以支持多個 Sink 下游，即可支援 Sink 到 Kafka 作為流式計算的貼來源資料，同時 Sink 到 HDFS 作為批次處理計算的貼來源資料。

當然，企業人物誌現實案例遠比圖 15-2 所示的結構要複雜，通常會涉及各類資料來源的融合，也涉及按應用場景進行主題建模。建構一套完整的人物誌，通常需要耗費資料團隊數年時間持續疊代改進，才能最終實現滿意的業務應用效果。這裡僅以某單項畫像指標為例，以點帶面地進行簡單介紹。

15.3 架設 Hadoop 系統

Hadoop 2.x 支援 3 種執行模式：單機模式、虛擬分散式和全分散式。前兩種模式僅限於學習，只有高可用的全分散式才會真正投入生產。一個高可用的 Hadoop 系統，是需要建構在一個電腦叢集之上的。一般來說小規模的叢集有幾十個節點，大型網際網路應用叢集則可能有數百甚至上千個節點。為了達成叢集間的協作無傾斜作業，我們需要對元件部署劃分、叢集規範、網路拓撲甚至物理機架提出一定的規格要求。即使是開發、測試環境，為了和生產環境達成較高的相似度，也存在類似的環境設定要求。

然而，限於篇幅，這裡不介紹高可用 Hadoop 叢集如何建構，而是以單機虛擬分散式為例，建構以學習為目的的簡單 Hadoop 系統。在建構前，需要準備的基礎環境如表 15-2 所示。

表 15-2

本機系統	作業系統：Windows 7/10，64 位元 實體記憶體：8GB 以上 CPU Cores：4 核心以上
虛擬機器	VMware Workstation
虛擬系統	CentOS 7.x，64-bit
Java	jdk1.8.0_241
Hadoop	Apache Hadoop 2.10.0
MySQL	MySQL Community Server 5.7.25

15.3.1 安裝 CentOS 虛擬機器

若要在安裝 Windows 作業系統的宿主機上安裝 Hadoop 虛擬分散式，首先需要安裝 VMware Workstation 和 VMware Tools，並預先下載 CentOS 的映像檔。這裡選擇的是 CentOS 7 64-bit，映像檔檔案為 CentOS-7-x86_64-Minimal-1708.iso。

按照 VMware Workstation 對話方塊的提示安裝 CentOS 虛擬機器即可。為了確保後續 Hadoop 系統的執行性能，這裡分配磁碟空間 20GB、記憶體 8192MB、CPU 核心 4 個，如圖 15-3 所示。

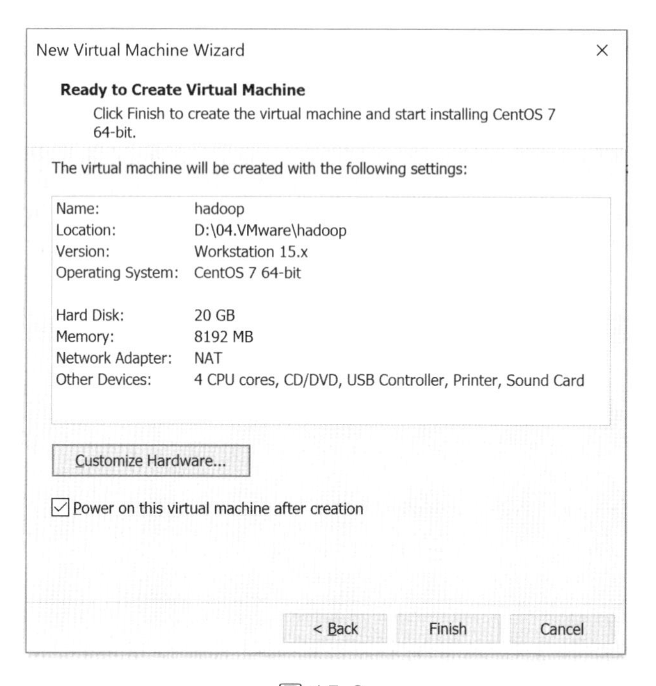

圖 15-3

在安裝 CentOS 的過程中，有一些設定在後繼的 Hadoop 系統架設和應用中比較重要，應事先設定完成，包括設定主機名稱（如 hadoop）、設定固定 IP（如 192.168.140.10）、設定 root 密碼（如 123456）等。

15.3.2 安裝 JDK

Hadoop 生態系統的大部分元件依賴 Java 環境，因此需要安裝 JDK。考慮到擬安裝的 Hadoop 版本為 2.10，因此需要選擇 JDK 1.8，否則很多元件將出現版本不相容的問題。這裡我們從官網下載 jdk-8u241-linux-x64.tar.gz。

下載 JDK 安裝套件到指定目錄，解壓縮，並增加軟連結，如程式清單 15-1 所示。

▶ 程式清單 15-1　下載 JDK 安裝套件到指定目錄、解壓縮，並增加軟連結

```
[root@hadoop opt]# mkdir -p /opt/local/jdk
[root@hadoop opt]# cd /opt/local/jdk
[root@hadoop jdk]# rz
[root@hadoop jdk]# tar -zxvf jdk-8u241-linux-x64.tar.gz
[root@hadoop jdk]# mv jdk1.8.0_241/ jdk1.8.0
[root@hadoop jdk]# ln -s jdk1.8.0/ jdk
```

增加 Java 環境變數，並使之生效，如程式清單 15-2 所示。

▶ 程式清單 15-2　增加 Java 環境變數，並使之生效

```
[root@hadoop jdk]# vim /etc/profile
export JAVA_HOME=/opt/local/jdk/jdk
export CLASS_PATH=$JAVA_HOME/lib:$JAVA_HOME/jre/lib
export PATH=$JAVA_HOME/bin:$PATH
[root@hadoop jdk]# source /etc/profile
```

15.3.3 設定 SSH 免密登入

生成免密登入金鑰檔案，如程式清單 15-3 所示。

▶ 程式清單 15-3　生成免密登入金鑰檔案

```
[root@hadoop ~]# ssh-keygen -t dsa -P '' -f ~/.ssh/id_dsa
[root@hadoop ~]# cat ~/.ssh/id_dsa.pub >> ~/.ssh/authorized_keys
[root@hadoop .ssh]# cd /root/.ssh/
[root@hadoop .ssh]# chmod 600 authorized_keys
[root@hadoop .ssh]# ll
```

由此可看到生成的 3 個檔案：id_dsa、id_dsa.pub 和 authorized_keys。

15.3.4 安裝 Hadoop 系統

下載、解壓縮、安裝 Hadoop 系統，如程式清單 15-4 所示。

▶ 程式清單 15-4 下載、解壓縮、安裝 Hadoop 系統

```
[root@hadoop local]# mkdir -p /opt/local/hadoop
[root@hadoop hadoop]# cd /opt/local/hadoop
[root@hadoop hadoop]# wget https://mirrors.tuna.tsinghua.edu.cn/apache/
hadoop/common/hadoop-2.10.0/hadoop-2.10.0.tar.gz
[root@hadoop hadoop]# tar -xzvf hadoop-2.10.0.tar.gz
[root@hadoop hadoop]# ln -s hadoop-2.10.0/ hadoop
```

設定 Hadoop 的環境變數，如程式清單 15-5 所示。

▶ 程式清單 15-5 設定 Hadoop 的環境變數

```
[root@hadoop hadoop]# vim /etc/profile
export HADOOP_HOME=/opt/local/hadoop/hadoop
export HADOOP_COMMON_LIB_NATIVE_DIR=$HADOOP_HOME/lib/native
export HADOOP_OPTS="$HADOOP_OPTS -Djava.library.path=$HADOOP_HOME/lib/native"
export HADOOP_LIBEXEC_DIR=$HADOOP_HOME/libexec
export HADOOP_YARN_HOME=$HADOOP_HOME
export HADOOP_CONF_DIR=$HADOOP_HOME/etc/hadoop
export HDFS_CONF_DIR=$HADOOP_HOME/etc/hadoop
export YARN_CONF_DIR=$HADOOP_HOME/etc/hadoop
export JAVA_LIBRARY_PATH=$HADOOP_HOME/lib/native
export PATH=$PATH:$HADOOP_HOME/bin:$HADOOP_HOME/sbin
export HADOOP_PID_DIR=/opt/data/hadoop/pids
export YARN_PID_DIR=/opt/data/hadoop/pids
export HADOOP_MAPRED_PID_DIR=/opt/data/hadoop/pids
[root@hadoop hadoop]# source /etc/profile
```

設定 Hadoop 的設定檔。$HADOOP_HOME/etc/hadoop 是 Hadoop 存放設定檔的路徑，偽分佈模式需要對以下設定檔進行設定：hadoop-env.sh、yarn-env.sh、core-site.xml、yarn-site.xml、mapred-site.xml、hdfs-site.xml。

設定 hadoop-env.sh 設定檔，如程式清單 15-6 所示。

▶ 程式清單 15-6　設定 hadoop-env.sh 設定檔

```
[root@hadoop hadoop]# vim $HADOOP_HOME/etc/hadoop/hadoop-env.sh
JAVA_HOME=/opt/local/jdk/jdk
export HADOOP_PID_DIR=/opt/data/hadoop/pids
```

設定 yarn-env.sh 設定檔，如程式清單 15-7 所示。

▶ 程式清單 15-7　設定 yarn-env.sh 設定檔

```
[root@hadoop hadoop]# vim $HADOOP_HOME/etc/hadoop/yarn-env.sh
JAVA_HOME=/opt/local/jdk/jdk
export HADOOP_PID_DIR=/opt/data/hadoop/pids
```

設定 core-site.xml 設定檔，如程式清單 15-8 所示。

▶ 程式清單 15-8　設定 core-site.xml 設定檔

```
[root@hadoop hadoop]# vim $HADOOP_HOME/etc/hadoop/core-site.xml
<configuration>
<property>
    <name>fs.defaultFS</name>
    <value>hdfs://hadoop:9000</value>
    <description>NameNode URI, hdfs://host:port/</description>
</property>

<property>
```

```
    <name>io.file.buffer.size</name>
    <value>131072</value>
    <description>Size of read/write buffer used in SequenceFiles.</description>
</property>

<property>
    <name>hadoop.tmp.dir</name>
    <value>/opt/data/hadoop/tmp</value>
    <description>Temporary internet files</description>
</property>
</configuration>
```

設定 yarn-site.xml 設定檔，如程式清單 15-9 所示。

▶ 程式清單 15-9　設定 yarn-site.xml 設定檔

```
[root@hadoop hadoop]# vim $HADOOP_HOME/etc/hadoop/yarn-site.xml
<property>
    <name>yarn.nodemanager.aux-services</name>
    <value>mapreduce_shuffle</value>
</property>

<property>
        <name>yarn.resourcemanager.webapp.address</name>
        <value>hadoop:8088</value>
</property>

<property>
    <name>yarn.resourcemanager.hostname</name>
    <value>hadoop</value>
</property>
```

設定 mapred-site.xml 設定檔，如程式清單 15-10 所示。

▶ 程式清單 15-10　設定 mapred-site.xml 設定檔

```
[root@hadoop hadoop]# cp mapred-site.xml.templates mapred-site.xml
[root@hadoop hadoop]# vim $HADOOP_HOME/etc/hadoop/mapred-site.xml
<property>
    <name>mapreduce.framework.name</name>
    <value>yarn</value>
</property>

<property>
    <name>mapreduce.jobtracker.http.address</name>
    <value>hadoop:50030</value>
</property>
```

設定 hdfs-site.xml 設定檔，如程式清單 15-11 所示。

▶ 程式清單 15-11　設定 hdfs-site.xml 設定檔

```
[root@hadoop hadoop]# vim $HADOOP_HOME/etc/hadoop/hdfs-site.xml
<property>
    <name>dfs.replication</name>
    <value>1</value>
</property>
```

注意，由於這裡是單機 Hadoop 模式，因此只能有一個備份。

安裝完成後，啟動 Hadoop 並檢查，如程式清單 15-12 所示。

▶ 程式清單 15-12　啟動 Hadoop 並檢查

```
[root@hadoop hadoop]# cd $HADOOP_HOME
[root@hadoop hadoop]     #格式化Hadoop
[root@hadoop hadoop]  #啟動namenode
[root@hadoop hadoop]   #啟動datanode
[root@hadoop hadoop]          #啟動YARN
[root@hadoop hadoop]                # 檢查Hadoop各處理程序啟動情況
```

Hadoop 執行的處理程序如圖 15-4 所示。

```
[root@hadoop hadoop]# jps
22836 ResourceManager
23270 Jps
22714 DataNode
22955 NodeManager
22621 NameNode
```

圖 15-4

15.3.5 開通虛擬機器防火牆通訊埠

在安裝 Windows 作業系統的宿主機上的 CentOS 虛擬機器中安裝 Hadoop 時，需打開 CentOS 虛擬機器的防火牆通訊埠設定，確保宿主機可以存取該通訊埠。這裡需要開啟的通訊埠包括以下幾個。

- 50070：HDFS 頁面查看通訊埠。
- 8088：YARN 頁面查看通訊埠。
- 50075：DataNode 頁面查看通訊埠。
- 8042：NodeManager 頁面查看通訊埠。

打開 CentOS 防火牆通訊埠，如程式清單 15-13 所示。

▶ 程式清單 15-13　打開 CentOS 防火牆通訊埠

```
[root@hadoop ~]# firewall-cmd --zone=public --permanent --add-port=50070/tcp
[root@hadoop ~]# firewall-cmd --zone=public --permanent --add-port=8088/tcp
[root@hadoop ~]# firewall-cmd --zone=public --permanent --add-port=50075/tcp
[root@hadoop ~]# firewall-cmd --zone=public --permanent --add-port=8042/tcp
[root@hadoop ~]# firewall-cmd --reload
```

打開虛擬機器防火牆後，我們可以透過宿主機的瀏覽器查看 HDFS 和 YARN 的頁面，以確認 Hadoop 是否正常執行，如果呈現如圖 15-5 和圖 15-6 所示的頁面，則說明 Hadoop 的安裝已完成。

192.168.140.10:8088/cluster

hadoop

All Applications

- Cluster
  - About
  - Nodes
  - Node Labels
  - Applications
    - NEW
    - NEW_SAVING
    - SUBMITTED
    - ACCEPTED
    - RUNNING
    - FINISHED
    - FAILED
    - KILLED
  - Scheduler
- Tools

Cluster Metrics

Apps Submitted	Apps Pending	Apps Running	Apps Completed	Containers Running	Memory Used	Memory Total	Memory Reserved	VCores Used	VCores
0	0	0	0	0	0 B	8 GB	0 B	0	8

Cluster Nodes Metrics

Active Nodes	Decommissioning Nodes	Decommissioned Nodes	Lost Nodes	Unhealthy Nodes	Rebooted Nodes
1	0	0	0	0	0

Scheduler Metrics

Scheduler Type	Scheduling Resource Type	Minimum Allocation	Maximum Allocation	Maxim
Capacity Scheduler	[<name=memory-mb default-unit=Mi type=COUNTABLE>, <name=vcores default-unit= type=COUNTABLE>]	<memory:1024, vCores:1>	<memory:8192, vCores:4>	0

Show 20 entries

ID	User	Name	Application Type	Queue	Application Priority	StartTime	LaunchTime	FinishTime	State	FinalStatus	Running Containers	Allocated CPU VCores	Allocated Memory MB	Reserved CPU VCores	Reserved Memory MB	% of Queue	% of Cluster	Pr
No data available in table																		

Showing 0 to 0 of 0 entries

圖 15-5

192.168.140.10:50070/dfshealth.html#tab-overview

Hadoop | Overview | Datanodes | Datanode Volume Failures | Snapshot | Startup Progress | Utilities

Overview 'hadoop:9000' (active)

Started:	Thu Apr 09 10:15:31 +0800 2020
Version:	2.10.0, re2f1f118e465e787d8567dfa6e2f3b72a0eb9194
Compiled:	Wed Oct 23 03:10:00 +0800 2019 by jhung from branch-2.10.0
Cluster ID:	CID-b82ecb65-5a11-4701-a45b-46714464bb6a
Block Pool ID:	BP-154621750-192.168.140.10-1586360794667

Summary

Security is off.

Safemode is off.

1 files and directories, 0 blocks = 1 total filesystem object(s).

Heap Memory used 107.36 MB of 306.5 MB Heap Memory. Max Heap Memory is 889 MB.

Non Heap Memory used 53.1 MB of 54.05 MB Commited Non Heap Memory. Max Non Heap Memory is <unbounded>.

Configured Capacity:	16.99 GB
DFS Used:	12 KB (0%)
Non DFS Used:	3.15 GB
DFS Remaining:	13.84 GB (81.47%)
Block Pool Used:	12 KB (0%)
DataNodes usages% (Min/Median/Max/stdDev):	0.00% / 0.00% / 0.00% / 0.00%
Live Nodes	1 (Decommissioned: 0, In Maintenance: 0)
Dead Nodes	0 (Decommissioned: 0, In Maintenance: 0)
Decommissioning Nodes	0
Entering Maintenance Nodes	0

圖 15-6

15.4 安裝 Hive 元件

Hive 元件是常用的巨量資料叢集批次處理計算和資料倉儲元件，也是 15.2 節介紹的巨量資料人物誌系統架構中有關「人物誌──口味偏好」故事的核心計算模組。下面介紹 Hive 元件的安裝過程。

15.4.1 安裝 MySQL

透過上面章節我們知道，Hive 本質上是一個 SQL 解析引擎，可以把 SQL 查詢轉為 MapReduce 中的 job 來執行，可以把 SQL 中的表、欄位轉為 HDFS 中的檔案（夾）以及檔案中的列。這就需要有中繼資料來實現映射支持，MySQL 是最常見的 Hive 中繼資料解決方案之一。

下載、解壓縮、安裝 MySQL，如程式清單 15-14 所示。

▶ 程式清單 15-14　下載、解壓縮、安裝 MySQL

```
[root@hadoop local]# mkdir -p /opt/local/mysql
[root@hadoop hadoop]# cd /opt/local/mysql
[root@hadoop mysql]# wget https://mirrors.tuna.tsinghua.edu.cn/mysql/
downloads/MySQL-5.7/mysql-5.7.25-linux-glibc2.12-x86_64.tar.gz
[root@hadoop mysql]# tar -xzvf mysql-5.7.25-linux-glibc2.12-x86_64.tar.gz
[root@hadoop mysql]# ln -s mysql-5.7.25-linux-glibc2.12-x86_64/ mysql
```

增加 MySQL 群組和使用者，並檢查和修改預設群組，如程式清單 15-15 所示。

▶ 程式清單 15-15　增加 MySQL 群組和使用者，並檢查和修改預設群組

```
[root@hadoop mysql]# groupadd mysql
[root@hadoop mysql]# useradd -r -g mysql mysql
[root@hadoop mysql]# cat /etc/group | grep mysql
```

```
cat /etc/passwd | grep mysqlmysql:x:1000:
[root@hadoop mysql]# cat /etc/passwd | grep mysql
mysql:x:998:1000::/home/mysql:/bin/bash
[root@hadoop mysql]# mkdir -p /opt/local/mysql/mysql/data
[root@hadoop mysql]# chown -R mysql.mysql mysql-5.7.25-linux-glibc2.12-x86_64
```

增加 MySQL 設定，如程式清單 15-16 所示。

▶ 程式清單 15-16　增加 MySQL 設定

```
[root@hadoop mysql]# cd /opt/local/mysql/mysql
[root@hadoop mysql]# vim support-files/my_default.cnf
[client]
default-character-set = utf8
port = 3306
socket = /tmp/mysql.sock

[mysqld]
sql_mode=NO_ENGINE_SUBSTITUTION,STRICT_TRANS_TABLES
basedir = /opt/local/mysql/mysql
datadir = /opt/local/mysql/mysql/data
user = mysql
port = 3306
socket = /tmp/mysql.sock
character-set-server=utf8
log-error = /opt/local/mysql/mysql/data/mysqld.log
pid-file = /opt/local/mysql/mysql/data/mysqld.pid
[root@hadoop mysql]# cp support-files/my_default.cnf /etc/my.cnf
```

設定 MySQL 的環境變數，如程式清單 15-17 所示。

▶ 程式清單 15-17　設定 MySQL 的環境變數

```
[root@hadoop mysql]# vim /etc/profile
export MYSQL_HOME=/opt/local/mysql/mysql
```

```
export PATH=$PATH:$MYSQL_HOME/bin
[root@hadoop mysql]# source /etc/profile
```

初始化及啟動 MySQL 服務，如程式清單 15-18 所示。

▶ 程式清單 15-18 初始化及啟動 MySQL 服務

```
[root@hadoop mysql]# cd /opt/local/mysql/mysql
[root@hadoop mysql]# cp support-files/mysql.server /etc/init.d/mysql
[root@hadoop mysql]# chmod 755 /etc/init.d/mysql
[root@hadoop mysql]# chkconfig --add mysql
[root@hadoop mysql]# vim /etc/init.d/mysql
basedir=/opt/local/mysql/mysql
datadir=/opt/local/mysql/mysql/data
[root@hadoop mysql]# ./bin/mysqld --initialize --user=mysql --basedir=/opt/
local/mysql/mysql --datadir=/opt/local/mysql/mysql/data
[root@hadoop mysql]# service mysql start
```

第一次啟動 MySQL 後，會初始化 root 的密碼，為了後續方便記憶和使用，一般需要對該密碼進行修改。修改 root 初始密碼，如程式清單 15-19 所示。

▶ 程式清單 15-19 修改 root 初始密碼

```
[root@hadoop data]# vim /opt/local/mysql/mysql/data/mysqld.log
[Note] A temporary password is generated for root@localhost: &6DN_f,ph5K7
# &6DN_f,ph5K7就是root的初始密碼
[root@hadoop mysql]# cd /opt/local/mysql/mysql
[root@hadoop mysql]# ./bin/mysql -u root -p  #根據提示輸入上面的初始密碼
mysql> set password=password('123456');
mysql> grant all privileges on *.* to'root'@'%' identified BY '123456' with
grant option;
mysql> flush privileges;
mysql> exit
[root@hadoop mysql]# service mysql restart
```

15.4.2 安裝 Hive 元件

下載、解壓縮、安裝 Hive 元件，如程式清單 15-20 所示。

▶ 程式清單 15-20　下載、解壓縮、安裝 Hive 元件

```
[root@hadoop ~]# mkdir -p /opt/local/hive
[root@hadoop ~]# cd /opt/local/hive
[root@hadoop hive]# wget https://mirrors.tuna.tsinghua.edu.cn/apache/hive/
hive-2.3.6/apache-hive-2.3.6-bin.tar.gz
[root@hadoop hive]# tar -xzvf apache-hive-2.3.6-bin.tar.gz
[root@hadoop hive]# ln -s apache-hive-2.3.6-bin hive
```

增加環境變數，如程式清單 15-21 所示。

▶ 程式清單 15-21　增加 Hive 環境變數

```
[root@hadoop hive]# vim /etc/profile
export HIVE_HOME=/opt/local/hive/hive
export PATH=$PATH:$HIVE_HOME/bin
[root@hadoop hive]# source /etc/profile
```

因為準備使用 MySQL 作為中繼資料庫，所以需要複製 MySQL 的驅動套件到 Hive 的 lib 目錄下，驅動套件 mysql-connector-java-5.1.48.jar 可自行下載。設定 Hive 的 MySQL 中繼資料庫，如程式清單 15-22 所示。

▶ 程式清單 15-22　設定 Hive 的 MySQL 中繼資料庫

```
[root@hadoop hive]# cp mysql-connector-java-5.1.48.jar $HIVE_HOME/lib
[root@hadoop hive]# mysql -u root -p
mysql> create database hive;
mysql> grant all privileges on *.* to'hive'@'localhost' identified BY
'123456' with grant option;
mysql> grant all privileges on *.* to'hive'@'%' identified BY '123456' with
```

```
grant option;
mysql> flush privileges;
```

在 Linux 作業系統和 HDFS 上創建 Hive 所需目錄，如程式清單 15-23 所示。

▶ 程式清單 15-23　在 Linux 作業系統和 HDFS 上創建 Hive 所需目錄

```
[root@hadoop ~]# mkdir -p /opt/local/hive/iotmp
[root@hadoop ~]# mkdir -p /opt/local/hive/log
[root@hadoop ~]# hdfs dfs -mkdir -p /tmp/hive
[root@hadoop ~]# hdfs dfs -mkdir -p /opt/hive/warehouse
[root@hadoop ~]# hdfs dfs -chmod -R 777 /tmp/hive
[root@hadoop ~]# hdfs dfs -chmod -R 777 /opt/hive/warehouse
```

在 HDFS 管理頁面上可以看到已創建的目錄，如圖 15-7 所示。

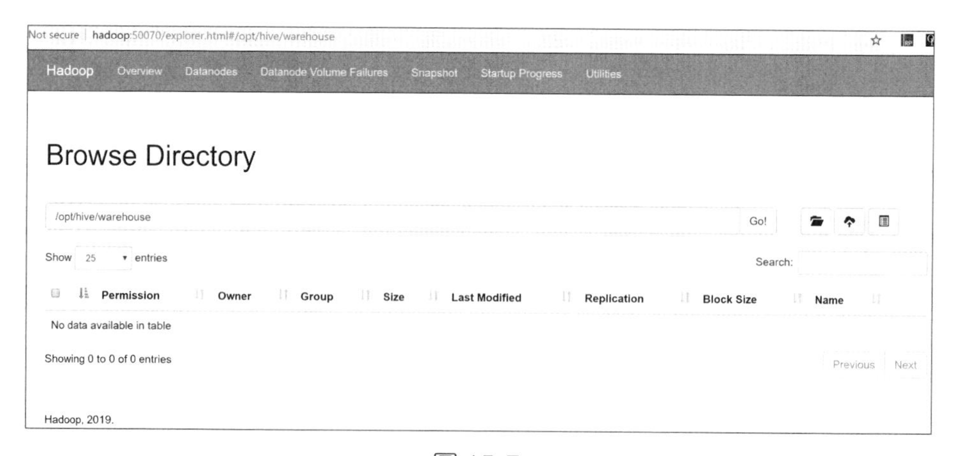

圖 15-7

$HIVE_HOME/conf 是 Hive 存放設定檔的路徑，需要對以下設定檔進行修改：hive-env.sh、hive-default.xml 和 hive-site.xml。

設定 hive-env.sh 設定檔，如程式清單 15-24 所示。

▶ 程式清單 15-24　設定 hive-env.sh 設定檔

```
[root@hadoop conf]# cd $HIVE_HOME/conf
[root@hadoop conf]# cp hive-env.sh.template hive-env.sh
[root@hadoop conf]# vim hive-env.sh
HADOOP_HOME=/opt/local/hadoop/hadoop
export HIVE_CONF_DIR=/opt/local/hive/hive/conf
```

設定 hive-default.xml 設定檔，如程式清單 15-25 所示。

▶ 程式清單 15-25　設定 hive-default.xml 設定檔

```
[root@hadoop conf]# cd $HIVE_HOME/conf
[root@hadoop conf]# cp hive-default.xml.template hive-default.xml
```

設定 hive-site.xml 設定檔，如程式清單 15-26 所示。

▶ 程式清單 15-26　設定 hive-site.xml 設定檔

```
[root@hadoop conf]# cd $HIVE_HOME/conf
[root@hadoop conf]# vim hive-site.xml
<?xml version="1.0" encoding="UTF-8" standalone="no"?>
<configuration>
    <property>
        <name>hive.exec.local.scratchdir</name>
        <value>/opt/local/hive/iotmp</value>
    </property>

    <property>
        <name>hive.exec.scratchdir</name>
        <value>/tmp/hive</value>
    </property>

    <property>
        <name>hive.metastore.warehouse.dir</name>
```

```
        <value>/opt/hive/warehouse</value>
    </property>

    <property>
        <name>hive.querylog.location</name>
        <value>/opt/local/hive/log</value>
    </property>

    <property>
        <name>hive.exec.parallel</name>
        <value>true</value>
    </property>

    <property>
        <name>hive.exec.parallel.thread.number</name>
        <value>16</value>
</property>

    <property>
        <name>javax.jdo.option.ConnectionURL</name>
        <value>jdbc:mysql://hadoop:3306/hive?useUnicode=true&amp;
characterEncoding=UTF-8&amp;createDatabaseIfNotExist=true</value>
        <description>JDBC connect string for a JDBC metastore</description>
    </property>

    <property>
        <name>javax.jdo.option.ConnectionDriverName</name>
        <value>com.mysql.jdbc.Driver</value>
    </property>

    <property>
        <name>javax.jdo.option.ConnectionUserName</name>
        <value>hive</value>
```

```
    </property>

    <property>
        <name>javax.jdo.option.ConnectionPassword</name>
        <value>123456</value>
    </property>
</configuration>
```

初始化 Hive 中繼資料庫，如程式清單 15-27 所示。

▶ 程式清單 15-27　初始化 Hive 中繼資料庫

```
[root@hadoop conf]# cd $HIVE_HOME
[root@hadoop hive]# ./bin/schematool -dbType mysql -initSchema hive 123456
```

在 MySQL 中查看 Hive 中繼資料表，如圖 15-8 所示。

圖 15-8

啟動並使用 Hive，如程式清單 15-28 所示。

▸ 程式清單 15-28　啟動並使用 Hive

```
[root@hadoop hive]# hive --service hive
[root@hadoop hive]# hive
hive> show databases;
OK
default
```

15.5 平台架構測試

基於 Hadoop 生態系統的巨量資料平台，在企業內扮演著資料儲存中心和運算資源中心的角色。架設這樣一個平台並非僅為了服務某個具體的專案，平台也不會隨著專案的消毀而解構，而是以資料中心職能形式長期存在的公有基礎性平台。因此，平台架構測試對巨量資料系統投入生產後長期儲存資料和經年累月平穩執行非常重要，此過程不可採用敏捷測試模式，因為需要對架構穩定性和可靠性進行充分驗證。

為了避開由於架構設計不當或系統元件設定不當造成的叢集潛在風險，以滿足巨量資料平台上線後長期服務資料中心的職能要求，巨量資料平台架構測試應充分關注以下測試要點。

- 驗證巨量資料離線計算框架的計算容量。
- 驗證巨量資料即時計算框架的低延遲性。
- 驗證巨量資料平台架構的穩定性。
- 確認平台性能基準線和擴充可行性。
- 測試基礎設施的高可用性。
- 測試系統級故障可恢復性。

上述的測試要點可以劃歸到兩類測試中：可靠性測試和性能測試。

15.5.1 可靠性測試

巨量資料平台存放的是企業級所有的資料，並且可能對上下游所有的業務系統提供資料支援，因此可靠性是巨量資料平台架構設計的第一考慮要素。

下面列舉一些重要的平台架構可靠性測試項。

1. NameNode 故障切換模擬

為了讓讀者對 Hadoop 平台有所認識，在 15.3 節中介紹了一個單機版虛擬分散式 Hadoop 系統的架設，但是在實際生產環境中，單機系統是不應被使用的，投入使用的通常是全分散式高可用 Hadoop 系統。

什麼是高可用 Hadoop 系統呢？在 Hadoop 2.0 之前，一個 Hadoop 叢集只有一個 NameNode，在 14.3.2 節中我們知道，NameNode 對於整個 Hadoop 叢集的重要性，那麼只有一個 NameNode 就會存在單點故障的問題，這是平台級系統不能容忍的不可靠性。幸運的是，Hadoop 2.0 解決了這個問題，即支持 NameNode 的高可用。在叢集中，容錯兩個 NameNode，並且分別部署到不同的伺服器中，使得其中一個 NameNode 處於 Active 狀態，另外一個處於 Standby 狀態，如果主 NameNode 出現故障，那麼叢集會立即切換到另外一個 NameNode 來保證整個叢集的正常執行。因此，模擬 NameNode 節點故障，驗證叢集是否可以在不中斷服務的情況下快速切換 NameNode Active 節點，是必須要進行的巨量資料架構測試項。

2. DataNode 故障恢復模擬

一般而言，一個小規模的巨量資料叢集也會有十幾到幾十個 DataNode 節點，並且設定巨量資料平台時，通常資料至少要保留 3 份備份，因此

DataNode 單節點故障不像 NameNode 故障那樣具有致命性。但是，如果 DataNode 長期故障也容易導致資料傾斜或可分配資源不足等問題，因此需要及早發現和進行熱恢復。

因此，模擬某個或某些 DataNode 節點故障，驗證資料處理是否可以無縫轉移，以及在故障 DataNode 節點修復後，驗證是否可以熱恢復至 Hadoop 叢集、恢復後的 DataNode 節點可否讀寫資料和被 YARN 進行資源呼叫，也是重要的巨量資料架構測試項。

3. DataNode 節點擴充模擬

一個巨量資料平台投入生產後，通常要服務很多年，但企業因為資料規模和建設成本的問題，早期一般不會建構一個很大的叢集。當巨量資料平台執行一段時間後，或多或少會出現運算資源不足、儲存資源不足的問題，這就需要在一個已經投入生產的巨量資料平台上，在不停止服務的情況下，對 DataNode 節點進行擴充。

雖然擴充的需求是落後於巨量資料叢集投入生產的，但是模擬和演練最好是在巨量資料叢集建設過程中一併得到測試驗證。由於 DataNode 的擴充，NameNode 節點的設定也會進行一定的修改，因此，在模擬擴充場景時，也需要對 NameNode 的高可用進行驗證，並同時驗證新增的 DataNode 節點是否可以正常讀寫資料、被 YARN 進行資源排程等。弄清楚整個 DataNode 節點的熱擴充過程的操作步驟是一個困難，測試人員可邀請巨量資料開發人員或運行維護人員一起設計測試步驟。

在測試 DataNode 節點擴充中，雖然原則上我們希望新增的 DataNode 節點與原 DataNode 節點在伺服器設定上保持一致，但是考慮到被擴充的節點是在巨量資料平台投入生產一段時間後再補充的節點，存在新節點的設定已經被提升的潛在風險。因此，還需要做 DataNode 各節點在不同伺服器設定下的影響測試。

4. DataNode Block 遺失和資料恢復模擬

巨量資料平台的資料儲存是以區塊（Block）的形式儲存的，Block 是 DataNode 儲存資料的基本單位，在 Hadoop 2.10 下，預設 Block 大小為 128MB，這個值是指每個 Block 的最大值，而非每個 Block 的大小都是 128MB。舉例來說，當將 1MB 的資料儲存到 DataNode 時，會佔用一個 Block，但該 Block 只佔用 1MB 的磁碟空間。

由於 Hadoop 平台的資料儲存通常至少保留 3 份備份，因此 DataNode 節點的 Block 損壞不是太大的問題。在經過 DataNode 進行記憶體和磁碟資料 Block 驗證（預設間隔時間為 6h，可透過 dfs.datanode.directoryscan.interval 修改時間間隔）後，可發現記憶體中的資訊和磁碟中的資訊不一致，系統此時才能發現 Block 遺失；當 DataNode 向 NameNode 報告 Block 資訊（預設時間間隔也為 6h，也可以透過 dfs.blockreport.intervalMsec 修改時間間隔）後，可以自動恢復已經遺失的 Block。上述過程均由 Hadoop 系統的自動容錯機制實現，測試時可以調整設定參數，以判斷上述過程是否正常實現。

5. 元件版本相容性測試

儘管 14.3 節中介紹的 Hadoop 生態系統的各元件均由 Apache 軟體基金會發佈，然而這些元件實際上由獨立的專案小組運作，其版本更迭和元件間的相容並無法得到很好的協調，因此現在越來越多的企業選用 CDH 版作為 Hadoop 基礎平台。因為 CDH 的更迭和特性支持落後於 Apache 社區，所以又有不少企業選用的是 Apache Hadoop 生態系統，在這種架構下，元件版本間的相容性測試就必不可少了。

如果 Apache Hadoop 生態系統的元件依賴於某個更基礎的元件，那麼其通常會列出版本要求。此時，可以將生產系統擬發佈的元件按指定版本預先安裝到 Hadoop 叢集中，透過執行一些官方附帶或企業歷史的應用程式，以測試各元件核心功能是否相容，這是一種可行且必要的操作。

15.5.2 性能測試

巨量資料平台解決方案逐步取代傳統資料庫方案，很重要的原因就在於巨量資料平台的高性能，因此性能指標是各個巨量資料業務應用專案都很關注的驗收要素。然而，巨量資料平台系統中的系統結構問題可能成為流程中的性能瓶頸，將會影響基於該平台發佈的應用程式的可用性，還將影響後續所有專案的成功和巨量資料平台的價值。

為此，需要在巨量資料平台投入生產前，對系統進行全面的性能測試。透過關注資料吞吐量、延遲時間時長、記憶體使用率、CPU 使用率、磁碟 I/O、網路頻寬佔用、連接併發數、任務併發數、完成任務所需的時間等系統性能指標，確保巨量資料平台各參數設定合理，確保平台性能能夠滿足較長一段時間內的業務應用訴求。

巨量資料平台的性能是由承載平台的伺服器性能、伺服器數量、選用元件和元件參數設定等諸多因素共同決定的，每個性能指標並非孤立存在，因此在測試時應結合測試場景綜合考量下列測試項。

1. Hadoop 容量測試

儘管基於 Hadoop 生態系統的巨量資料平台支援未來熱擴充 DataNode，但仍需要在平台建設啟動初期對平台基礎容量進行規劃設計，因此容量測試也應成為 Hadoop 性能測試項。

對於 HDFS 而言，通常可預見的資料儲存總量不能超過叢集儲存資源總量的 60%，因為叢集擴充需要時間（可能涉及採購伺服器），同時叢集記錄檔、暫存檔案等也會佔用大量的儲存資源。而如果某個 DataNode

節點佔用的儲存空間超過總量的 90%，Hadoop 系統會認為該節點是不「健康」的（unhealthy），從而將其移出可用節點清單。

YARN 的佇列設定和佇列資源規劃同樣需要在系統投入生產前進行預分配。通常來說，離線計算任務（如 MapReduce、Hive）和即時計算任務（如 Spark、Strom、Flink）都會使用 YARN 進行資源排程。但不同元件任務之間的優先順序和先佔性要求不一樣，可以透過設定不同的佇列解決資源設定問題。但是，佇列設定本身也會造成巨量資料平台資源割裂的問題，因此如何最佳設定佇列資源、分配後的佇列資源是否能夠滿足壓力場景下的計算性能，都需要進行模擬測試。

2. 離線計算負載測試

巨量資料離線計算業務場景與傳統資料倉儲應用相似，通常是以 T-1 的排程方式執行，部分任務可能以小時頻率排程。因此，對離線計算來說，資料存入和讀取速率、單位時間內資料吞吐量、佇列資源負載、網路頻寬消耗以及 MapReduce 作業處理速度都是離線系統的關鍵性能指標。

在執行離線計算負載測試時，可以預先準備一定規模（如 TB 級）的資料集，包括結構化資料、半結構化資料和非結構化資料等。以預設資料集為基礎，透過不同資料類型、不同計算複雜度和不同資料量的場景負載，測試出離線計算系統的性能基準線，以確認是否滿足規劃目標。

3. 即時計算負載測試

對即時計算系統，計算延遲性能往往是最被關注的性能指標之一，這與選用的即時元件密切相關。一般來說使用 SparkStreaming 的資料延遲在秒級或分鐘級，Storm 和 Flink 均可以達到微秒級。資料來源端即時擷取也存在一定延遲，同樣，即時計算完成的資料 Sink 到下游或透過 API

提供介面請求服務，仍存在一定的延遲。在測試時，應分別測試點對點延遲和鏈路中每個環節的延遲。

雖然流式系統的吞吐量的理論設計上限很高，但是在實際應用中其受制於網路交換裝置、伺服器網路卡、元件分區數等諸多因素，因此，在指定資料延遲閾值內，應透過壓力測試得到系統的實際承載資料峰值上限。此外，還需要測試當上下游資料佇列出現偶發性資料積壓時，資料延遲是否能夠快速恢復到正常水準。

4. 系統組態參數最佳化

透過 15.3 節、15.4 節介紹的 Hadoop 生態系統元件安裝過程我們不難發現，儘管巨量資料元件提供了各類參數的預設值，但這些預設值大多是基於較低伺服器設定預設的。因此，對生產系統來説，往往需要根據實際應用場景進行手動設定，這些參數值也將最終影響系統性能。

系統組態參數最佳化並非測試人員的主要職責，因此大多數時候只需要配合巨量資料架構或巨量資料運行維護人員進行性能驗證。常見的可調整參數包括連接併發數、任務執行併發數、Block 大小、Buffer 大小、JVM 參數、File 回覆參數、MapReduce 參數、Checkpoint 時間間隔、Uber 支援與否等。

15.6 業務應用測試

在當下的巨量資料時代，基於巨量資料技術的業務應用系統差別很大，每種應用都可能涉及一個或多個不同的測試領域。本書中，以 15.1 節中的使用者故事為例，透過人物誌指標這個簡單且非常具有代表性的案例，為讀者呈現巨量資料業務應用測試中與 ETL 過程、業務邏輯和應用性能相關的測試處理策略。

值得一提的是，巨量資料業務應用滿足敏捷專案開發的要素，因此本書介紹的敏捷測試方法和思維適用於巨量資料業務應用測試。

15.6.1 資料 ETL 測試

在 14.3.10 節中，我們介紹了兩款資料 ETL 工具：Sqoop 和 Flume。那麼，什麼是 ETL ？ ETL 是提取（Extract）、轉換（Transform）、載入（Load）這 3 個單字字首縮寫。ETL 是指一個完整的從來源系統取出資料、進行轉換處理、載入資料目標儲存（主要是資料倉儲）的過程。實際上，ETL 與電腦系統的「輸入→操作→輸出」有異曲同工之處，只是該過程中流動的是資料。ETL 也並非巨量資料時代才出現的新概念，在資料倉儲剛剛興起的年代，ETL 及其工具就已經出現了。

ETL 過程表現了資料處理加工的上下游介面，ETL 能夠將上游的異質的來源系統資料，透過「取出→轉換→載入」，形成統一的儲存結構，並載入到目標資料倉儲內，便於後續的資料深度加工處理。值得注意的是，儘管 ETL 過程包含資料轉換，但它基本上只做輕度數據加工或資料標準統一化處理，該過程一般很少用資料聚合等對資料來源造成嚴重變形的資料轉換。幾乎所有的巨量資料平台的 ETL 過程均可以抽象為圖 15-9 所示的過程。

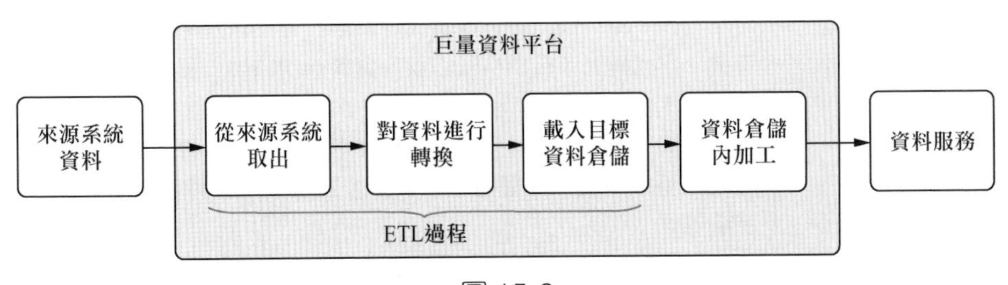

圖 15-9

我們回顧一下圖 15-2 會發現，在這個案例中涉及兩類完全不同的資料來源：結構化的訂單資料和半結構化的使用者行為資料。結構化的資料可透過 Sqoop 工具，以批次處理方式載入到巨量資料平台 HDFS 中；半結構化的資料可透過 Flume 工具，以即時資料流方式載入到 HDFS 中。在此 ETL 過程中，實現了異質資料來源在 Hive 資料倉儲 ODS 層的統一儲存，為後續進行人物誌的指標和標籤在 Hive 資料倉儲內加工奠定資料基礎。

在弄清什麼是 ETL 後，下面開始介紹什麼是 ETL 測試。ETL 測試是為了確保資料從來源端系統到目標儲存的整個資料連結處理轉換過程是完整且準確的。因此，它涉及從來源到目標資料各個階段的資料驗證。

整體來說，ETL 常見的測試類型和測試要素如表 15-3 所示。

表 15-3

測試類型	測試要素
資料完整性測試	所有期望保存的資料是否完整載入到目標儲存中； 所有載入進目標儲存的資料記錄或欄位內容是否完整
資料一致性測試	所有未經轉換的資料內容是否與來源系統保持一致； 所有涉及轉換的資料內容是否在轉換語義上保持和來源系統的實質一致性
資料轉換測試	資料轉換過程的處理規則是否正確
資料品質測試	語法測試，即「髒」資料容錯處理驗證，包括無效字元、無效分隔符號、字元模式、日期格式錯誤、資料類型錯誤、資料欄位交錯等資料清洗效果驗證； 基準測試，即基於資料模型和資料標準檢查，包括數字格式、日期格式、精度檢查、零驗證、id 驗證、主鍵唯一性驗證、越界資料驗證等
中繼資料測試	目標資料是否滿足預設中繼資料標準
增量測試	當批次處理任務是增量 ETL 時，是否取出正確的增量，是否滿足插入和更新預期的要求

測試類型	測試要素
排程測試	對嵌入任務排程工作流的 ETL 任務，在觸發條件滿足 / 不滿足時，是否按預設 DAG 循序執行
約束驗證	驗證目標表中的約束關係或勾稽關係滿足期望設計
資料清理驗證	對於不期望被載入或不滿足載入品質標準的資料，是否沒有被載入進目標儲存中
ETL 穩固性測試	讀寫逾時等異常處理是否設計正確； 異常中斷是否可恢復測試； 補數字邏輯正確性驗證

表 15-3 囊括了 ETL 測試中重要的部分。為了讓讀者更深入地瞭解 ETL 測試，以 15.1 節中的使用者故事為例，闡釋如何設計該案例下的測試使用案例。

在此之前，讓我們再回顧一下「人物誌——口味偏好」的使用者故事，按照 ETL 過程特點，可以拆解出以下技術要素。

- 來源端系統 1：訂單庫（儲存咖啡消費訂單，包括確認訂單、付款、下單成功、退貨等多狀態管理）、SQL 型、增量取出標識為 update_time（訂單記錄任何變化將觸發該欄位更新），採用 Sqoop 工具按 T-1 方式擷取。
- 來源端系統 2：使用者行為記錄檔（儲存使用者行為埋點數據，包括瀏覽商品頁的次數和停留時長等行為軌跡）、NoSQL 型、純追加型檔案記錄檔，採用 Flume 工具即時擷取。
- 訂單資料轉換：日期格式規範、訂單金額精度規範（兩位小數），空值欄位保留 Null，訂單 ID 類型從長整數轉換成字串型，訂單狀態轉為訂單碼表中的代碼。

- 使用者行為記錄檔轉換：剔除所有非商品頁行為記錄檔，剔除所有「髒」資料記錄檔（包括 Schema 錯亂、含無效字元、日期格式錯亂、不完整記錄）。
- 目標儲存 1：訂單資料將以日為分區，增量資料儲存到 Hive 表中。
- 目標儲存 2：使用者行為記錄檔以小時為單位回覆檔案，儲存在以日為路徑的 HDFS 檔案系統並載入到 Hive 表中。
- 排程模式：訂單資料 ETL 透過 Oozie 排程，每天（T 日）凌晨 1 點執行 T-1 日資料 ETL，成功執行 ETL 後，將觸發下游使用者偏好統計指標計算。

根據表 15-3 中的測試類型和測試要素，上述「人物誌——口味偏好」的使用者故事的 ETL 測試如下。

1. 資料完整性測試

- 對於訂單表，在來源系統訂單庫中辨識 T-1 日資料增量，並驗證該增量所有記錄是否載入到 Hive 表中，包括 T-1 日新增訂單和歷史訂單變更情形。
- 對於訂單表，驗證是否載入到目標 Hive 表中，資料欄位和內容是否完整。
- 對於使用者行為記錄檔，在來源系統記錄檔中取出 T-1 日所有商品頁行為記錄檔，剔除所有「髒」資料記錄，統計符合條件的來源系統記錄檔（可運用 Linux awk 指令稿實現），再與目標 Hive 表中記錄檔比對，以驗證記錄檔資訊的完整性。由於巨量資料系統本身存在一定的誤差，記錄檔擷取不必苛求 100% 的完整性，可依據公司或專案小組資料品質標準，通常允許有一定範圍的誤差（如 <1 ）。
- 對於使用者行為記錄檔，驗證記錄檔資料 Schema 完整性，可透過

Flume Sink 將不符合規範的資料拋出，便於觀察「髒」資料的清洗情況。

2. 資料一致性測試

- 對於訂單表，驗證未經轉換的資料欄位，包括客戶 ID、商品名稱、商品數量、訂單時間、更新時間等。
- 對於訂單表，驗證經轉換的資料欄位，確保轉換結果符合預設規範、轉換語義與來源系統一致，包括日期格式規範化後不改變日期內容、訂單金額精度規範化後與原金額相等、訂單 ID 轉換成字元型後數字不變等。
- 對於使用者行為記錄檔，抽樣驗證記錄檔資料在欄位位數、欄位順序、欄位內容上與來源端記錄檔一致。
- 對於使用者行為記錄檔，驗證目標資料不包含非商品頁記錄檔和應剔除的「髒」資料。

3. 資料轉換測試

- 對於訂單表，驗證經轉換的資料欄位，確認轉換結果邏輯正確並符合預設規範，如轉換後的訂單狀態碼與碼表中的映射關係一致。
- 對於使用者行為記錄檔，驗證非商品頁記錄檔業務邏輯過濾轉換正確、「髒」資料清洗邏輯正確且可覆蓋預設場景（如 Schema 錯亂、含無效字元、日期格式錯亂、不完整記錄等）。

4. 資料品質測試

- 對於訂單表，由於來源系統為 SQL 資料庫，取出一般不會產生語法錯誤，因此主要驗證目標有無寫入錯誤，也可透過 Sqoop 錯誤記錄檔輔助判斷。

- 對於訂單表，驗證預設資料模型和資料標準，包括日期格式、訂單金額精度、空值欄位處理、訂單 ID 類型轉換、訂單狀態碼表映射。
- 對於使用者行為記錄檔，由於記錄檔系統易產生「髒」資料，因此需要對字元編碼、特殊字元、保留關鍵字、空值、來源資料 Schema、分隔符號、欄位順序、類型匹配等進行嚴格的語法確認。
- 對於使用者行為記錄檔，驗證預設資料模型和資料標準，包括分區格式、日期格式、資料類型匹配、隱式類型轉換等。

5. 中繼資料測試

對於訂單表和使用者行為記錄檔，均可透過驗證是否滿足預設的 Hive 表結構實現中繼資料測試。

6. 增量測試

- 對於訂單表，驗證來源系統 T-1 日資料增量辨識是否正確，並驗證增量是否載入到 Hive 表正確的分區中，需覆蓋 T-1 日新增訂單和歷史訂單變更。
- 對於使用者行為記錄檔，驗證記錄檔是否以小時為單位回覆檔案，記錄檔是否按天儲存在 HDFS 不同日期路徑中且與 Hive 表分區匹配。

7. 排程測試

- 對於訂單表，驗證排程時間觸發（凌晨 1 點）是否正確；在訂單表 ETL 正確完成前，驗證下游任務「使用者偏好統計指標計算」是否被阻塞等待。
- 對於使用者行為記錄檔，當記錄檔 / 路徑為空時，驗證下游任務「使用者偏好統計指標計算」是否阻塞等待。

8. 約束驗證

對於訂單表，檢驗是否存在訂單狀態碼表映射外的其他訂單狀態，如果有，則檢驗是否滿足預設處理機制（如剔除記錄，或映射為指定錯誤碼）。

9. 資料清理驗證

對於使用者行為記錄檔，是否所有的非商品頁行為記錄檔和所有「髒」資料記錄檔沒有被載入進目標 Hive 表中。

10. ETL 穩固性驗證

- 對於訂單表，檢驗是否主動訂單庫讀、寫、連接逾時等異常處理。
- 對於訂單表，檢驗是否有 ETL 過程異常中斷的自動重試或出錯告警處理。
- 對於訂單表，檢驗當異常中斷自動 / 手工重試後，檢驗是否對此前批次進行覆蓋操作。
- 對於使用者行為記錄檔，檢驗是否有 Flume 元件異常監聽和 Checkpoint 機制。
- 對於使用者行為記錄檔，當擷取中斷後，檢驗是否可以從中斷處繼續擷取。
- 對於使用者行為記錄檔，當擷取中斷並恢復續傳後，檢驗是否可以按資料發生時間路由到正確的 HDFS 日期路徑下。

15.6.2 業務邏輯測試

巨量資料平台應用的業務邏輯測試是最接近傳統業務測試的部分，尤其與資料庫測試很相似，常用測試策略如下。

- 資料驅動式邏輯驗證。
- 複雜邏輯程式評審。
- 程式覆蓋測試。

在這些測試策略中，資料驅動式邏輯驗證的使用範圍最廣，其測試過程大致可分為 3 個步驟，如圖 15-10 所示。

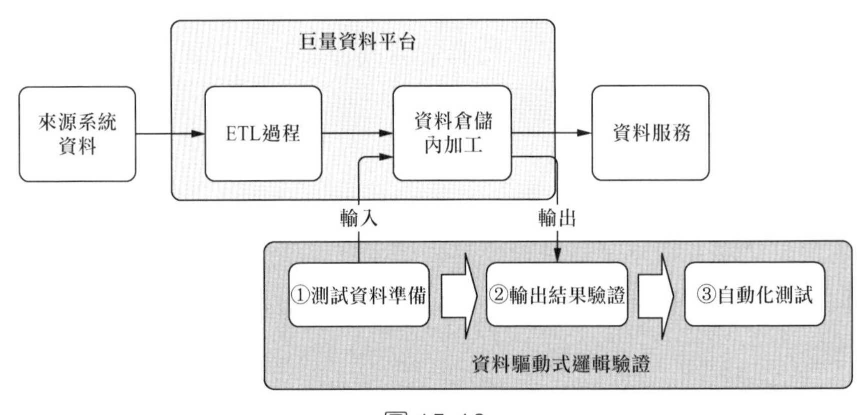

圖 15-10

下面仍以「人物誌──口味偏好」的使用者故事為例，透過分析該使用者故事的邏輯實現部分，按照上述步驟闡釋如何實現資料驅動式邏輯驗證測試。

（1）使用者偏好統計指標。

- 月單品下單次數：按自然月統計各咖啡單品下單次數（下單，以下單成功且未退貨為統計標準）。
- 月單品下單金額：按自然月統計各咖啡單品下單金額（下單，以下單成功且未退貨為統計標準）。
- 月單品頁瀏覽次數：按自然月統計各咖啡單品詳情頁瀏覽次數。
- 月單品頁駐留時長：按自然月統計各咖啡單品詳情頁駐留時長（單品詳情頁 Session 逾時跳出時不納入統計時長）。

（2）使用者偏好資料標籤。

- 使用者本月 Top10 偏好單品：取本月單品偏好度 Top10 的單品，其中

本月單品偏好度＝β_1× 本月單品下單次數＋β_2× 本月單品下單金額
＋β_3× 本月單品頁瀏覽次數＋β_4× 本月單品頁駐留時長

這裡的 β_1、β_2、β_3、β_4 分別為計算月單品偏好度各變數的係數。

- 使用者歷史 Top10 偏好單品：取歷史單品偏好度 Top10 的單品，這裡的歷史單品偏好度採用「指數加權移動平均法」（EWMA）計算，公式為：

$$\omega_k = \frac{\lambda^{k-1}(1-\lambda)}{1-\lambda^m}$$

（k =“資料月份”距離“當前月份”的月數，
m = 計算時間視窗內，所涉及的總月份數，
λ = 衰減系數，此值越小，則衰減速度越快）；

$$歷史單品偏好度=\sum_{k=1}^{m}\omega_k \times 第k月單品偏好度；$$

這裡取 $m=12$，$\lambda=0.9$。

按照圖 15-10 的測試步驟，下面來介紹如何開展測試工作。

1. 測試資料準備

在資料驅動式邏輯驗證中，測試資料準備是測試人員最重要的工作之一。基於 Hadoop 巨量資料平台的真實資料集是巨量的，測試人員無法使用所有的資料進行測試。因此，應充分瞭解生產環境的資料特徵，以辨識和覆蓋關鍵業務場景、關鍵計算邏輯，並選擇可測試的資料子集進行測試。

對「人物誌——口味偏好」來說，有兩層資料邏輯計算：指標計算和標籤計算。其中標籤計算以指標計算為基礎，因此，在準備測試資料時，只需要分析指標計算的資料來源。

在「使用者偏好統計指標」的邏輯計算部分，涉及的 4 個統計指標的資料分別來自兩個資料來源。其中，「月單品下單次數」和「月單品下單金額」來自訂單表，而「月單品頁瀏覽次數」和「月單品頁駐留時長」來自使用者行為記錄檔。為此，需要根據計算邏輯特點，構造或抽樣驗證訂單、使用者行為測試資料集，取出並載入到正確的 HDFS 位置。

設計業務邏輯驗證資料集是測試人員的基本功，本章不會說明。在傳統的資料庫測試中，很多測試人員喜歡用 insert 敘述插入測試資料，這在基於 Hadoop 的 Hive 進行測試時是一種低效的方式，因為 Hive 的資料底層儲存仍是以 HDFS 上的檔案形式存在，每次的 insert 都將觸發一次 MapReduce 計算，這個過程是極耗時間的。

舉例來說：假設上述的使用者行為記錄檔包含操作時間、使用者 ID、存取頁面、事件程式、事件計數欄位。測試時，可以在 CSV 檔案中預先構造資料，如圖 15-11 所示。

log_tbl.csv

```
1 ts,user_id,page_id,event_code,event_cnt
2 2020-03-12 07:32:34,Ann,Hazelnut_Coffee,1,3
3 2020-03-12 07:35:34,Ann,Hazelnut_Coffee,2,45
4 2020-03-12 10:01:28,Bill,Iced_Latte,1,1
5 2020-03-12 10:01:58,Bill,Iced_Latte,2,12
6 2020-03-12 10:03:01,Bill,Matcha_Latte,1,2
7 2020-03-12 10:05:32,Bill,Matcha_Latte,2,56
```

圖 15-11

創建測試資料倉儲和 Hive 外表，以備資料匯入，如程式清單 15-29 所示。

▶ 程式清單 15-29　創建測試資料倉儲和 Hive 外表，以備資料匯入

```
[root@hadoop ~]# hive
hive> CREATE DATABASE personas IF NOT EXISTS;
hive> CREATE EXTERNAL TABLE IF NOT EXISTS personas.log_tbl(
    >     user_id string comment '使用者ID',
    >     ts string comment '操作時間：yyyy-MM-dd HH:mm:ss',
    >     page_id string comment '存取頁面',
    >     event_code string comment '事件程式：1-點擊、2-駐留',
    >     event_cnt int comment '事件計數'
    > ) comment '使用者行為記錄檔'
    > PARTITIONED BY (
    >     log_time string comment '按日分區：yyyymmdd')
    > ROW FORMAT DELIMITED
    > FIELDS TERMINATED BY ','
    > STORED AS TEXTFILE
    > TBLPROPERTIES ("skip.header.line.count"="1")
> ;
OK
```

將測試資料集匯入，並載入到 Hive 對應分區，如程式清單 15-30 所示。

▶ 程式清單 15-30　將測試資料集匯入，並載入到 Hive 對應分區

```
[root@hadoop ~]# cd /home/root/
[root@hadoop root]# rz   # 匯入測試資料集：log_tbl.csv
[root@hadoop root]# hive
hive> LOAD DATA LOCAL INPATH '/home/root/log_tbl.csv' OVERWRITE INTO TABLE
personas.log_tbl PARTITION (log_time=20200312);
hive> MSCK REPAIR TABLE personas.log_tbl;
hive> SELECT * FROM personas.log_tbl WHERE log_time=20200312;
```

查看已匯入的測試資料集，如圖 15-12 所示。

```
hive> SELECT * FROM personas.log_tbl WHERE log_time=20200312;
OK
2020-03-12 07:32:34     Ann     Hazelnut_Coffee 1       3       20200312
2020-03-12 07:35:34     Ann     Hazelnut_Coffee 2       45      20200312
2020-03-12 10:01:28     Bill    Iced_Latte      1       1       20200312
2020-03-12 10:01:58     Bill    Iced_Latte      2       12      20200312
2020-03-12 10:03:01     Bill    Matcha_Latte    1       2       20200312
2020-03-12 10:05:32     Bill    Matcha_Latte    2       56      20200312
Time taken: 1.434 seconds, Fetched: 6 row(s)
```

圖 15-12

2. 輸出結果驗證

將匯入的測試資料集放入 Hive 資料倉儲內加工，經過「使用者偏好統計指標」和「使用者偏好資料標籤」的計算，可以得到所需的「人物誌──使用者標籤」交付資料。

對測試人員來說，需要驗證上述應用程式邏輯處理的正確性。

- 驗證指標和標籤的加工過程邏輯計算結果是否正確。
- 驗證當資料不完整時（如計算月度指標時不足月、計算歷史標籤時不足年等），結果資料是否與預期規則一致。

為了測試巨量資料處理邏輯是否正確，有些複雜的計算（如本案例中的「使用者歷史 Top10 偏好單品標籤」）很難透過簡單心算或手寫驗算得出期望結果。因此，測試人員需要掌握基本的 Hive、Shell、Python 和 Java 等的程式設計知識，開發驗證程式計算出預備資料集上的期望結果，以便與待測應用程式的輸出結果進行比對驗證。

3. 自動化測試

巨量資料的業務邏輯驗證過程有時非常繁雜，對於「使用者歷史 Top10 偏好單品標籤」這類的邏輯驗證，消耗的測試工作量遠超過開發工作量。當業務應用對處理邏輯稍加修改時，就需要對整個業務處理邏輯進行回歸測試，因此有必要將邏輯驗證過程自動化，形成自動化回歸測試套件。這樣，在每個版本疊代後，可自動執行，有助提升巨量資料應用測試效率，減少測試人員的重複工作。

目前，巨量資料測試領域還沒有形成主流的自動化測試套件，但測試人員可以運用一些元件的指令稿開發出測試套件，並將其歸入版本管理庫中。

以「人物誌——口味偏好」使用者故事為例，我們可對每種測試使用案例場景開發基於 Hive 元件的 HQL 指令稿，然後用 Shell 指令稿將 HQL 指令稿進行套件化組織。舉例來說，「測試資料準備」階段中介紹的程式清單 15-29 和程式清單 15-30，都可以作為自動化測試的基礎指令稿，且稍加封裝便可改造成自動化測試套件。

15.6.3 應用性能測試

在 15.5.2 節有關巨量資料平台架構測試中，已經介紹了如何測試巨量資料平台的整體性能。對於某個具體的巨量資料應用專案，其性能測試的想法和重點也是類似的，本節不再展開。

下面仍以「人物誌——口味偏好」使用者故事為例，簡要説明一個具體的巨量資料應用專案如何設計性能測試要素。

- 對於訂單庫資料獲取，涉及對上游訂單系統的 T-1 日增量抽數操作，應驗證是否對上游大量讀取產生性能壓力。
- 對於使用者行為資料獲取，由於行為記錄檔每日產生 GB 級甚至 TB 級的資料，即使是即時擷取，也可能在高峰時段對記錄檔系統和巨量資料平台系統產生較大壓力，因此應對峰值記錄檔吞吐量、網路頻寬佔用、磁碟 I/O 負擔、Flume 過濾程式的記憶體使用率、CPU 使用率、資料獲取延遲等性能指標進行測試。

- 在進行「使用者偏好統計指標」和「使用者偏好資料標籤」計算時，應特別注意 MapReduce 作業的記憶體使用率、CPU 使用率、任務併發數、完成任務所需的時間、佇列資源負載等性能指標。
- Workflow 計算時間不超過 30min。